中学数学简史

徐品方 张 红 宁 锐 编著

科学出版社

北 京

内 容 简 介

本书根据教育部 2003 年颁布《普通高中数学课程标准(实验)》数学史教学大纲所列 11 项专题编写. 所选内容贴近高中生数学水平,针对中学实际,以史为据,精选史料,用通俗、生动的语言介绍数学产生、发展规律,数学思想方法等.适于高中学生、中学教师和具有中等以上文化程度的其他读者阅读。

图书在版编目(CIP)数据

中学数学简史/徐品方,张红,宁锐编著. —北京:科学出版社,2007

ISBN 978-7-03-018764-2

Ⅰ.中⋯ Ⅱ.①徐⋯②张⋯③宁⋯ Ⅲ.数学史-高中-教材
Ⅳ.G634.601

中国版本图书馆 CIP 数据核字(2007)第 039872 号

责任编辑:孔国平 王日臣 / 责任校对:张小霞
责任印制:赵 博/ 封面设计:张 放

科学出版社出版
北京东黄城根北街 16 号
邮政编码:100717
http://www.sciencep.com
固安县铭成印刷有限公司印刷
科学出版社发行 各地新华书店经销
*
2007 年 4 月第 一 版 开本:850×1168 1/32
2025 年 2 月第十一次印刷 印张:12 1/4
字数:318 000
定价:48.00 元
(如有印装质量问题,我社负责调换)

序

　　中学生学点数学史,很有好处.学生通过生动的历史事例,知道一些数学史上的重大事件,有助于了解数学发生和发展的概貌,了解历史上一些杰出数学家的生平和数学成就;有助于感受前辈大师严谨治学、锲而不舍的探索精神;有助于培养兴趣、开阔视野、造就创新意识,更深刻地体会数学对人类文明发展的作用.

　　重视数学史与数学文化在数学教学中的作用,已成为一种国际现象.美国数学协会下属的数学教育委员会,曾在一封建议书中向未来的中小学教师呼吁,要求他们"注意培养自身对各种文化在数学思想的成长与发展过程中所作的贡献有一定的鉴赏能力;对来自各种不同文化的个人(无论男女)在古代、近代和当代数学论题发展上所作的贡献有所研究,并对中小学数学中主要概念的历史发展有所认识".我国教育部于2003年颁布的《普通高中数学课程标准(实验)》,将数学史列为高中数学选修课程,是顺应潮流的举措.这对于全面加强数学素质教育,提高数学教育质量,有重要的意义.

　　这本《中学数学简史》,正是依据《普通高中数学课程标准(实验)》的要求编写的.书中内容丰富、史料翔实,用通俗的语言,简明生动地介绍中学数学中主要概念和思想方法的历史发展.全书采用专题形式,选题恰当,符合中学生的认知兴趣和水平. 该书作者们有着长期从事数学和数学史教学的实践经验和研究积累, 有的还出版过多部数学史专著和参考书, 在国内学术界有好的影响. 作者们的水平保证了书的质量, 它不但是学生课外的好读物, 也是教师的好参考书. 相信它不久会通过有关方面的审定, 成为中学数学选修课的正式教材之一.

张筑生

2006年6月于成都

前　言

　　光辉灿烂的世界文化史,已经翻过 5 千多年的历史画卷,其中一幅幅数学的壮丽画面展现了数学史的绮秀风光,勾画出了人类在生活与生产过程中,产生、发现与创造数学的曲折道路,记录了若干数学的重要事件、重要人物和重要成果,它像一颗晶莹剔透的明珠,闪现出光辉的数学思想方法,折射出数学家成功的喜悦与失败的教训.这些动人的画面,给人以深刻启迪,留下终生难忘的印象,由此产生追求的勇气.

　　数学史是数学这棵参天大树的分枝,现在已经挺拔粗壮,郁郁葱葱,应该移植中学课堂,讲述数学起源和发展及其与社会的关系.它唤起人心神澄净智慧,给中学生内心思想添辉,涤尽他们的蒙昧与无知.

　　因此,教育部于 2003 年 4 月颁布了《普通高中数学课程标准(实验)》(简称"新课标"),将数学史正式列入高中数学选修课程.新课标在前言里,关于课程的基本理念中提出要"体现数学的文化价值",新课标中没有将"数学文化"设为一门课程,而是通过高中数学内容和数学史来体现,因此"数学文化"内容有一半左右与数学史有直接的关系.

　　具体地说:"数学是人类文化的重要组成部分.数学课程适当反映数学的历史、应用和发展趋势,数学对推动社会发展的作用,数学的社会需求,社会发展对数学发展的推动作用,数学科学的思想体系,数学的美学价值,数学家的创新精神."这就是说,数学史的内容,要全面地融入中学课程.学习数学史的要求,新课标指出:"通过生动、丰富的事例了解数学发展过程中若干重要事件、重要人物与重要成果,初步了解数学产生与发展的过程,体会数学对人类文明发展的作用,提高学习的兴趣,加深对数学的理解,感受数学家的严谨和锲而不舍的探索精神."

如果说,科学历程是人类征服自然不屈灵魂的动人史诗,那么数学史就是一篇人类成功与失败交替的感人诗章,它的内容博大精深,我们不可能面面俱到,只能以史料为据,抓住重点,赋予知识以灵性,融思想方法的故事,寓知识于趣味,使数学史走向大众.因此,本书是专题型,而不是通史型或者是分科讲述型的,适合大中专师生、干部、社会青年自学,或者选为高中数学史教材或教学参考书.

本书以辩证唯物主义、历史唯物主义为指导,以"尊重史实,突出重点"为选取史料的原则,用通俗、生动的语言,介绍数学发展规律、数学思想方法,使读者在不多时间内就可初步了解新课标中关于学习数学史的要求.

若选为教材,根据"新课标"的要求与建议,讲授的选题个数不少于 6 个.本书准备了 11 个(章)专题,可供选用,剩余专题,可作为自学材料.因此,只要 18 个学时(1 个学分)便可完成.

中学数学史的教学方式应灵活多样,可采取讲故事、讨论交流、查阅资料、撰写心得体会等方式进行.教师应鼓励学生对数学产生发展的历史轨迹、自己感兴趣的历史事件与人物，写出自己的研究小论文，进行交流传播.

作者之中有人从事过中学数学教学，也都多年从事大学数学史的教学与研究，出版了一批数学史著作和教学参考书，如 1992 年主编出版了《数学简明史》（通史型），曾被省内外一些大专院校选作教材. 经过多年的数学史教学实践，我们又积累了一些经验体会，现在针对中学实际和初学读者，进行精心选择，撰写这本大众化的《中学数学简史》. 如果能拨响读者思维琴弦，激起数学史兴趣的浪花，作者也就心满意足了.

在本书出版之际，我们要特别感谢张景中院士在百忙之中为本书作序，特别感谢德高望重的数学史专家李迪教授和中国科学院数学史专家、博士生导师李文林教授，中国科学院自然科学史研究所的数学史专家、博士生导师郭书春教授，科学出版社数学史博士孔国平先生，他们的指导、鼓励与推荐给了我们巨大的动力（见书末"后记"）. 我们要感谢四川师范大学副校长、博士生导师张健教授，数学与软件科学学院领导以及数学教育教研室的领导和同事的关心与支持. 没有他们的帮助，本书也是不可能完成的.

另外，限于作者的水平，本书一定有许多缺点和不足，恳请读者批评指正.

作　　者

2006 年 10 月于成都狮子山

目 录

目　录

目　录

目 录

绪　　论

一、数学史研究对象与目的

数学史就是研究数学产生、发展进程及其规律的一门科学史.它研究的主要对象是数学的重大历史事件、重要的数学成果、重要的数学家人物和影响数学发展的各种社会、政治、经济和一般文化等因素.如数学各分支的发生与发展规律,数学概念、数学思想方法的形成,数学教育,数学家列传,数学经典论著等.

因此,数学史的内容是极其丰富的,它既是数学思想方法的发展史,又是重大数学过程的博览史;既是数学大师的贡献史,又是数学发展与社会生产、科技、政治、军事、文化教育的关系史;同时也是一部人类对自然、对社会以致对数学本身的认识史[①].

研究数学史的目的主要是探索人类数学文明的发展,阐述中外文明的交互影响,了解数学发展过程中,数学的连续性和不断完整性.简言之,追溯数学的过去,了解数学的现在,预见数学的未来.

学习数学史,可以帮助我们弄清数学的概念数学思想的发展过程,使我们对数学面貌有整体的把握和了解.这正是数学史的价值所在.同时,学习数学史可以指导当前工作,不会重复前人的发现.

例如,被称为印度数学国宝的数学家拉马努金(S. A. Ramanujan,1887—1920),他自学《三角学》时,不仅完成了书上的

───────────

①数学课程标准研制组.普通高中数学课程标准(实验)解读[M].南京:江苏教育出版社,2004.31.

全部习题,还独立推导出重要的数学公式;当他兴奋地把这一结论告诉人时,别人却告诉他,这个公式早在 52 年前已由瑞士数学家欧拉(L. Euler,1707－1783)发现了,被誉为"欧拉公式". 他羞愧地把自己的底稿藏到房梁上去. 如果他读点数学史,便不会发生此事. 又如,法国数学家拉格朗日(J. L. Lagrange,1736－1813),在 18 岁独立推导出两个函数乘积的高阶导数公式. 当把这一"发现"告诉欧拉时,欧拉却告诉他:德国数学家莱布尼茨(G. W. Leibniz,1646－1716)早在 50 年前就发现了,数学史书已有记载. 还有如,我国著名数学家华罗庚(1910－1985 年),在江苏金坛家里开的杂货店自学数学时,他写了第一篇论文,寄给杂志编辑,在退稿条上却写着:"此文算式,外国名家已解疑,何必劳神!"

二、数学史的教育作用

(1)培养辩证唯物主义观点. 事物是相互联系、相互转化的. 通过数学史的学习研究,可以了解数学是在不断发生变化的,数学的发展是由生产力的发展和社会进步确定的,同时也是数学内部矛盾运动的结果. 所以,学习数学史可以学到辩证唯物主义和历史唯物主义的观点.

(2)了解数学思想方法的形成过程. 数学思想是数学的灵魂,数学方法是开启数学大门的钥匙. 学习研究数学史可以了解数学的概念、理论、数学思想与方法的来龙去脉,以及数学各分支的联系、数学和其他科学的联系,从而加深对数学本质的认识,提高对数学的兴趣爱好,加深对数学的理解,最终提高大众的数学文化素养.

(3)体会数学思维过程,促进数学思考. 数学是人创造的,数学的理解应照人的原始思考的发展来进行. 荷兰数学教育家弗赖登塔尔(H. Freudenthal,1905－1991)说:"没有一种数学观念像当初被发现那样得以出版. 一旦问题获得解决,一种技巧得到了发展和使用,就会转向解的程序侧面……火热的发现变为冰冷的美丽."这里,弗氏批评那种过于注重逻辑性,没有丝毫历史感的教材"把火热的发现变成冰冷的美丽."我国数学教育家张奠宙进一步阐述后,提出数学史的研究任务就是"提供各种数学历史背景,让学生了解数学的原始思考及其来龙去脉,获得真正的理解."①

　　(4)教育功能.我国数学家吴文俊院士说过:"数学教育和数学史是分不开的."数学史必须与数学教育有机结合.国际数学教育委员会(ICMI)下属"数学史与数学教育关系国际研究组织(HPM)"经过 20 多年的研究,已经共识数学史在数学教育中的作用是:利用数学史可以激发学生的学习兴趣,培养学生的数学精神,启发学生的人格成长,预见学生的认知发展,指导并丰富教师的课堂教学,促进学生对数学的理解和对数学价值的认识,构建数学与人文之间的桥梁等.

　　(5)了解数学文化.数学是新世纪文化、科学、技术发展的主要支柱之一,它已渗透各种科学,现代社会成员无不需要数学.我们说数学不仅是科技的工具,而且是一种文化.数学史就是数学文化发展史.因此,数学史不仅是整个人类文化发展史的重要组成部分,而且始终是推进人类文明的重要力量.不仅学习与研究数学的人要了解数学史,而且每个都希望了解人类文化的人,数学史也是必读之一.

　　再说中学数学教育中没有单设"数学文化"为一门课程,而是通过数学内容和数学史来体现,因为"数学文化"的内容有一半左右与数学史有直接联系.

　　(6)了解优势与差距.数学史和数学家是相互依存的,"史"是数学家活动的舞台,"家"是舞台上的角色.通过数学史的学习,可以认识数学发展是非常生动、充满激情的;可以了解世界数学大厦是历代中外数学家的心血和汗水的结晶,是用他们的身躯建筑巍

---

①以上两段引自 2005 年"第一届全国数学史与数学教育会议"论文集.

峨的数学殿堂.特别是中国古代数学成就及其在世界数学史中的
地位,既有利于激发民族自豪感,又便于对中外数学发展中各自的
特点进行对比,了解其优势与弱点,对认识过去、珍惜现在、思考未
来具有一定的教育意义,体现古人"自知者明,自胜者强"的箴言.

三、数学史教育在国内外

当今国内外掀起了学习数学史热,许多国家都注意这门学科
的建设.我国 20 世纪 80 年代初,部分大学开设了数学史课,90 年
代越来越多的大学纷纷开了此课或建立了科学史系.至今已培养
出数学史研究生、博士生 100 多人.21 世纪开始,教育部提倡大学
学点数学史,接着决定普通高中开设数学史选修课.

国外大学比我国早就开设数学史课.重视数学史和数学文化
在数学教学中的作用,当今已成为一种国际现象.美国数学协会
(MAA)下属的数学教育委员会曾发出题为"呼唤变革:关于数学
教师的教学修养"的建议书,呼吁所有未来的中小学教师:"注意培
养自身对各种文化在数学思想的成长与发展过程中所做的贡献有
一定的鉴赏能力,对来自各种不同文化的个人(无论男女)在古代、
近代和当代数学论题的发展上所做的贡献有所研究,并对中小教
师中主要概念的历史发展有所认识."

数学是一门历史悠久、分支繁多、抽象的学科,要撰写出它的
全部历史却非易事,我们就中外数学史的主要精华勾勒出它的轮
廓.我们以史实为据,做到"落笔有据,言之有理",并且"以史贯家,
以家串史",尽量用简明、准确的语言和精选中学数学典型史料作
客观介绍.

"路漫漫其修远兮,吾将上下而求索"(屈原《离骚》).

望有兴趣者,及早步入数学史大世界.

第一章 早期数学——计数与测量

水是生命之本,万物之源泉.

人类四大文明的发祥地首先在巴比伦的底格里斯河、幼发拉底河和埃及的尼罗河、中国的黄河及印度的印度河与恒河等几条母亲河流域中诞生,历史学家称为"河谷文明".数学也是首先在这些地方产生.

人类有文字记载的文明史,大约起源于 5000 多年前.本章介绍四大文明古国的早期数学菁华.

第一节 泥板书上的数学——巴比伦

巴比伦是四大文明古国数学发祥较早之一.

巴比伦古称"美索不达米亚"①,意指两河之间地带.这是一块肥美的平原,环境优美,据传是《圣经》中伊甸园的原型.

公元前 2000 年左右建立的巴比伦王国,首都巴比伦,是当时世界上最大的城市之一,最著名的"空中花园"被称为世界七大奇迹之一.可惜,后来因战争和生态环境的破坏,这座最美丽的大城市于公元前 539 年终被黄沙掩埋.巴比伦于约公元前 64 年被古罗马灭亡.

据 20 世纪发掘出来的大量刻有文字的泥板表明,约公元前 3500 年美索不达米亚地区曾广泛使用一种楔形文字.先用削尖的木笔在软泥上刻写,然后烧干或晒干,使它坚硬如石.由于笔画一

---

①古称不准确,巴比伦城仅是两河(底格里斯河与幼发拉底河)的一个著名文化城市.

头粗一头细,好像是楔子或钉子,故称楔形文字或钉头字.每块泥板的重量约 1 千克,有现代砖头大小,埋在地下数千年,经久不坏.用楔形文字刻写在泥板上,并编上序号的书叫泥板书.这是世界上最古老的图书之一(图 1-1).

图 1-1 巴比伦泥板书

考古学家目前已挖掘出约 75 万块刻有文字的泥板书,其中约有 300 多块被鉴定为数学泥板,有些是公元前 2000 年左右的,而大部分是公元前 600 年到公元前 200 年间的.这些泥板书记载两类数学:一是"表格课本",它是古代的"应用数学",如数字乘法表、乘方表、倒数表等;二是"问题课本",亦即"理论数学",今称数学题目.现在可知的巴比伦的数学知识,就来源于这些泥板书.经考查研究其数学内容有如下方面.

一、巴比伦记数制与算术运算

大约在公元前 1800—前 1600 年,巴比伦人用了六十进制记数法,对于小于 60 的整数,使用楔形符号 1(▼)和 10(◀)两种符号表示

小于 60 的数,如 $36=3\times10+6$,记为

$$\text{◀◀◀▼▼▼}$$

大于 60 的数,也是用上面两个符号来表示并用位置制记数,如 $976952=4\times60^3+31\times60^2+22\times60+32$ 记为

$$\text{▼▼▼▼ ◀◀◀▼ ◀◀▼▼ ◀◀◀▼▼}$$

这里 ▼ 和 ◀ 都可以表示 60 的各次幂,因为当时没有零号,这

种记数是不完美的. 例如 既可表示 80, 又可表示 3620, 究竟表达哪个数, 要根据前后它的内容来确定.

经过一千多年的摸索, 公元前 300—前 200 年, 在一块记载一年中望月的泥板上, 出现符号 与 , 它表示空位, 相当于零号. 这是最早的零号. 当然, 在其他的地方作为分隔号或句号[1][2].

巴比伦有的地方还出现了十进制和六十进制混合的记数法.

巴比伦人进行算术运算, 是利用泥板书上的乘法表、平方表、立方表、倒数表等进行, 类似现代查表计算. 因为用楔形记数符号进行运算, 对于儿童来说实在难记忆的.

巴比伦人在实践中已广泛应用了分数. 如 表示 $\frac{10}{60}$, 表示 $\frac{20}{60}$ 等. 这种记法与整数一样, 孤立的符号无法判断, 也要根据上下文的内容来确定. 有几个特殊的、固定的分数符号, 如十、廿、卅分别表示 $\frac{1}{2}$、$\frac{1}{3}$、$\frac{2}{3}$ 等, 这是不产生混淆的.

二、巴比伦代数

巴比伦人已经由算术向代数过渡. 他们的代数比几何先进得多. 许多泥板中载有一次和二次方程的问题, 解二次方程的过程与现代所用公式解类似. 例如, 在哈默拉比时代(公元前 1792—前 1600 年)的泥板上, 有一道最古老的二次方程的解法:"两个正方

---

①A·艾鲍(A. Aaboe, 生于丹麦的美国耶鲁大学数学和科学史教授)著《早期数学史选编》(中译本), 北京大学出版社, 1990 年.

②梁宗巨著, 数学历史典故, 沈阳, 辽宁教育出版社, 1992 年, 第 37 页.

形中,一个边长为另一个边长的 $\frac{2}{3}$ 少 10,两者面积之和为 1000,求两个正方形的边长各是多少?"这实际上是相当于解方程组

$$\begin{cases} x^2 + y^2 = 1000, \\ y = \frac{2}{3}x - 10. \end{cases}$$

或解一元二次方程

$$x^2 + \left(\frac{2}{3}x - 10\right)^2 = 1000$$

它有一个正根 $x = 30$,即两个正方形边长分别为 30 和 10.

在泥板中,还有一例"已知正方形面积与边长的差为 870(原题用楔形符号表示 870),求正方形的边长."这相当于求解方程 $x^2 - px = q$(这里 x 为正方形边长,$p = 1$,$q = 870$).巴比伦人的解法是依次计算 $\frac{p}{2}$,$\left(\frac{p}{2}\right)^2$,$\left(\frac{p}{2}\right)^2 + q$,$\sqrt{\left(\frac{p}{2}\right)^2 + q}$,最后得到 $\frac{p}{2} + \sqrt{\left(\frac{p}{2}\right)^2 + q}$,即 $x = \dfrac{p + \sqrt{p^2 - 4(-q)}}{2}$,代入 p、q 数值得 $x = 30$.

这实际上表明他们发现了一元二次方程求根公式.他们只取正根,不提负根.这是世界上最早的求根公式.至于他们怎样得到上述方法的,泥板上没有说明.泥板上还有三次方程和含多个未知数的线性方程组问题.

约在公元前 1600 年的泥板上,记有 $\sqrt{2}$ 的近似值 1.4142155.推测他们已经知道开平方的近似公式,用今天的符号表示为

$$\sqrt{a^2 + b^2} \approx a + \frac{b^2}{2a} \qquad (a > b,\text{且 } b \text{ 很小}) \tag{1}$$

巴比伦人也知道另一个开平方近似的公式

$$\sqrt{a^2 + b} \approx a + \frac{b}{2a} \qquad (b \text{ 很小}) \tag{2}$$

利用勾股定理和近似公式(2),可以推证出(1)略.

笔者用公式(1)计算$\sqrt{2}$,若取$a=1.4,b=0.2$,代入$\sqrt{2}=\sqrt{1.4^2+0.2^2}\approx 1.4+\dfrac{0.2^2}{2\times 1.4}=1.4142857$.

推测他们计算$\sqrt{2}$时,使用了这个近似公式(1),可见达到了相当高的精确程度.

此外,巴比伦已有了数列概念.公元前300年左右的一块泥板上有相当于

$$1+2+3+\cdots+n=n\times\frac{1+n}{2}$$

$$1+2+2^2+\cdots+2^9=2^{10-1}+(2^{10-1}-1)=2^9+2^9-1$$

$$1^2+2^2+3^2+\cdots+n^2=\left(\frac{1}{3}\times 1+\frac{2}{3}\times n\right)(1+2+3+\cdots+n)$$

显然,第三个公式是建立在第一个公式基础上的.但是否知道求和公式,不得而知.另从一块泥板书上的一道题(略)中,可知他们知道等差数列求和公式:$S_n=\dfrac{(a_1+a_n)}{2}n$,其中$a_1$、$a_n$为首末项,$n$为项数.

巴比伦人还知道相当于两数和差的完全平方公式

$$(a\pm b)^2=a^2\pm 2ab+b^2 \text{和}(a+b)(a-b)=a^2-b^2$$

三、最早的勾股定理与几何成就

巴比伦人的几何是属于实用性质的,但未形成几何分支.对于几何定理是否给予证明,不能确定,但某些问题是经过推理的.

从很多泥板记载表明,巴比伦人是世界上最早发现"勾股定理"的,这里只举一例.例如公元前1700年一块泥板(编号为BM85196)上第9题,大意是"有一根长为5米的木梁(AB)竖直靠在墙上,上端(A)下滑1米至D.问下端(C)离墙根(B)多远?"他们解此题使用了勾股定理,如图1-2.

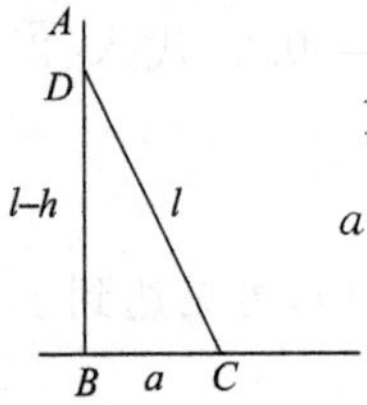

图 1-2

设 $AB = CD = l = 5$ 米，$BC = a$，$AD = h = 1$ 米，则 $BD = l - h = 5 - 1 = 4$（米）

$$a = \sqrt{l^2 - (l-h)^2} = \sqrt{5^2 - (5-1)^2} = 3（米）.$$

$\therefore \triangle BDC$ 正是以 3、4、5 为边的勾股形.

根据文献记载，巴比伦人找到了不定方程 $x^2 + y^2 = z^2$ 的整数解的一般表达式

$$x = \frac{1}{2}(\beta^2 - \alpha^2), y = \alpha\beta, z = \frac{1}{2}(\beta^2 + \alpha^2)$$

这就是有名的直角三角形的三元数组.

巴比伦人知道三角形的相似及对应边成比例关系，并且会计算简单面积和体积计算公式.

如圆面积公式 $s = \dfrac{c^2}{12}$，其中 c 为圆周长，由此可推出 $\pi = 3$. 也能正确计算长方形、梯形、三角形的面积. 因水利工程等方面的需要他们得出计算堤坝的体积公式：$V = \dfrac{a+b}{2}hl$，其中 a、b 为横截面梯形上、下底，h 为坝高，l 为堤坝长.

此外，还有复杂的正四棱台体积和楔形平截头方锥的体积计算公式：$V = \left[\left(\dfrac{a+b}{2} \right)^2 + \dfrac{1}{3} \left(\dfrac{a-b}{2} \right)^2 \right] h$，其中 h 为高，a^2、b^2 为上、下底面积.

四、天文历法

在古代各民族中，天文学总是发展较早的一门科学，这是由于农业需要与古人迷信天象和人事凶吉有关.

巴比伦人的数学与天文学极为密切，在公元前 2000 年前后，巴比伦人使用年、月、日的天文历法，知道太阳年是 365 日，一年 12 个月.

公元前 3 世纪巴比伦人常用数学方法记载和研究天文现象.他们将圆周分为 360 度,每度 60 分,每分 60 秒;一个小时也是 60 分,每分 60 秒.这就是今天度、分、秒制度的来历.关于使用符号"°"(度)、"′"(分)、"″"(秒)最早记载是 1551 年德国天文学家莱因霍德(E. Reinhold,1511—1553).

一个星期有 7 天也是巴比伦人建立而沿袭下来的制度.古代按日、月以五个行星金、木、水、火、土来命名.因此"星期几"的"星"就是星的日子.[①]

这里要指出两点:一是巴比伦人创立的 60 进位的起源之说,至今还没有一致公认看法,是一个待破之谜[②].二是少数科普报刊说:"美索不达亚人把他们发明的 60 进位数字系统传到了古埃及,而古埃及则用这套系统把圆分成 360°,……人们首次在圆面上记录时间,就很自然地把每小时分为 60 分钟,每分钟分成 60 秒."[③]这类科普读物之说是不正确的.

第二节　纸草书上的数学——古埃及

在非洲东北部的尼罗河流域的肥沃原野上,公元前 3500—前 3000 年诞生了一个美丽富饶而又强大的王国——埃及.

尼罗河流域是埃及古代文化发祥地之一,她孕育了埃及的科学文化技术,在占全国面积 90% 以上的沙漠,若没有尼罗河,古埃及早就成了寸草不生的沙漠了.古埃及人民用长诗赞美它:

①"礼拜天"典故:基督教《旧约圣经》(即犹太教《圣经》,汇集公元前 1300 年至前 100 年关于世界和人起源故事传说.书中《创世纪》记载:上帝在 6 天内创造了宇宙万物,第 7 天是工休日.星期六叫"安息日".后来将安息日改为"星期日",俗称礼拜天).

②有兴趣读者,参看梁宗巨著,数学历史典故,沈阳:辽宁教育出版社,1992 年,第 106—109 页.

③摘引自 2002 年《科学时代》.

"啊! 尼罗河,我称赞你,

你从大地涌流而出,养活着埃及……

一旦你的水流减少,

人们就要停止呼吸."

马克思(Marx,1818—1883)在《资本论》中说:"计算尼罗河水的涨落期的需要,产生了埃及的天文学."被誉为"历史之父"的古希腊历史学家希罗多德(Herodotus,约公元前 484—前 424)说:"尼罗河每年涨水后,需要重新确定农民田地边界,从而产生几何学."

大约在公元前 2900 年,埃及人的文化达到了相当高的水平,王国的统治者修建了闻名至今,被称为世界七大奇迹之一的胡夫大金字塔,原高 146.6 米,基底正方形的边长是 230.4 米,而且底边的相对误差不超过 $\frac{1}{14000}$,基底的直角相对误差不超过 $\frac{1}{27000}$,成为法国埃菲尔铁塔(约 320 米高)落成以前几千年中世界上最高的建筑物.这一宏伟的建筑,事实上充分反映了古埃及人的智慧以及他们所掌握的天文和数学知识.

我们对古埃及的了解,主要是根据 19 世纪中期和末期所发现的两本纸草书."纸草"是一种生长在尼罗河三角洲的水生植物,形状像芦苇,把它的茎逐层撕开,剖成长条,整齐地排列在一起,然后联合成片,压平晒干.用削尖的芦苇秆蘸着颜料在纸草上书写.一本是苏格兰埃及考古学者莱因德(A. H. Rhind)于公元 1858 年在埃及发现的,现存英国博物馆.这份珍贵的文献也称为"伦敦本"或叫"莱因德纸草书"(图 1-3).这本书的作者是埃及僧人阿默士(Ahmes,约公元前 1700 年).这份纸草书记载了古埃及数学内容是从公元前 2200 年以来的一些数学问题,书名是《阐明对象中一切黑暗的、秘密的事物的指南》.全书分别以算术、几何和杂题的有关内容列为三章,共 85 个实用数学问题的解.为纪念这位作者,这份纸草书又叫做"阿默士纸草书".

另一本是"莫斯科纸草书"(约公元前 1850 年写的)(图1-4),它是俄罗斯收藏家格列尼切夫(Гоничев)在 1893 年获得的,1912年转为莫斯科博物馆保存.这本书由苏联科学院院士图拉耶夫(Б. Тураев)完成它的出版.这份纸草书比莱因德纸草书约早 2 个世纪,上面载有 25 个问题,由于卷首已失落而不知其书名和作者.

图 1-3 莱因德纸草书　　　　图 1-4 莫斯科纸草书

这两本纸草书,为我们研究埃及的数学提供了珍贵的史料,从中了解一些数学问题的解法范例和埃及数学的产生、发展过程.

一、十进制记数法与算术

古埃及人创造了他们的几套文字,其中最古老的文字是象形文字.数的概念用象形文字表示,如

|表示 1,∩表示 10,𝟫表示 100,𝟤表示 1000,……

另外还有表示一万以上的符号,但是很少用.而介于这些数字中间的各个数就由这些记号累加组成.这套数字是以 10 为基底的十进记数法,它不是十进位值制.这与我国先进的"十进位值制记数法"是有本质区别(见第三节).

我们从莱因德纸草书中得知,埃及人的算术运算体系具有加法的特征,这是由记数法所确定的,而乘法运算总看成加法的重复,即连续的加倍运算.

例如,(1)21+13=? 他们这样运算:

$$\left.\begin{array}{l}∩∩|=21\\∩|||=13\end{array}\right\}∩∩∩∩||||=34.$$

(2)13×19=? 他们用上述象形符号运算,下面改为今式表达.

他们要经过 1×19=19,倍加 2×19=38,再倍加 4×19=76,再倍加 8×19=152,若再倍加 16×19＞13×19,故不再倍加了,因 13=1+4+8 用 1、4、8 倍加数相加 19+76+152=247,即得乘积的答案.

对于减法,是按十进制记数法划去相应的一些记号.除法运算利用单位分数($\frac{1}{n}$,n 为正整数)进行(例略).

对于一般的分数符号,古埃及人用⬯表示,对于单位分数 $\frac{1}{2}$、$\frac{1}{3}$、$\frac{1}{4}$ 和 $\frac{3}{4}$ 等分数,都采用特殊记号表示,如⫼⫼表示 $\frac{1}{4}$,⬯表示 $\frac{1}{10}$.

因此,古埃及人用象形数字符号进行运算,其算法十分复杂,实际上妨碍了古埃及数学的进一步发展.所以,创用数学符号很重要,没有符号或有不好的符号,都影响数学的发展.

二、古埃及的代数

莱因德纸草书,有不少的数学问题都来自于像分面包和确定酿造啤酒的浓度这一类实际生活问题,其中多数问题只需要用一个简单的一元一次方程便能解决,而且用的方法纯粹是算术的. 如莱因德纸草书上的第 11 题:"一个数的 $\frac{2}{3}$,加上这个数的 $\frac{1}{2}$,再加上它的 $\frac{1}{7}$,再加上这个数的本身等于 37,求这个数."

实际上,只需列出方程 $\frac{2}{3}x + \frac{1}{2}x + \frac{1}{7}x + x = 37$,便可轻易地解决. 纸草书上也涉及最简单的二次方程,如 $ax^2 = b$. 有时也出现两个未知数的方程组,如

$$\begin{cases} x^2 + y^2 = 100, \\ y = \frac{3}{4}x. \end{cases}$$

消去 y 后得方程 $ax^2 = b$ 类型.

当然,也有一些理论性问题涉及算术数列和几何数列.

例如,人们很早发现莱因德纸草书上第 79 题,上面写有一些象形数字 7、49、343、2401、16807,并在旁边注有图、猫、鼠、大麦、量器. 书中无只字解释. 这是一道奇妙的千古谜题,引起许多数学家的猜测. 敏感的德国著名数学家康托尔(M. Cantor,1829—1920)研究时产生联想,他认为阿默士的古谜题的原意应该解释为:"一份财产包括七间房子,每间房子有七只猫,每只猫吃七个老鼠,每个老鼠吃七个麦穗,每个麦穗可长成七个量器的大麦,问共有多少?"

康托尔提出的这个发现见解,至今没有人表示异议,因此,几千年的古怪谜题被揭穿了,这实际上是一个以 7 为公比的等比数列求和问题.

$$7 + 7^2 + 7^3 + 7^4 + 7^5 = \frac{7(1 - 7^5)}{1 - 7} = 19607$$

这个趣题后来被英国阿达姆斯在《学者算术》一书中编成类似的古老的英国童谣数学诗题：

"我赴圣地爱弗西（lves）

途遇妇女数有七，

一人七袋手中提，

一袋七猫数整齐，

一猫七子紧相依，

妇与布袋猫与子，

几何同赴圣地?"

三、几何学的开山鼻祖

从已发现的纸草书上，我们看到埃及人同巴比伦一样，把几何学看作是实用工具，他们只是把算术和代数用来解有关面积、体积以及其他几何性质的问题.

在两本纸草书上，几何问题占有 26 个，其中最大部分是计算土地面积和谷物堆放的体积. 有的正确，也有错误的. 如他们把等腰三角形的面积用底乘腰的一半计算是错的. 而梯形面积公式是正确的. 但他们得出的"圆的面积等于 $\frac{8}{9}$ 直径的平方"即 $A = \left(\frac{8}{9}D\right)^2 = \left(\frac{8}{9}2r\right)^2 \approx 3.16r^2$，由此推知 $\pi \approx 3.160491\cdots$ 就不太准确，其中 D、r 分别为直、半径.

埃及人在几何上最大成就，便是发现正四棱台的体积公式，这一成就被美国数学史家贝尔（E. T. Bell 1833—1960）称为"最伟大的埃及金字塔". 如在莫斯科纸草书上第 14 题：正四棱台上底边长 2，下底边长 4，高是 6，体积是 $2^2 + 2 \times 4 + 4^2$ 再乘上 6 的 $\frac{1}{3}$，得 56.

由此可知,他们发现了正四棱台的体积公式:

$$V = \frac{h}{3}(a^2 + ab + b^2)$$

这里 h 是高,a,b 分别表示上、下底边长.这个公式正确,与现代公式完全相同.

总的来说,古代埃及的数学知识是很丰富的,且达到了较高水平,他们积累了丰富的实践经验,不论是算术,还是几何或代数,埃及人处理数学问题的重点是实际计算.而两本纸草则是解决问题的实例汇编,可谓"数学实用手册"也.但遗憾的是在这些问题中,都没有形成论证数学.

第三节　十进位值制记数法——古代中国

一、算筹

我国远古用结绳和刻划记数(图 1-5 和图 1-6).到了商代中期(约公元前13世纪)出现甲骨文,其中有十进非位值制的记数

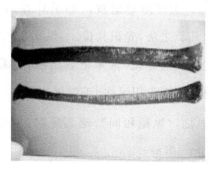

图 1-5　结绳记数　　　　图 1-6　刻划记数

法,共有 13 个独立的记数符号,最大数字是 3 万. 到了春秋战国时期(公元前 8 世纪—前 3 世纪),我国已经广泛使用算筹记数法.

算筹产生于何时,没有可靠记载,据《老子》(今传之书是战国时作品,即公元前 475—前 221 年)说:"善数不用筹策"(会计算的人可以不用筹,用心算即可). 这说明在春秋末年以前,筹(策)就是人们的计算工具.

算筹是将几寸长的小竹棍,也有用木、骨、铁材料制成的. 不用时,装在专门的"算袋"里,使用时,摆在平面上进行计算. 算筹记数有纵横两种方式(图 1 - 7(a)).

(a) 算筹计数的两种方式　　　　(b) 算筹

图 1 - 7

怎样用筹记数,《孙子算经》(约公元 3—4 世纪)中记载:"凡算之法,先识其位. 一纵十横,百立千僵,千十相望,万百相当."(意思说,算筹记数之法,先看数位. 个位用纵式,十位用横式,百位用纵式,千位再用横式,万位再用纵式,如此类推). 总之,"纵横相间",遇到零时,留个空位. 如 4368 记作 ‖‖⊥ㄇ;‖‖‖ 三 ⊥ㄇ 表示 43068.

什么是十进位值制记数法,"十进制"就是每数满十就进一个单位."位值制"就是一个数中各位上的数码表示什么数,要由它所在的位置而定.如 34 中的"4",放在个位上就表示 4;34 中的 3 放在十位上就表示 30.这样既是十进制,又按位置表示不同的单位,就叫十进位值制(李俨、杜石然先生叫"十进地位制";郭书春先生叫"十进位置值加制";此用梁宗巨教授叫法).

显然,任何自然数都可用算筹表示出来,这是完全的十进位值制记数法,也是当时世界上最简便的计算工具.比巴比伦的六十进位制方便,比古希腊、罗马十进非位值制先进.[1]"许多学者认为,印度-阿拉伯数字的创造,借鉴于中国古代的十进位置值制记数法."[2]因此,马克思(1818—1883 年)称中国的十进位值制是"最妙的发明之一."[3]

用算筹进行计算,便是筹算.我国在春秋末年以后,筹算四则运算已经成熟,有一套方便的算法.

筹算加减法很简单,"由高位数算起"即由左向右计算,这和现代笔算相反.摆上两行算筹,按加或减变成一行,就得结果,似现今的加减法竖式.

例如,计算今式 62873+1065,如图 1-8.

筹算乘除法,步骤稍微复杂一些.乘除都用口诀.由高位数算起,与今笔算相反.乘积分三层:上位、中位和下位,相当于被乘数、积和乘数.先由乘数的最大一位去乘被乘数,乘完后去掉这位的算筹,再用第二位数去乘.两次之积对应位上的数相加,乘完为止.

例如,用算筹计算 78×56.

首先将乘数与被乘数分别置于上位与下位,如图 1-9,然后依下顺序进行运算:

(1)用上数 50 乘下数 70,呼"五七三十五"即 3500 于中位.

①徐品方、张红著,数学符号史,北京:科学出版社,2006 年.

②郭书春,中国古代数学,北京:商务印书版,1997 年,第 32 页.

③马克思,数学手稿,北京:人民教育出版社,1975 年,第 205 页.

(2)用上数 50 乘下数 8,呼"五八四十"即 400,并入前已得的 3500 得 3900.上数"5"用完了,将去掉,如图 1 - 10.

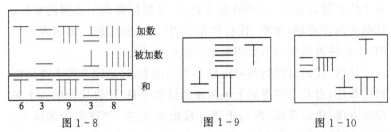

图 1-8   图 1-9   图 1-10

(3)再用上数 6 乘下数各位,先得"六七四十二",并入中间已得数,得 4320,次得"六八四十八",并入已得数得 4368,"6"已用完了,去掉,得积 4368,如图 1 - 11.

除法筹算演算步骤与乘法相反,也分三层:上位是商,中位是被除数(古称实),下位是除法(古称法),方法与例略,筹式布列如图 1 - 12.

图 1-11   图 1-12

公元 13 世纪,我国数学家开始用笔写在纸上进行筹算.

大约在汉代,算筹记数已演变为汉语数字一,二,三,四,……,八,九,十(只是五、六、七写法与今不同),但算式仍用算筹.

此外,我国还出现两种记数字体:

一种是唐代以后流行至今的商业大写数字,又叫会计体:壹、贰、叁、肆、伍、陆、柒、捌、玖、拾、佰、仟、万,是为了避免涂改而发明的.

另一种是明、清两代盛行的商业暗码:

丨 丨丨 丨丨丨 Ｘ 8 ⊥ 亠 亖 攵 〇,分别表示 1,2,

3,4,…,9,0.

印度数码于公元 7 世纪传入我国,我国已有一套完整的十进位值制,故未采用.

二、珠算

筹算在我国使用了大约 2000 年,我国古代数学在数值计算方面取得了辉煌成就,大都借助算筹与筹算取得的,功不可没.

但自唐中叶至宋元时期,我国学者不断改革筹算,从实践中创造了许多乘除简捷算法和口诀,觉得嘴念口诀计算很快,用手摆弄算筹很慢,得心却不能应手.于是迫切需要创造新的计算工具,这是科学研究必由之路.因此,珠算盘便应运而生.

珠算,是研究和运用算珠系统的科学技术,运用算盘进行四则运算等的数值计算方法,叫做珠算.

我国珠算盘是在珠算之后发明的.那么珠算盘何时产生的?意见纷纭,莫衷一是,如说《数术记遗》(公元 6 世纪)产生的,但该书中的珠算,算珠不穿档,且无口诀,实际上不如用小棍的算筹方便的算筹;又如说是北宋著名画家张择端绘《清明上河图》(约 11 世纪)上有算盘,许多人认为画上是装钱之盘、是书、是信笺……实难辨认.目前大多认为使用口诀并取代算筹为主要工具的珠算盘的最早记载,"似乎可推溯到元朝末年(公元 14 世纪中叶).在阳宗仪所著《辍耕录》(公元 1366 年)一段中有记载(略)."[1]因此,珠算盘产生于元代末年以后.

所以,我国古代筹算向珠算过渡,两者在相互影响下长期共存达千年,直到明代中叶(公元 14 世纪),筹算工具才逐渐退出历史舞台,被珠算盘代替.珠算至今在我国、东亚和东南亚各国仍在使

[1]李俨、杜石然,中国古代数学简史,下册,北京:中华书局出版社,1964 年,第 241、242 页.

用,尽管电子计算机(器)很普及.

从上可知,算筹与珠算盘只能表示整数与小数,但却无法表示无理数,古代的各种运算,只能借助文字来叙述,而参与运算的数字过程立即消失,没有留下运算数字的步骤,只看到计算结果,每一步是否有错,很难查出,也不容易发现一般的规律.

因此,计算工具再一次创新,发明了笔算.笔算加减法不用口诀,克服了筹算、珠算制度的局限性,促使数学进一步抽象化和符号化.

我国使用印度-阿拉伯数字笔算的时间较迟,大约在 1910 年左右,笔算开始代替珠算,沿用至今.

进入 20 世纪 80 年代,我国开始用计算机(器)计算,这样一来,我国笔算、珠算、电脑计算并存使用.

总之,筹算与珠算的特长是数值计算,我国在 18 世纪以前完全发挥了它的优越性,我国古代数学取得巨大成就,与它们分不开.我们不应忘记,长达两千多年使用过的先进计算技术.但是,数学进一步发展,要求更高的抽象化和符号化,筹算与珠算显露出它的弱点,笔算取而代之是顺理之事.

数学史告诉我们,计算技术和算法的改革,是人类科学研究的一个永恒主题,我们相信,今后计算技术的革命会出现奇迹.

三、中国古代的数学方法论

数学方法指人们从事"数学活动"(包括研究数学、应用数学、教授和学习数学的各类活动)所采用的方式、手段.而数学方法论是以数学方法为研究对象的一门学问.

数学方法是与数学同时产生和发展的,数学的发展过程也就是数学方法发展过程.从方法论讲,一切数学知识都能转化为数学方法——数学知识的大部分就是数学方法.所以数学方法的历史发展一般在各学科的发展史中叙述.

中国古代的数学方法论与古希腊不同(详见第二章第八节). 我国古人认为,数学产生于人的实践中,当然可以应用于人的实践的任何领域中. 应用是我国古代数学的目的,因此,我国古代数学的内容是算法精神,寓理于算的方法. 如《九章算术》中的归纳法,多是先举出某一社会生活领域中的一个或几个个别问题,由此归纳出某一类问题的一般解法——算法. 这就是一种由个别到一般归纳推导的方法. 后来,如刘徽的"出入相补原理"(又称"以盈补虚法")的特殊数学方法和"割圆术"引入无限逼近的极限思想,求证圆面积等的方法. 宋元时,如秦九韶《数书九章》(1247 年)的"大衍求一术"(即一次同余式组解法)、"正负开方术"(即高次方程数值解法)等;李冶《测圆海镜》(1248 年)和《益古演段》(1259 年)的"天元术"(立天元一即今解方程未知数 x)的方法发展到朱世杰《四元玉鉴》(1303 年)的"四元术"的方法等等.

数学的发展表现为算法的改进、新领域中的应用和新算法的提出,开创了数学模型方法,所以计算方法成为我国古代数学的中心.

第四节　树叶书上的数学——古印度

印度,位于中南亚,也是古老文明的国家之一. 早期文化至少可追溯到公元前 2000 年. 古印度文字大量写在白桦树皮和树叶子上,叫做"树叶书". 古印度最出名的书是"贝叶书". 这种书用贝多罗树的阔长叶子,用水沤后加工制成,它是一种很好的书写用品,多用来写佛经,故又叫"贝叶经". 但因不好保存,印度数学在 7 世纪以前缺少可靠的史料,只能零星地知道一些.

印度在历史上曾多次遭受外族的侵略,所以早期的印度数学就受到巴比伦和希腊的影响,后来又受到中国的影响.

印度人在公元前 1000 年已经知道了圆的面积等于一个矩形的面积,这个矩形的底等于半圆周长,高等于圆半径. 用今式表示

23

为 $S_{圆} = S_{矩} = \dfrac{c}{2}r$，这是正确的. 这说明印度的数学也有悠久的历史.

印度的记数符号，在公元前 3 世纪前后有两种不同的记法. 一种是卡罗斯底数字，它是现今阿富汗东部和印度北部人所创造的，在公元前 4 世纪流行于印度的书写数字. 这种数字实际上只有五个符号，可以表 1000 以内的自然数. 这是一种十进非位值制系统.

另一种是婆罗门数字（公元前 300 年左右）（图 1-13）. 这是十进位记数法发展的较高阶段，其数字书写形式从公元前 3 世纪在这个地区直到 19 世纪，保持了 1000 年的历史.

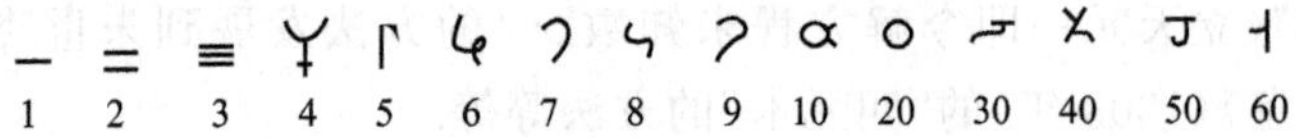

| 1 | 2 | 3 | 4 | 5 | 6 | 7 | 8 | 9 | 10 | 20 | 30 | 40 | 50 | 60 |

图 1-13　印度婆罗门数字（公元前 300 年左右）

古代印度的早期数学始终与宗教和天文学有密切联系，三者文献混杂在一起. 印度最早的、能称得上数学文献出现在吠陀时期（公元前 1500—前 600 年）的《绳法经》. "吠陀"原意是"知识"，我国古人译作"明". 它主要记载修筑祭坛的法规. 由于需要用线绳和竹竿等工具进行测量法则，故而得名《绳法经》.

《绳法经》记载了一些数学概念，在几何方面，如祭坛的三种图形（方、圆和半圆），并且当时已经广泛应用"勾股定理".

在作图方法，线和圆的作图是用木桩和绳子来实现的，书中给出了正方形、直角三角形、矩形和梯形等线性形的做法，以及如何从面积为 a 的正方形出发作出面积为 na 的正方形，把直角三角形改为等积的正方形，即化圆为方和化方为圆. 此外还作一矩形，其面积与给定的正方形面积相等.

在代数上，利用分数 $1 + \dfrac{1}{3} + \dfrac{1}{3 \cdot 4} - \dfrac{1}{3 \cdot 4 \cdot 34}$ 表示 $\sqrt{2}$ 的近似值 1.4142157，精确到小数点后第 6 位，实在了不起.

众所周知,欧洲约在 5—11 世纪是数学的黑暗时期,没有称得上的数学.随着希腊科学的终结,世界数学地理中心转移到了中国、印度和阿拉伯国家.这些地方从 5—15 世纪的 1000 年中,数学是由于天文学需要而发展,天文学家大都是数学家.他们对希腊的几何学几乎没有添加任何显著结果,但在算术和代数领域取得了巨大成就,因此,在数学中出现了两种独立的系统:一种是希腊人所创立的几何逻辑演绎系统;另一种是重应用,以计算为中心的数学系统.前者重几何,后者重算术和代数.

在这段时间,印度、中国是亚洲的文明古国和友好邻邦.佛教促进了中、印文化的交流,从公元 2 世纪起印度僧人就到中国,而从公元 4 世纪起,一些中国僧人也到过印度,如公元 399 年我国东晋的汉显开始,去印度取经,包括数学在内的文化交流.从历史文献可知,印度好些数学受到了中国很深的影响,使印度十进位值制的建立、沙盘算法的完善(与筹算布局一致)、正负数的广泛使用且更加灵巧了,以及不定分析都发生了新的进展⋯⋯

当然,在数学史上,希腊人的后继者是印度人,印度数学也受到希腊影响.

因此,在中国、希腊影响下,5 到 12 世纪是印度数学的全盛时期,比印度早期数学取得更大成就,主要表现在:

一、算术和代数

1. 数码和十进位值制记数法

前面介绍了古印度早期数码的雏形.大约在公元 6 世纪印度产生了十进制位值制数码,名叫 Devanagari 数字,比我国晚 1000 多年,公元 8 世纪能见到完整的印度十进位值制符号,其中用小圆圈表示零.零的引进标志着真正的位值制记数的完成.

印度数码于公元 7 世纪传入我国,因我国已有一套简便而先进的十进位值制数码,故一直未采用.

公元 8 世纪,印度数码传入阿拉伯,阿拉伯入侵西班牙,把印度数码传到欧洲,从而欧洲人认为这些数码是阿拉伯人发明的,便称为阿拉伯数字,这是一个历史误会.事实上,是印度人发明的,而阿拉伯人为演变成现代数字 1,2,3,……作过工作,故应叫印度-阿拉伯数字.

2. 正、负数及其运算

欧洲直至文艺复兴(公元 15—17 世纪)以后还视负数为异端,一些人不承认[①].然而,除中国外,印度较早地引入了负数(表示负值),印度早期的著名数学家婆罗摩笈多(Brahmagupta,598—665 以后)约在 628 年给出了正负数的四则运算法则,但他犯了一个错误认为"零除以零得空无一物(即零)"事实上零除以零毫无意义.后来的婆什迦罗(Bhāskara,1114—1158?)在《算法本源》一书中,用数字上加一点表示负数,如 $\dot{5}$ 表示 -5,并正确地叙述了正负数的运算法则.可是印度人在使用负数作具体问题的解时是有顾虑的,如婆什迦罗在解方程 $x^2 - 45x = 250$ 时,给出答案 50 和 -5,他说:"这里不要第二个数值,因为它不行,人们不赞成负数的解."

显然,印度人有时对待负数也像欧洲人那样像躲避瘟疫传染似的也心有余悸.

3. 开方和无理数(式)

在印度的数学著作中,关于开平方、开立方和中国一样理解为已知正方形面积和立方体体积,求边长,开不尽时用近似值表示.

印度与中国人一样大胆引入无理数,并能进行正确的运算,这是一个创举.12 世纪婆什迦罗著作中出现如下一些等式.

---

①徐品方编著,数学趣话,福州:福建人民出版社,2001 年,第 99—108 页.

(1)$\sqrt{3}+\sqrt{12}=\sqrt{3+12+2\sqrt{3\times12}}=\sqrt{27}=3\sqrt{3}$.

(2)$\sqrt{10+\sqrt{24}+\sqrt{40}+\sqrt{60}}=\sqrt{2}+\sqrt{3}+\sqrt{5}$.

(3)$\sqrt{16+\sqrt{120}+\sqrt{72}+\sqrt{60}+\sqrt{48}+\sqrt{40}+\sqrt{24}}=\sqrt{2}+\sqrt{3}+\sqrt{5}+\sqrt{6}$.

以上都是从类似 $\sqrt{a}+\sqrt{b}=\sqrt{a+b+2\sqrt{ab}}$ 推演而得. 在他的书中还给出著名恒等式:

$$\sqrt{a\pm\sqrt{b}}=\sqrt{\frac{a+\sqrt{a^2-b}}{2}}\pm\sqrt{\frac{a-\sqrt{a^2-b}}{2}}$$

这个恒等式,在欧几里得《几何原本》第十卷中也有,但在那里是由复杂的语言给出的,因而难以理解.

4. 半文字符号

印度人用缩写文字和一些记号来描述运算. 像在希腊丢番图的著作中一样,他们不用加法记号,被减数上面加个点表示减法. 其他运算主要用文字或缩写表示. 如 ka 是从 karana(无理数)这个字来的,表示对其后的数开平方. 当有一个以上的未知量时,他们用颜色的名称来代表. 例如第一个叫未知量,其他的就是黑的、蓝的、黄的等等,每个字的头一个字母也被他们拿来作为记号. 这套记号虽然不多,但足够使印度代数几乎称得上是符号性的代数,并且符号肯定比丢番图的缩写代数用得多.

例如 $8xy+\sqrt{10}-7$ 写成 yā kā8 6he ka10 yu7.

5. 方程

(1)二次方程. 印度人对二次方程有很好的研究,对于方程 $ax^2+bx+c=0(a\neq0)$,在公元 7 世纪,婆罗摩笈多在《婆罗摩修正体系》(623 年)一书中用文字叙述得出了求根公式,用今天符号表示为

$$x = \frac{\sqrt{4ac + b^2} - b}{2a}$$

这里只给出了一个正根(比我国迟)也没有说明理由.

公元 9 世纪印度数学家斯里德哈拉(Sridhara,860—900)在他的《演算精义》中,对方程 $ax^2 + bx = c(a \neq 0)$ 用配方法的思想推导得

$$4a^2x^2 + 4abx + b^2 = 4ac + b^2$$

开方得

$$2ax + b = \sqrt{4ac + b^2}$$

$$\therefore \ x = \frac{\sqrt{4ac + b^2} - b}{2a}$$

到了公元 12 世纪,婆什迦罗在斯里德哈拉工作基础上,他指二次方程有两个根,并举出例子,如"一群猴子不知其数,它的 $\frac{1}{8}$ 的平方在树林里跳蹦,还有 12 只在山上尖叫,问共有多少只猴子?"设猴子有 x 只,则 $(\frac{x}{8})^2 + 12 = x$,他的答案有两个,$x_1 = 48$,$x_2 = 16$.

笔者认为,这是数学家首次指出二次方程有两个根.婆什迦罗是第一个承认方程可以有负数解的印度人,但他没有给出一般解的公式.很遗憾,婆什迦罗把发明一元二次方程有两个根的一般求根公式的机会失去了.

(2)高次方程.婆什迦罗著作中有三、四次方程,如"某数的 12 倍与其立方之和,恰好等于其平方的六倍与 35 之和,求此数."本题用今式归结为解方程 $x^3 + 12x = 6x^2 + 35$.

但他只取一个立方根 $x = 5$,当时没有想到另外两根(负根或虚根).

又如解方程 $x^4 - 2x^2 - 400x = 9999$,他用配方法只求得一个根 $x = 11$,当时他不知道负根、虚根,故没有求出另外三个根.

（3）无理方程. 婆什迦罗还会解无理方程,在他的著作中有一问题:"一群鹅中有一对留在水中游戏,它们看到 7 倍于原来鹅数的平方根的半数的鹅厌倦了这项游戏,而向岸边游去.请告诉我,亲爱的姑娘,鹅群中有多少鹅?"

用今式得

$$2 + \frac{7}{2}\sqrt{x} = x$$

他对 $x + a\sqrt{x} = b$ 使用配方法推得 $x = \sqrt{b + \frac{1}{4}a^2} - \frac{1}{2}a$ 代入解

出 $x = \left[\sqrt{\left(x + \frac{7}{4}\right)^2} + \frac{7}{4}\right]^2 = 16(只)$.

（4）不定方程. 印度人超过了丢番图(最早研究者阿基米德和中国).公元 6 世纪阿利耶毗陀($\overline{\text{A}}$ryabhata,又叫圣使,约公元476—556)简单陈述过解一次不定方程的方法.7 世纪婆罗摩笈多则前进了一步,他提出了方程 $ax + by = c(a、b、c$ 都是整数) 的完全整数解.他和婆什迦罗(12 世纪)还研究过不定方程 $y^2 = ax + b$ 及其特殊情形 $y^2 = ax^2 + 1$(今称为佩尔方程)的解法.在婆什迦罗著作中载有"百禽问题"相当于不定方程组:

$$\begin{cases} x + y + z + u = 100, \\ 3 \cdot \frac{x}{5} + 5 \cdot \frac{y}{7} + 7 \cdot \frac{z}{9} + 9 \cdot \frac{u}{3} = 100. \end{cases}$$

它类似于中国古代《张邱建算经》(公元五世纪)的"百鸡问题",可能是中国传入印度的.

当然,不定方程的一般解的理论在 17 世纪费马作了较为系统的贡献.佩尔方程的完整解,由 18 世纪法国的拉格朗日(J. L. Lagrange,1736—1813)最终完成.

6. 级数问题

公元 7 世纪婆罗摩笈多提出了等差数列的通项公式、等差中

项与求和公式.用现代符号表示为:

通项公式:$a_n = a_1 + (n-1)d$,中项公式$\dfrac{a_1 + a_n}{2}$,求和公式

$S_n = \dfrac{a_1 + a_n}{2} \times n$,并且应用这些公式解决已知 S_n, a_1, n 和 d 中三量求另一量的问题.他列出求项数公式:

$$n = \frac{\sqrt{(2a_1 - d)^2 + 8dS_n} - (2a_1 - d)}{2d}$$

(这里 a_1、a_n、d、S_n、n 分别为等差数列的首项、通项、公差、前 n 项和与项数.)这个公式不难从等差级数前 n 项和等公式中导出.

当然,印度人不是最早研究等差数列者(最早是埃及、巴比伦和中国),上述公式也不是最早发现,如我国的《算数书》(公元前 2 世纪)和《九章算术》(公元前 1 世纪).

此外,印度人还从实例中知道自然数 $1 \sim n$ 的平方和、立方和公式:

$$1^2 + 2^2 + 3^2 + \cdots + n^2 = \frac{n(n+1)(2n+1)}{6}$$

$$1^3 + 2^3 + 3^3 + \cdots + n^3 = \frac{n^2(n+1)^2}{4}$$

二、几何与三角

印度人的几何比代数逊色,严格的证明不常有,更没有公理的体系.公元 7 世纪婆罗摩笈多正确地给出了勾股数组的一般公式:$2mn, m^2 - n^2, m^2 + n^2 (m > n)$.到了中世纪,印度的几何也不过是些求面积和体积的公式,有的正确,有的不正确.好些公式,如海伦的三角形面积公式和托勒密定理是从亚历山大希腊人那里学来的.他们的 π 值一般是不正确的,常用 $\sqrt{10}$ 代替 π,但有时也出现较好的值 3.1416.

婆罗摩笈多在他的名著《婆罗摩修正体系》中不加证明地给出

四边形面积公式：

$$\sqrt{(s-a)(s-b)(s-c)(s-d)} \qquad (1)$$

这里 s 是四边形周长之半，a,b,c,d 是四边长. 这个公式(1)只适用于圆内接四边形. 正确的任意四边形是，设任一对角之和为 2α，面积公式为

$$\sqrt{(s-a)(s-b)(s-c)(s-d)-abcd\cos^2\alpha} \qquad (2)$$

当且仅当四边形内接于圆时，$\alpha=90°$，式(2)变成式(1).

印度人在体积方面，他们知道直棱柱体积 $V =$ 底面积 $\times$ 高；球体积 $V = \dfrac{4}{3}\pi R^3$（R 球半径）.

此外，印度还有一个流传至今的几何名题，以下列形式出现在现行课本里.

婆罗摩笈多定理　内接于圆的四边形 $ABCD$ 的对角线 AC 与 BD 垂直相交于 K，过点 K 的直线与边 AD、BC 分别相交于点 H 和 M.

(1) 如果 $KH \perp AD$，那么 $CM = MB$；

(2) 如果 $CM = MB$，那么 $KH \perp AD$.

印度另一位数学家婆什迦罗，他是印度古算舞台上的一位明星，著书四卷，第一卷书名《丽罗娃提》（原意是美丽或美好），是他女儿的名字. 他一生忙于教书和研究数学，生活贫困. 他喜欢和女儿谈论数学问题. 女儿出嫁时，父亲没有多的钱买嫁妆，便把他呕心沥血写的一本数学书取名《丽罗娃提》作为"嫁妆"送给他女儿.《丽罗娃提》的数学著作中，多用诗韵文写成，轻松自由风趣，便于记忆，易于传诵，如有一首诗题是这样的：[1]

素馨花开香扑鼻，诱得蜜蜂来采蜜.

熙熙攘攘不知数，一群飞入花丛里.

[1]其他诗题见徐品方，数学诗歌题解，北京：中国青年出版社，1997年，第 15、53、102、159、163 页等.

此群蜜蜂数有几？全体之半平方根.

另有一雄在采蜜,一雌在旁绕飞行.

总数的九分之八,徘徊在外做游戏.

印度人的天文学比数学更擅长.因此,他们把作为天文学工具的三角学作了一些推进.他们用我们熟悉的度、分、秒的划分方法,并制作了正弦表(实际为半弦,不是全弦长,相当于现在的正弦线).印度人还用到正矢,用勾股定理算出特殊角 30°,45°,60°,90° 的正弦值等.

综上所述,印度数学重算术和计算,并为世界数学作出过贡献,但几何相当逊色.到了 13 世纪以后逐渐衰落了.

第五节　阿拉伯数学

公元 7 世纪前,阿拉伯半岛的穆罕默德(Mo-Hammed,公元 570—632)创立了伊斯兰教.他死后不到半个世纪,在伊斯兰教的旗帜下征服和建立了范围很广的阿拉伯帝国,有时说伊斯兰或中亚西亚就是指阿拉伯.我国历史上称为大食国.

阿拉伯帝国范围很广,从印度到西班牙,包括北部非洲和南意大利,8 世纪中叶,阿拉伯帝国分裂为两个独立王国,东部王国以巴格达为首都,西部王国以西班牙的哥尔多瓦(Cordova)为首都.到 1258 年阿拉伯帝国被蒙古所灭而结束.

阿拉伯数学从 8 世纪到 9 世纪左右称为翻译时期.这时期阿拉伯人整理劫后余存的希腊、埃及数学,大量古代科学遗产获得了新生.

翻译以后,阿拉伯数学出现了一个创造性的活动时期,从公元 9 世纪以后到 15 世纪左右是阿拉伯数学的鼎盛时期,这时期的主要成就有:

一、算术方面

阿拉伯人引进印度数码. 由于用手传抄书籍,引进的印度数码逐渐演变成不同的形式,最后演变成接近现代通用的数码 1, 2, 3, ……, 9, 0.

阿尔·卡西在《圆周论》(1424)中引进了十进分数,并说明了十进位制分数怎样进行乘法和除法运算.

阿尔·卡西比较早地发明了小数,他在《算术之钥》(1427 年)中给出了小数的运算法则,比欧洲人斯蒂文(S. Stevin, 1548—1620)要早 150 年.

二、代数学方面

阿拉伯人在代数方面的贡献很大,几乎所有数学家都有贡献. "代数"一词来自拉丁文 algebra,它又是从阿拉伯数学家阿尔·花拉子米(Al-Khowarizmi,约 780—850)(图 1 - 14)著《代数学》(825 年)书名演变而创立的[①]. 阿拉伯人尤其在二次方程的代数解法和几何解法上独树一帜的.

图 1 - 14 花拉子米

如阿尔·花拉子米在《代数学》中,系统地讨论了一次及二次方程的六种类型,全是用文字叙述. 用现代符号可归结为

$$ax^2 = bx, x^2 = c, ax = c, ax^2 + bx = c,$$

————————

[①]这本书的拉丁译本取名为《对消与还原的科学》,("对消"今称"合并","还原"今称"移项"),是一本重点论述怎样解方程的代数,故书名由此演变而来. 参见本书第四章第二节.

$$ax^2 + c = bx, bx + c = ax^2$$

这六种方程可统一成今天的形式 $ax^2 + bx + c = 0 (a \neq 0)$，而求根公式合并成相当于今天的公式：

$$x = \frac{-b \pm \sqrt{b^2 - 4ac}}{2a}$$

在数学史上，二次方程的求解是一个历史悠久的问题，早在公元前 1600 年开始，巴比伦、希腊《几何原本》、中国赵爽注《周髀》和印度等都进行过研究，但只限于个别方法和一个正根，而一般二次方程求根公式，直到公元 9 世纪，人类花了 2000 多年才由花拉子米彻底解决，得到上述公式.

同时，花拉子米还给出两种几何证明，如解方程 $x^2 + 10x = 39$，他的第一种证法是，在边长为 x 的正方形的四个边上向外作边长为 x 和 $\frac{10}{4} \left(= \frac{5}{2} \right)$ 的矩形，再把这个图形补充为边长等于 $(x+5)$ 的正方形（图 1-15）.

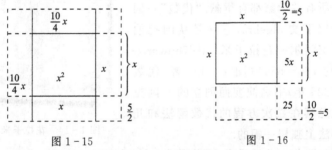

图 1-15   图 1-16

第二种证法是在边长为 x 的正方形的两个邻边上作边长为 x 和 $\frac{10}{2}$ 的矩形，然后把图形补充为一个边长为 $(x+5)$ 的大正方形（图 1-16）. 这两种证法中，先求出最大正方形的面积，然后开方，再求出 x（只得到一个根，即）

整个正方形面积为 $(x+5)^2 = x^2 + 10x + 25$，而 $x^2 + 10x = 39$

$\therefore (x+5)^2 = 25 + 39$

$$\therefore \ x = \pm \sqrt{25 + 39} - 5$$

即 $x_1 = 3, x_2 = -13$（边长为正，舍去）　　$\therefore \ x = 3$

实际上给出 $x^2 + 10x = 39$ 的求根公式

$$x = \frac{-10 \pm \sqrt{10^2 + 4 \times 39}}{2} = -5 \pm \sqrt{25 + 39}$$

他对每个例子都仔细指出配平方的步骤，很容易掌握，因此有人称他为"代数之父".

他的成就，美国数学史家卡平斯基（L. C. Karpinski, 1878—1956）用了一句生动的话概述了他的工作说："方程 $x^2 + 10x = 39$ 像一条金链贯穿着几百年的代数学."的确，他建立了解二次方程的一般方法，并以此为代数学发展指明了方向. 从此，方程的解法作为代数的基本特征被人们所接受.

阿布·卡米尔（Abū kāmil, 约公元 850—约 930）的《代数书》中，提出了求两个二次根式的和与差的运算公式：

$$\sqrt{a} \pm \sqrt{b} = \sqrt{a + b \pm 2\sqrt{ab}}$$

这个公式又多次出现在后来的 11 世纪阿尔·凯拉吉（Al-Karaji, ? —1019?），12 世纪印度婆什迦罗及 13 世纪意大利斐波那契等人的著作中.

11 世纪凯拉吉的《发赫里》[①]书中，出现了三次根式的运算关系式：

$$\sqrt[3]{54} - \sqrt[3]{2} = \sqrt[3]{16}, \qquad \sqrt[3]{54} + \sqrt[3]{2} = \sqrt[3]{128}$$

此外凯拉吉还应用数学归纳法证明了求和公式：

$$1 + 2 + 3 + \cdots\cdots + n = \frac{n(n + 1)}{2}$$

$$1^2 + 2^2 + 3^2 + \cdots\cdots + n^2 = \frac{n(n + 1)(2n + 1)}{6}$$

---

①"发赫里"是一位有远见的执政者，又是一位学术的庇护者，凯拉吉写这本代数书中忍受着苛政和暴力的干预，在发赫里支持下完成此书，为了纪念这位恩主就以他的名字来命书名.

$$1^3 + 2^3 + 3^3 + \cdots + n^3 = \frac{n^2(n+1)^2}{4}$$

奥马(K. Omar,约 1048—1131)(图 1−17)的《代数学》阐述了代数这门学科的意义,研讨了二项式定理 $(a+b)^n$ 的展开式,还区分了若干类可解的三次方程等.

图 1−17 奥马(K. Omar 约 1048—1131)

在阿尔·卡西的《算术之钥》中,出现了今天以他命名的等式. 即阿尔·卡西恒等式(前 n 个自然数的四次方和证明对于任意自然数 n),

$$1^4 + 2^4 + 3^4 + \cdots + n^4$$
$$= \frac{1}{30}(6n^5 + 15n^4 + 10^n - n)$$

(用数学归纳法易证).

此外,该书中也出现了计算任意次根的近似计算公式:

$$\sqrt[n]{A^n + a} \approx A + \frac{a}{(A+1)^n - A^n}$$

在他之前只有近似平方根公式 $\sqrt{A^2 + a}$ $\approx A + \frac{a}{2A+1}$,这个近似平方根公式比公元前巴比伦人用过的 $\sqrt{A^2 + a} = A + \frac{a}{2A}$ 误差大.

阿拉伯的代数有两个不足:一是没有引进负数,比印度人后退了一步;二是没有采用代数符号,代数著作完全是文字叙述. 由此认为阿拉伯数学"没有首创精神","没有作出什么重要的推进……"[1],据上介绍的事实,我们不同意这一观点.

①〔美〕M・克莱因,古今数学思想,上海:上海科学技术出版社,1987 年.

三、几何方面

阿拉伯人主要是对欧几里得《几何原本》翻译和注释. 阿尔·卡西在《圆周论》(约 1427 年)中,计算了圆内接和外切正 $3 \times 2^{28} = 800335168$ 边形,计算出圆周率精确到 17 位,即 $2\pi = 6.2831853071795865$. 这一成就首次超过我国祖冲之于 5 世纪创造的记录,而且比欧洲数学家同一记录早 500 年.

四、三角学方面

阿拉伯人建立了平面三角学和球面三角学体系,计算、编制出了十分精确和完整的三角函数表. 此后,使阿拉伯的三角学脱离天文学而独立的是纳西尔丁(Nasirad-Dīn of-TūsT,1201—1271). 欧洲人并不知道这一工作,他们在 15 世纪才完成了这一工作.

综上所述,阿拉伯数学自 7—15 世纪的数百年间,不但吸取和保存了希腊与印度数学精华,而且大大向前迈进. 他们的主要成就就是创立了把方程作为一门科学的代数学;把三角学从天文学的"婢女"中独立成为数学分支,引入了几种新的三角函数,建立了平面三角与球面三角若干公式,创造了大量三角函数表. 此外,他们的成果还有:简化了计算,发明了近似计算的方法、开方,建立了十进分数等.

第六节　几种数的进位制

数的进位制的产生与人的手指有关,"屈指可数"是人类记数最原始、最方便的工具. "手指记数法"最早起源于美洲大陆、北西伯利亚及非洲的许多民族. 数的进位制有以下几种.

1. 五进位制(满五进一)

一只手有 5 个手指,表示数"5". 五进制以罗马数字为代表,大写字母 V 代表 5,实际是一只手掌的象形(四指合并,大拇指分开). 罗马数字每增五,就创立一个新的符号,如 1,2,3,4 的符号是 Ⅰ,Ⅱ,Ⅲ,Ⅳ,5 的符号不是 ⅠⅠⅠⅠ,而是 V;6,7,8,9,的符号分别是 Ⅵ,Ⅶ,Ⅷ,Ⅸ,10 的符号则为 Ⅹ,表示两只手 VV,后来又改为一上一下变成 Ⅹ. 这就是五进制数码的雏形. 一直到 1800 年,德国农民日历还用五进制. 至今在南美洲的玻利维亚群岛的居民中还在使用.

2. 十进位制(满十进一)

公元前 2000 年的埃及与公元前 1600 年的中国商代甲骨文已有十进制记数法了. 十进制的产生是因为每个人都有 10 个手指,这是大家公认的. 可是,古希腊有一位数学家亚里士多德(Aristotle,公元前 384—前 322)(在国外,古代的哲学包括数学,被誉为数学是哲学的婢女),在《问题集》一书中指出了十进制产生的各种可能的解释,如说古希腊数学家毕达哥拉斯为首的学派认为:10 是一个完美的数,10 是最小的 4 种类型的数的和:1+2+3+4=10,其中 1 既不是素数又不是合数,2 是偶数,3 是奇素数,4 是合数. 还有别的解释(略). 但亚里士多德的解释是不可信的,把 10 进制的产生披上了神秘的外衣,再说 10 进制不是某些学者的发明或规定,它是人们长期实践形成的,而且在毕氏以前早就有了的.

这里特别指出,中国人发明的十进制数是"位值制"的,称为"十进位值制". 古埃及人发现的十进制虽说是世界上最早的,但它采用的是累计值而不是位值制. 印度人在公元 595 年才在碑文上有明确的十进位值制,比我国迟 1 千年,再说,巴比伦很早知道位值制,但用的是 60 进制,玛雅人也懂得位值制的道理,但用的是 20 进制.因此,马克思称中国的十进位值是"最妙的发明之一".①

3. 二十进制

二十进制是以玛雅人的记数法为代表.玛雅是中美洲印第安人的一个部族.地处热带,人们喜欢赤脚,计数时手指数不够就用脚趾,于是产生了 20 进位制,并且创用了两个基本记数符号"·"(表示 1)和一横"—"或一竖"│"(表示 5),如用 ⊥, ≡, ≐, ≣, ⊟,分别表示 6,10,11,15,19.玛雅人也创用 0 号"👁"像半开的眼睛或一只贝壳.满 20 则进位,仍用"·"表示 20,但书写时要高一位.如公元 3 世纪,玛雅人的 20 进位符号与 40 符号.

20　　40

4. 十二进位制

十二进位制的起源之说多种,如说可能与人的一只手关节有关.除大拇指外,其余 4 个手指有 12 个关节;又说可能一年有 12 个月有关;又说 12 是所有两位的"多倍数"数中最小的一个,除 1 和 12 外,它还有约数 2,3,4,6.12 虽然比 10 大 2,但约数却比 10 的约数多两个,用它做除数整除的机会就多,古代就成了十二进制.

12 进制在历史上曾得宠一时,今天留下来的计数单位中,仍可见 12 进制的痕迹,如一罗=12 打,1 打=12 个,1 英尺=12 英寸或 1 呎=12 吋,1 先令=12 便士.此外钟面有 12 个小时等等.

---

①马克思,数学手稿,北京:人民教育出版社,1975 年,第 205 页.

5. 十六进位制

十六进位制从古至今一直应用于实际生活中. 如我国旧制 1 斤＝16 两. 欧洲 1 俄尺＝16 俄寸, 1 磅＝16 英两. 由于 $16＝2^4$, 它与 2 的关系十分密切, 所以在电子计算机上常被用作十进制与二进制的一种过渡进位制.

6. 六十进位制

60 进位制是地处亚洲西部的巴比伦人于公元前 2 千年前首先创用的 60 进制. 60 进制的起源有几种说, 一说 60 是 2、3、4、5、6、10、12、15、20、30、60 的倍数, 可使计算简化; 二说与圆周分成 360 份有关, 有人生动地解释道: 古代天文数学非常发达的巴比伦人发现, 太阳从东边地平线升起, 西边地平线落下, 这个运行的轨道即是天穹的半圆. 巴比伦人把天穹半圆分为 180 等分, 每等分就是太阳的"直径"叫做"度". 天穹半圆是 180 度, 整个圆周就是 360 度了.

关于 60 进制的起源之说较多, 至今还没有一致公认的看法. 流传至今的 60 进位制有如 1 小时＝60 分, 1 分＝60 秒, 圆周角＝$360°$, 1 度＝60 分, 1 分＝60 秒等.

7. 二进位制

二进制的思想最早出现在我国. 公元前 11 世纪的古书《周易》中记载: "易有大极, 是生两仪, 两仪生四象, 四明生八卦". 意思说, 一分为二, 二分为四, 四分为八. 用现代数学式子表示, 可写成 $2^0＝1, 2^1＝2, 2^3＝8$. 这里 $2^0＝1$ 可理解为 2 尚未"分"时是 1, $2^1＝2$ 可理解为分一次为 2, ……, 它可视为我国古代二进制中的各位的位值; 也有人认为是否体现对等比数列 1, 2, 4, 8 的某种认识.

令人吃惊的是, 这本古老《易经》书中, "两仪"采用符号"—"

(叫阳爻①)和"－－"(叫阴爻)表示.若从记数角度研究,将阳爻看作 1,阴爻看作 0,则每次取 3 个符号共有 $2^3 = 8$ 种不同排列法,古称八卦.这八卦分别表示二进制的 10 进位的 8 个数:0、1、2、3、4、5、6、7. 当然,八卦的提出者没有说可以用二进制来表示一切自然数.

最早发现用二进制表示自然数的是 17 世纪英国的数学家哈里奥特(T. Harriot,1560—1621)等,其中以德国数学家莱布尼茨(G. W. Leibniz,1646—1716)最著名.

莱布尼茨发现的二进制,他期望得到广泛应用的设想,在他生前没有实现,可在他死后 200 多年后的今天梦想成真,成为计算机的"中流砥柱"了.

8. 八进位制

八进制依据"逢八进一"的法则,使用 0、1、2、3、4、5、6、7 八个数字记数,称为八进制. 由于计算机中二进制记数数位多,使用不便,在编制计算机解题程序时,常常使用八进制. 如八进制数 $205 = 2 \times 8^2 + 0 \times 8^1 + 5 \times 8^0 = 10$ 进制 133.

综上所述,世界上不同年代出现了五花八门的进位制和眼花缭乱的记数符号体系,这些足以证明数学起源的多源性(或多元化)和数学符号的多样化.

虽然数的进位制有多种,据调查,世界大多数地区还是采用十进位制的.据科学家勒斯曾做过调查,美国原始亚美利加各族的 307 种计数系统中,有 146 种是十进的,有 106 种是五进制或二十进制的,还有别的进位制.

---

①爻音姚 yáo.

第二章 古希腊数学

通常说的古希腊地理范围很广,包括希腊半岛、爱琴海群岛和小亚细亚西岸一带.希腊文明大约可以追溯到公元前 2800 年,一直延续到公元 600 年.它对现代西方文化的影响极大.

古希腊一直没有形成一个统一的国家,长期以来,它由许多大小奴隶制城邦国家组成.公元前 6 世纪以后,由于经济和政治的进步,自然科学和数学得到高度的发展.古希腊数学指公元前 700 年到公元 600 年(7 世纪发展中断),前后不超过 1100 年.

希腊的数学内容包括算术(含代数)、几何学和三角学.算术、几何这些名称来自希腊."算术"一词出自希腊文 $\alpha\rho\tau\theta\mu\eta\tau\iota\kappa\eta$,这一词由数(shǔ)数(shù)和技术变来,原来的意义是"数(shù)和数数(shǔ shù)的技术(或学问)".算术研究自然数、分数、小数等的四则运算和数的性质的科目.

"几何"一词最早出现在希腊,原文是 $\tau\epsilon\omega\mu\epsilon\tau\rho\iota\alpha$,是由 $\gamma\epsilon\alpha$(土地)、$\mu\epsilon\tau\rho\epsilon\iota\nu$(测量)二词合成,原意是土地测量即"测地术".可见几何学直接起源于农业生产的需要.

希腊数学发展的历史可分为三个阶段,第一阶段从公元前 700 年到公元前 323 年,又称为古典时期或雅典时期,即从泰勒斯(Thales,约公元前 624—前 547)的爱奥亚学派到柏拉图学派为止;第二阶段是亚历山大时期,从公元前 323 年欧几里得起到公元前 30 年是全盛时期;第三阶段从公元前 30 年到公元 600 年,又称为亚历山大后期——衰落时期,即罗马人统治下的时期.

公元前 700 年到公元前 300 余年,出现了以雅典为中心的第一个欧洲文化高峰(即希腊古典时期).由于雅典城邦实行奴隶主民主政治(与皇帝君王独裁不同),由男性奴隶主民主政治统治,他们往往需要用理由说服对方,于是学术上的辩论风气较浓,为了坚持的是真理,就需要证明.于是希腊学术研究不仅要解决真理"是什么",还要回答"为什么",唯理论的学术风气很盛.另一方面,由于信奉多种宗教,人们思想自由,充分发挥了想象力,有助于科学和数学(哲学)从宗教的神学中分离出来.

古希腊人学术辩论风气较浓,都有一批学者在一二位杰出人物的领导下活动,这类组织称为学派.因此,古希腊人的治学,讲求学派,一时学派林业,百花齐放.各学派有各自的风格,将哲学与自然科学融为一体,促进了各学科的发展,也促进了数学理论的建立.

这时期出现了泰勒斯学派、毕达哥拉斯学派等几个著名学派以及许多著名的数学家.

古希腊人在这一时期的数学研究上,他们从初始概念和公理出发(亦称用公理化体系表达数学真理的方法),创立了演绎体系的论证数学(或几何).故从研究数学思想方法来看,希腊人重于理论,善于使用形式逻辑,《几何原本》为其典型代表.

本章专讲古希腊数学.

第一节　论证几何的发祥人——泰勒斯

一、希腊几何的鼻祖泰勒斯

泰勒斯(Thales,约公元前 625—前 547)是爱奥尼亚学派(又称泰勒斯学派)的创始人,被尊称为古希腊"七贤之首".这个学派主张从大自然现象中寻求真理,认识到水对万物生存的重要性,于是提出"水是万物之本源,万物终归于水"、"水为万物之本",否认神是世界的创造者,在当时神统治下是一种朴素的哲学思想,马克思称他是"第一个哲学家".

泰勒斯生于爱奥尼亚的米利都,出身奴隶主贵族家庭,政治地位显贵,生活富足.他本人可以做官出人头地,可他却把金钱、时间和精力全部倾注于哲学与科学,被誉为"科学之父"和"希腊数学鼻祖".他献身于科学,也召来饶舌者的非议,说他有福不享,是不务正业的败家子.为此他写了一首诗回答这些人:

> 多说话并不表示有才智,
>
> 去找出一件唯一智慧的东西吧,
>
> 去选择一件唯一美好的东西吧,
>
> 这样就钳住许多饶舌汉的嘴.

泰勒斯游访过巴比伦、埃及等古代文明国家,饱学了东方的璀璨文化,自称"东方的学生",回来以后,从事哲学、数学、天文学等的研究.在几何、天文学上主要贡献有二:

1. 论证数学的开创人

据古希腊欧德莫斯(Eudemus,约公元前 4 世纪)的《几何学史》(公元前 330 年)一书记载[1],公元前 6 世纪,泰勒斯去埃及,第一个将埃及人的几何学带回到希腊.据说他本人发现了许多几何命题,并创立了对几何命题的逻辑推理(即证明).泰勒斯发现了如下几何命题:

(1)圆被任一直径平分.

(2)等腰三角形的两底角相等.

(3)两直线相交,对顶角相等.

(4)在两个三角形中,有两角一夹边对应相等,则这两个三角形完全相等.

(5)半圆周角是直角.

(6)相似三角形的对应边成比例.

(7)三角形内角和等于两直角.

泰勒斯证明了(1)—(5)个命题.

---

①〔英〕斯科特,数学史,北京:商务印书馆,1981 年,第 25 页.

由于有了论证,数学才成为一门理论应用广泛的科学.因此泰勒斯是演绎数学开始时期第一位代表人物.

2. 天文、测量学家

泰勒斯是一位著名的天文学家.据古希腊历史学家希罗多德(Herodotus,约公元前484—前424)在《历史》一书记载,他曾利用天文学知识预言过一次日全食(有史家表示怀疑)来反对战争.当时有两个国家发生激烈的、连续的五年战争,不分胜负.战争给人民带来灾难,横尸遍野,田园荒废,哀声载道.他预测公元585年5月28日有日全食.于是他宣传说上天反对战争.这一天,正当两军刀光剑影,厮杀震天,血肉横飞,顿时,太阳隐辉,百鸟归巢,星辰闪烁,夜幕如盘,双方将士大为恐惧,于是偃旗息鼓,停止战争.后来两国通婚结好.

泰勒斯观测天象时十分专心致志,哲学家柏拉图(Plato,前427—前347)曾介绍过,有一次他只顾观察星空,不小心掉进了沟里,他的狼狈相引起人们的好笑,说:"他只想知道天上发生的事情,却看不见自己脚边的东西".二千年后,哲学家黑格尔说了一句深刻的话:"只有那些永远躺在坑里,从不仰望高空的人,才不会掉进坑里."

泰勒斯是一位最早的测量学家,他应用三角形相似知识,利用金字塔影长、杆与杆影长测算出塔高,如图2-1.

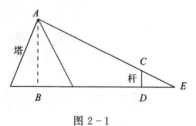

图 2-1

∵ △$ABE \backsim$△CDE

∴$\dfrac{AB}{CD}=\dfrac{BE}{DE}$

∴塔高 $AB=\dfrac{BE \cdot CD}{DE}$.

二、奇闻轶事

泰勒斯是一个腰缠万贵的贵族,不坐享其福,把自己的一生奉献给科学,当时流传着他的许多奇闻轶事.

据说:早年泰勒斯曾一度很贫穷,遭到人们的讥笑,说他研究数学(哲学)无用,不能当饭吃也不能当水喝,到头来还是穷困潦倒.听到这些话,他不气馁.一年冬天,他用天文知识预测到来年的橄榄必定大丰收,于是在头年的冬天租下了本地所有榨油机,由于没有竞争对手,又不是榨油季节,租金极低.来年橄榄果然大丰收,榨油机租金暴涨,他用高价租出去,从而大赚了一笔钱.

泰勒斯终身未婚,一生扑在研究哲学、数学、天文学.一次,别人问他,你对自己的发现拿多少报酬?他答道:"当你把它告诉别人时,不说是别人发现,而说是我发现,这就是对我最大的酬谢."人们问他:"曾见过最稀奇的东西是什么?"他答道:"是寿命长的暴君."

泰勒斯约活了 77 岁,人们纪念他的成就,在他坟墓雕上像,并树碑立传歌颂这位距今已有 2500 多年的科学家:

> 这位天文学家始祖之墓虽然不甚宏伟,
>
> 但在日月星辰的王国里,
>
> 他顶天立地,
>
> 万古流芳.

第二节 "万物皆数"的毕达哥拉斯

继泰勒斯之后而拾起学术事业的火炬是希腊的毕达哥拉斯及其学派.

毕达哥拉斯(Pythagoras,约公元前 560—前 480)(图 2 - 2)出生在萨摩斯岛,他在克罗托内(意大利半岛)组织了一个政治、科学、宗教三位一体的"友谊联盟",盟里有 300 多名男女成员. 这个团体组织严密,纪律、服从和先生决定高于一切. 保守的清规戒律很多,带有浓厚的宗教色彩,如他们相信数学可使灵魂升华,与上帝融为一体;门徒的著作不得留名,全归学派所有;他们的创造发明不准外传,必须守口如瓶保持秘密;禁止信徒吃鱼类、肉类食品,每个成员要爱护农田庄稼,不准踩豆子等;男女平等等.

图 2-2 毕达哥拉斯

谁违反了"教规",要受到惩罚,这就是历史上闻名的毕达哥拉斯学派.

公元前 480 年,因派系斗争,毕氏被人追杀,逃到一块豆子地前,挡住去路,因恪守"不准踩豆子"的戒律,坐以待毙,被人杀害. 他死后这个学派继续活跃了一百多年,后来人们才知道他们在数学上的贡献. 他们主要作为演绎方法的纯粹数学有以下几个方面.

一、几何学方面

1. 勾股定理与勾股数

勾股定理西方人叫毕达哥拉斯定理,它是几何里一颗绚丽的珍宝. 公元前 6 世纪毕氏不仅发现了勾股定理[①],但至今没有直接的确凿证据. 传说学派惊喜若狂,宰杀百头牛举行大祭[①],以谢智

[①]据李文林,数学史概论(第二版),北京:高等教育出版社,2002 年第 34 页,说:"但迄今并没有毕达哥拉斯发现和证明了勾股定理的直接证据. 上述宰牛传说最早出自公元前 2 世纪希腊学者阿波罗多罗斯(Apollodorus)的《希腊编年史》……,并且后来人指出宰牛之说与毕拉斯学派奉行的素食主义相违. 尽管如此,人们仍然对毕氏证明勾股定理的方法给出种种猜测."

慧神缪斯(Muses)的默示. 这个传说不是真的.

关于毕氏学派发现勾股数组, 在我国数学史上有两种说法:

第一种说法: 若 $m > 1$ 奇数, 则 $m, \frac{1}{2}(m^2 - 1), \frac{1}{2}(m^2 + 1)$ 构成直角三角形三边. 此公式叫毕达哥拉斯数组(或勾股数组).

第二种说法: 不定方程 $x^2 + y^2 = z^2 \cdots\cdots(1)$ 的一组解: $2n + 1, 2n^2 + 2n$ 分别是二直角边, $2n^2 + 2n + 1$ 是斜边. 满足(1)的正整数, 叫毕氏勾股数组.

哪一种勾股数组公式是原著原文, 无法考证. 但毕氏两个公式所表达的两组解并不是(1)的全部解, 它只限于斜边与一条直角边的差是1的那一种解(证略).

公元4世纪, 希腊数学家丢番图虽然已经知道(1)的一般解法, 但他没有明显地表达出来. 直到公元7世纪初, 正确、全面表达勾股数组的一般公式 $x = 2mn, y = m^2 - n^2, z = m^2 + n^2, m, n(m > n)$ 是互素且一奇一偶的任意正整数的是印度数学家婆罗摩笈多. 因此, 勾股数组是无穷多的.

此外, 毕氏还证明了平面几何一些定理, 如泰勒斯提出"三角形内角和等于两直角", 并推证了多边形内角和定理; 证明了平面可用正三角形、正方形、正六边形填满; 毕氏学派开创了几何作图法解代数二次方程的方法; 发现了正三角形作法, 一个多边形相似于另一个已知多边形并和另一已知多边形的面积相等的作图技巧.

毕氏研究过正五边形和正十边形的作图, 因此可推断他们已知与此有关的黄金分割问题, 如正五边形(又称五角星形), 五角星最早起源于公元前3200年左右的巴比伦. 后来毕氏学派曾使用五角星作为他们秘密组织的徽章或联络标志, 称之为"健康". 有一则轶事说: 有一天, 一个毕氏成员流落异乡, 贫病交迫, 被一个好心的房主殷勤照顾. 他身无半文酬谢房主, 临终时要求房主说: "我死后, 请您在门前画一个五角星形, 以后会有人来感谢您的."

若干年后, 学派的人看到这个标志, 询问事情的经过后, 学派重金酬谢房主而去.可以认为毕氏学派已熟知五角星形的作法.

在正五角星中(如图 2 - 3),每边长短不等的线段有四种(如 NM、BN、BM、BE),可以证明它们有这样一个特别有趣的性质:

$$\frac{MN}{NB} = \frac{BN}{BM} = \frac{BM}{BE} \doteq 0.618 \qquad (黄金数)$$

正五角星与其外接正五边形(如图 2 - 4),可组成 20 个大大小小的顶角为 36°的等腰三角形,存在数十对比值为黄金数的线段,真可谓一颗五彩缤纷的金星!

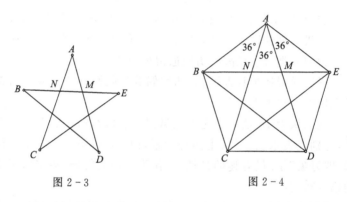

图 2 - 3   图 2 - 4

2. 立体几何

在埃及人已知道正四面体、正六面体和正八面体的基础上,毕氏学派发现正十二面体和正二十面体,并证明了多面体只限于这五种"宇宙体".证明空间可用立方体填满等.

二、数的理论

1. 万物皆数

毕氏学派重视研究数的理论(整数及其性质)而著称.他们研究数的目的不是为了实际应用,而是想通过揭露数的奥秘来探索宇宙的永恒真理.他们的格言是"万物皆数",即"数"是宇宙的来源,似乎把数看成万物的本质.毕氏学派所说的数仅指整数和分数,它和现代不一样.他们把学问分为四类:算术(数的绝对理论)、音乐(数的应用)、几何(静止的量)和天文(运动的量).

毕氏学派把自然数分为奇数、偶数、质数、合数、完全数(一个数等于除它本身以外的全部因数之和,如 6,28 就是完全数)、亲和数(对于自然数 m 和 n,若 m 除本身外的全部因数和恰好等于 n,而 n 除本身外的全部因数之和又恰等于 m,则 m 和 n 是一对亲和数.如 220 与 284 是一对亲和数).至今二千多年来,一些数学家对质数(素数)、完全数、亲和数等仍在不停息地研究,成果丰盈,并且借助计算机和创新数学方法,开疆辟土,希冀揭穿暗藏玄机,……它已成为向人类智慧挑战的历史遗留难题.[①]

毕氏学派还把数人性化,如称偶数是阴性,叫"女人数";奇数是阳性的,叫"男人数"等.

他们认为 10 是一个完美的数.因为 1,2,3,4 是头四个自然数,分别代表水、火、气、土四种元素,而 $10=1+2+3+4$ 被认为"包罗万象"了.最有趣的是把 10 作为宣誓的誓词(祷文),用崇敬的语言写道:

"创造诸神和人类的神圣的数啊,愿你赐福我们!啊!圣洁的'4'啊,您孕育着永流不息的创造源泉!因为您起源于纯洁而深奥的'1',渐次达到圣洁的 4,然后生出圣洁的'10'.它为天下之母,无所不包,无所不属,首出命世,永不偏奇,永不倦怠成为万物之钥".

2. 形数

毕氏学派很注意数与形的结合.他们喜爱 10 的主要根源是他们发现了"形数"的奥秘.因为用 10 个点按照递增规律,恰好可以堆垒成一个三角形,如图 2-5 给出了前几个三角形数 1,3,6,

---

①徐品方编著,数学趣话,福州:福建人民出版社,2003 年再版.

10,……. 称为完全三角形数.

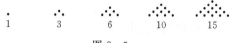

$$1 \qquad 3 \qquad 6 \qquad 10 \qquad 15$$

图 2-5

毕氏利用图 2-5 的"形数"研究了一些数列,如图 2-5 的点数就是 $n = 1, 2, 3, 4,$ …… 的和,它们相邻的两组合并起来就构成 $1, 4, 9, 16,$ ……,它们分别为前 $1, 2, 3, 4,$ …… 项奇数之和,$1 + 3 + 5 + \cdots + (2n-1) = n^2$,毕氏称为"平方数".

"形数"是毕氏学派"数是万物之本"的重要组成部分,并用它去说明"一切形体都是由数派生出来的"这一哲理. 虽然他们的观点存在许多不当之处,但是从数学角度而言,毕氏却奉献出一颗璀璨的数字明珠——形数. 它们还有许多性质(略).

此外,毕氏学派是音乐理论的始祖. 发现数是音乐和谐的基础,阐明了单弦的调和音乐与弦长的关系.

3. 无理数(或不可通约量)

毕氏学派的"万物皆数",把宇宙万物全部归结为正整数和正整数比(分数),因此,"自然数"和"分数"构成了美妙无比的宇宙. 这就是他们的"天经地义"的哲学,也是这个学派的神圣信条和精神支柱.

毕氏学派有一个勤学好问、爱动脑筋的青年,名叫希帕斯(Hippaus,约前 470 年),他发现正方形边长为 1 时,它的对角线的长不是一个整数,也不是一个分数,而是一个新数. 这个新数就是我们后人所说的无理数(或不可通约量)$\sqrt{2}$,如图 2-6.

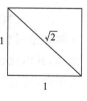

图 2-6

希帕斯这一发现如一声晴天霹雳,动摇了毕氏学派"万物皆数"的哲学基础. 这一消息不胫而走,"违反"了教规. 结果希帕斯被投入大海葬身鱼腹(又说被开除,当作死人,建一个假墓等几种说法).这就是历史上震惊数学界的发现无理数的惨案.

三、第一次数学危机

公元前 5 世纪,数学基础发生了第一次危机.危机的起因是毕氏学派门徒希帕斯证明了一个正方形的对角线和边的比是不可通约量(无理数),否定了毕氏学派长期信奉一切现象都归结为整数或整数之比(分数)的信条,整数的尊崇地位受到挑战,甚至整个古希腊数学观被受到极大的冲击,因此,不可通约量的发现,引起了数学基础的第一次危机,使毕氏学派的比例理论连同其所有推论作为不完善的理论而被丢弃.引起了许多数学家研究解决这一危机.

第一次数学基础危机并没有轻易地很快解决,约从公元前的470 年到公元前 370 的一个世纪之后,才由柏拉图的学生欧多克索斯(Eudoxus,约公元前 408—前 355)初步解决了,他用纯粹公理化方法修改了量度和比例理论,微妙地处理与初步解决了可公度和不可公度.他处理的不可公度的方法,被欧氏《几何原本》(约公元前 300 年)第二卷《比例论》收录.这个问题直到 19 世纪被两位德国数学家戴德金(J. W. R. Dedekind,1831—1916)与康托尔(G. Cantor,1845—1948)等人建立了现代实数理论后,才算彻底解决.

第一次数学危机告诉我们,直觉和经验不一定靠得住,而推理证明才是可靠的.从此希腊人开始由"自明的"公理出发,经过演绎推理,并由此建立了几何体系,这不能不说是数学思想上的一次巨大革命.这也是第一次数学危机的自然产物.

第三节 欧几里得《几何原本》

欧几里得(Euclid,公元前 330—前 275)(图 2-7)生于雅典,在雅典的柏拉图学院受过教育,毕业后应埃及托勒密国王邀请客居埃及亚历山大,从事教学工作,他是亚历山大前期——全盛时期的第一位大数学家、教育家.

欧几里得是一位思想极有条理、才华出众的人. 他熟知希腊的数学知识,他把当时古希腊数学家挖掘出的非常丰富、十分复杂的几何知识,呕心沥血,细心地一点一滴搜集起来,进行整理,用一条逻辑的锁链把它们串了起来,好像把许多碎板拼凑起来,形成一幅美丽的图画,又经过他在埃及亚历山大博学园等地教学实践,使欧氏几何更加完整灿烂辉煌.

图 2-7 欧几里得

欧几里得学习勤奋,治学严谨,目前只留下两则轶事:一则说,托勒密国王学习几何困难时,问他:"学习几何有没有捷径". 他答道"几何无王者之道"(意思说,在几何里,没有专为国王铺设的路). 二则说,有一学生开始学习第一个命题就问"学了几何学后将得到什么利益?"欧氏对家奴说:"给他三个钱币,因为他想在学习中获取实利". 可知欧氏主张循序渐进、刻苦学习,求知无坦途,投机取巧不行;他反对急功近利. 详细趣轶略①.

一、《几何原本》的内容

《几何原本》成书于公元前 300 年前后,首先列出 23 条定义,以 5 条公设和 5 条公理为基础,然后演绎地证明了 465 条定理. 内容包括直线及圆的性质、比例论、相似形、数论、不可公度量的分

---

①徐品方编著,数学趣话,福州:福建人民出版社,2001 年初版,2003 年重版,第165—175 页.

类、立体几何及穷竭法等共 13 卷. 每卷内容是：

第一卷，点、线、三角形、正方形、平行四边形等（48 个定理，占全书 10.3%）.

第二卷，论面积变换、几何的语言叙述代数公式，如 $(a+b)^2 = a^2 + 2ab + b^2$，黄金分割，相当于余弦定理等（14 个定理，占 3.0%）.

第三卷，论述圆、圆的相交与相切、弦、圆周角等. 该卷还有沿用至今的两个著名定理"相交弦定理"和"切割线定理".（37 个定理，占 7.4%）

第四卷，讨论多边形与圆、正多边形（五、六、十边形）的作图法（16 个定理，占 3.4%）.

第五卷，比例理论（25 个定理，占 5.4%）.

第六卷，将比例论用于相似形的研究（33 个定理，占 7.1%）.

第七至第九卷，算术（数论）内容（分别有 39、27、36 个定理，各占 8.4%、5.8%、7.8%）.

第十卷，不可通约量的理论，试图将无公度线段进行分类（115 个定理，占 24.7%）.

第十一卷，立体几何. 大量有关平行六面体（39 个定理，占 8.4%）.

第十二卷，穷竭法（用现代话说指无限逼近的极限方法）（18 个定理，占 3.9%）.

第十三卷，研究了五种正多面体（18 个定理，占 3.9%）.

显然，《几何原本》前六卷为平面几何，第七至九卷是算术（数论），第十卷是不可约量，最后三卷为立体几何问题. 但也含有少量代数知识，如第二卷人称《几何代数学》，其中第 5 命题是独一无二的，用几何面积推出解二次方程 $x^2 - ax + b^2 = 0$（a,b 为正数），并且得到求根公式 $x = \dfrac{a}{2} \pm \sqrt{\left(\dfrac{a}{2}\right)^2 - b^2}$，它和现今求根公式一致.

二、《几何原本》的演变

欧氏《几何原本》最早是用羊皮纸（在羊皮上写字）写成的，手稿共 15 卷早已失传，大概是给学生写的课本. 现在看到的各种希腊文、阿拉伯文、拉丁文本. 除 1808 年在梵蒂冈图书馆发现的公元 10 世纪的一个来历不明希腊文是手抄本外，其余都源自亚历山大学教授、数学家塞翁（Theon，约公元 4 世纪）及其女儿希帕蒂娅（Hypatia，约公元 370—415），对原著作了校勘和补充的修订本[①]，成为后来所有流行的希腊本及译本的基础来源.[②]

欧氏《几何原本》自 1482 年在西方第一次印刷术传到欧洲之前，它的手抄本统治了欧洲几何学达 1800 年之久，从来没有一本科学书籍像她那样广泛流传，其影响之大，仅次于基督教《圣经》.

世界各个时期的中学几何学的蓝本就是根据《几何原本》编写成的，至今虽已删节许多，但其精神未变. 因此，欧几里得《几何原本》是人类思维的一件艺术珍品.

欧几里得写过不少数学与物理著作，而影响最大的是名著《原本》. 该书最大的贡献是在于他有史以来第一次总结了以往希腊的数学知识，构成了一个标准化的演绎体系，把数学知识理论化、抽象化、系统化. 这对数学乃至哲学、自然科学的影响一直延续到 19 世纪. 牛顿的《自然哲学的数学原理》和斯宾诺莎的《伦理学》等，都采用欧几里得《原本》的体例.

传入我国最早的《几何原本》中译本是 1607 年意大利传教士利玛窦（Matteo Ricci，1552—1610）和徐光启（1562—1633 年）所译的前六卷（根据克拉维乌斯 15 卷本译），在 250 年之后的 1857 年才由英国伟烈亚力（Alexander Wylie，1815—1887）和清朝翻译

---

①参看席泽宗，科学（双月刊）48 卷 4 期第 32—34 页上关于"李约瑟难题"一文.
②徐品方编著，女数学家传奇，北京：科学出版社，2005 年，第 47—53 页.

家、数学家李善兰(1811—1882 年)接着共同译完. 关于为什么分两段译完以及徐光启决定译名《几何原本》等饶有趣味的故事史料略①.

三、《几何原本》的价值与不足

欧几里得《几何原本》出版以来,像磁铁般地吸引着学习者,拨响了学习者的逻辑思维琴弦,从而激活人们对数学的兴趣. 传说,有一个大哲学家翻看这本书,他看到第一卷命题 47 与 48 时,大叫一声:"凭上帝发誓,这根本不可能!"接着他追根究底,倒回学习,一直追学到它前面的命题、公理和公设,一下子被该书优美的结构,严谨的逻辑推理折服,心悦诚服地承认命题正确. 后来的数学家赞美其体系为"雄伟的建筑"、"壮丽的结构"、"巍峨的阶梯"、"神圣几何学小书"等等.

据说,有一个人一次得病,浑身打战,萎靡不振,无意中读了《几何原本》第五卷比例理论,书中巧妙的处理使他满心欢畅,他的病就痊愈. 在那以后,有朋友生病,他就建议读该书,说那是"灵丹妙药".

传说不足为证. 表明《几何原本》成书后,在数学界产生巨大而深远的影响,我们也有史书为证,例如数学家斯威克(J. Swick)说:"《原本》对于职业数学家,这书常常带有着一种不可逃避的迷惑力,而它的逻辑结构大概比世界上任何其他著作更大地影响了科学思想". 这类评价不胜枚举.

当然,一分为二看待,《几何原本》也不是十全十美. 它的缺点正如英国数学家、逻辑学家罗素(B. Russell,1872—1970)批评说:"他的定义并不总是下了定义的,他的公理并不总是不可证明的,

---

① 参看徐品方编著,数学趣话,福州:福建人民出版社,2001年初版,2003 年重版,第 165—175 页.

他的证明需要许多他还没有意识到的公理,一个正确的证明即使没有画出图形也仍保持其论证的力量,但在这个考虑面前欧几里得的许多早期证明就站不住脚了."虽然如此,《几何原本》仍为传世经典巨著,是数学史上一颗绚烂瑰宝.

四、《几何原本》的教育争论

随着星移斗转,社会的发展进步和实际需要,出现了改革欧氏几何的呼声.

最早反对欧氏几何教育作用的是美国的一些教师,如 1870年,他们成立了一个"几何讲授改良协会",提出了"一个数学教师,越是远离欧几里得,就越会取得更大的成功."

20 世纪 60 年代美国与欧洲掀起了数学教育改革现代化运动(简称"新数运动"),首先从欧氏几何开刀.有人提出抛开欧氏几何体系,用实验几何代替;有的编出新教材;有的对传统欧氏几何说"智力已被耗尽了",在中学数学中拒斥欧氏体系……

在反对欧氏几何的呼声中,也出现了相反意见,认为欧氏几何的功绩不可磨灭.如菲尔兹奖获得者托姆(R. Thom)认为"几何思维可说是人类理性活动的正常发展中不能省略的阶段",主张恢复欧氏几何体系的教育作用.

1959 年在一个欧洲学术大会上,有位数学家公开提出"欧几里得滚蛋"的惊人口号,立刻遭到世界许多人的反对.

后来,由于"新数运动"受到挫折,反对欧氏体系失败了.实践证明不能全盘否认欧氏几何的教育作用.现在大家共识,可以对欧氏几何删繁就简,为现代数学教育所用.因此,今天世界上所见到的中学几何课本改来改去,欧氏几何早已面目全非,但欧氏几何的宗旨还是部分的保留着,因此各国中学几何课本里,已将欧氏几何改革为通俗化、大众化、推理简洁化.再说,今天开创了数学机械化证明的研究,国际上称为"自动推理"领域.我国在这方面已走在世界前面,如吴文俊院士等已成功地开创电脑证明,许多欧氏几何或其他几何命题,几何定理电脑证明已梦想成真了,预料在 21 世纪将有重大突破,"自动推理"将走进中学课堂.

五、几何三大作图

首先谈欧氏几何的作图工具.为什么规定要用没有刻度的直尺与圆规两种工具?常称"尺规作图".我们认为理由有三:

第一,古希腊数学的基本精神要求最初的假定越少越好,而推出的命题则越多越好,对于作图工具,自然也相应的限制到不能再少的程度.

第二,柏拉图哲学思想的影响,他认为,几何学好像锻炼身体的体育竞技必须有种种规则和器械的限制.训练思维的这门学科也应对作图工具有所限制,促使了这种限制的产生.

第三,毕达哥拉斯学派认为,圆和直线是几何学中最基本的研究对象,有了尺规,不仅圆和直线已经能够作出,而且许许多多相当复杂的图形也能作出.

公元前 300 年左右,欧氏几何用公设的形式规定"尺规作图",沿用至今.

其次谈几何三大作图问题.

古希腊雅典智人[①]学派最早提出数学史上著名的几何三大作图问题:

(1)三等分任意角.

(2)倍立方体.即求作一立方体,使其体积是一已知立方体体积的两倍.

(3)化圆为方.即求作一正方形,使其面积等于一已知圆.

---

① 原称"诡辩学派"."诡辩"一词,原是使人智慧的意思,也译作"哲人学派"或"智人学派".

2000 多年来,依据欧氏几何"尺规作图"的清规戒律与祖传法宝,一代一代数学家耗尽精力,磨秃一支又一支笔,但都没有解决三大几何作图问题.直到 1637 年法国笛卡儿等建立解析几何后,数学家们把作图问题转化为代数问题.

到了 200 年后的 1837 年,法国数学家万泽尔(P. L. Wantzel,1814—1848)才证明了尺规作图不能作出三等分角问题和倍立方体积两个问题.又过了 45 年,德国数学家林德曼(F. Von Lindemann,1852—1939)证明了圆周率 π 的超越性,同时证明了尺规不能作出化圆为方的问题.

1895 年德国数学家克莱因(C. F. Klein,1849—1925)总结了前人的研究成果,出版了《几何三大问题》一书,给出了三大问题不可能用尺规作图的简单证明,最后彻底解决了三大作图问题.

但是,我国当代少数青年人,还不相信这个事实,花了许多精力去贸然尝试用尺规证明三大作图问题,企图推翻经过数学严谨的推理证明真理.这个历史终审已宣判的铁案是翻不了的.梦想"一鸣惊人",获得"攻破世界难题"的桂冠,这是不正确的.奉劝这些人,数学理论一旦被证明的东西,是推翻不了的,真理是不会改变的.

第四节　数学之神阿基米德

阿基米德(Archimedes,公元前 287—前 212)(图 2－8)生于叙拉古城(今意大利西西里岛),父亲是天文数学家,阿氏才智超群,从小就有良好的家庭教育.青年时代便到了"智慧之都"的埃及亚历山大城,就学于欧几里得.他的数学著作有《论球和圆柱》、《论劈锥曲面体与椭圆体》、《圆的度量》、《沙数者》、《抛物弓形求积》、《论螺线》等,此外还有《论浮体》、《论平板的平衡》、《论杠杆》、《论重心》和《论制作球》等.英国数学史家希思(T. Heath,1860—1941)在评论中说:"这些论著无例外地都看作是数学论文的纪念

图 2-8 阿基米德

碑. 解题步骤的循循善诱,命题次序的巧妙安排,严格摈弃叙述的枝蔓及对整体的修饰润色. 总之,给人的完美印象是如此之深,使读者油燃而生敬畏的感情."阿氏是一位伟大的数学家、力学家、机械师和爱国主义者. 他一生发明了实用的机械共有 40 多种,被誉为"力学之父".

阿氏在数学上主要贡献有:

一、平面几何方面

(1)开创计算 π 的古典方法. 他用圆的外切与内接正 96 边形逼近的方法,求得 $3\frac{10}{71}<\pi<3\frac{1}{7}$,这是世界上最早的.

(2)证明圆面积等于以圆周长为底、半径为高的正三角形的面积. 用今式表示为 $S=\frac{1}{2}ch$(S 面积,c 周长,h 高),与今 $S=\pi r^2$ 一样.

(3)证明任何直线所截抛物线所得弓形面积,等于同底等高的三角形面积的 $\frac{4}{3}$. 又证明抛物线弓形面积可用一系列三角形的面积之和来逼近.

(4)发现"阿基米德原理"和定义了被誉为阿基米德螺线 $\rho=\alpha\theta$(被收入现行中学数学、物理课本). 并证明螺线第一圆与初始线所围成的面积,等于半径为 $2\pi a$ 的圆面积的 $\frac{1}{3}$.

(5)椭圆与圆的面积之比等于椭圆长短轴之积与圆半径平方之比.

(6)最早发现三角形面积公式：

$$S_\triangle = \sqrt{s(s-a)(s-b)(s-c)}$$

其中 $s = \dfrac{1}{2}(a+b+c)$，一般书称为"海伦公式".

(7)阿氏还提出一个流传至今在数学课本或课外读物中的世界著名问题. "鞋匠的刀（又称鞋匠皮刀形的问题）"：过半圆 $ABCD$ 的直径 AC 上一点 D 引 AC 的垂线交半圆于 B，再分别以 AD、DC 为直径作半圆 AFD 和 DHC，证明

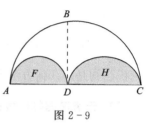

图 2 - 9

S_{AFDHCB}（阴影部分）等于以 BD 的直径的圆的面积,如图 $2-9$.

二、立体几何方面

(1)任一正圆柱面积等于以圆柱高与底直径的比例中项为半径的圆面积.

(2)任一圆锥的表面积等于以圆锥母线与底半径的比例中项的半径的圆面积.

(3)球表面积等于大圆面积的四倍.

(4)（著名的圆柱容球）以球的大圆为底,以球的直径为高的圆柱体,其体积为球的体积的 $\dfrac{3}{2}$ 或说成球的外切圆柱的体积是球体积的 $\dfrac{3}{2}$. 其表面积（包括上下底）是球表面积的 $\dfrac{3}{2}$.

(5)球冠侧面积等于以其大圆弧所对弦长为半径的圆面积.

(6)椭圆、抛物线和双曲线绕轴旋转而生成的旋转体体积公式.

三、代数方面

1. 前 n 个自然数的平方和公式

用今式表为

$$1^2 + 2^2 + 3^2 + \cdots + n^2 = \frac{1}{6}n(n+1)(2n+1)$$

阿氏当初是用几何方法求出的.

2. 无穷递缩等比数列

如求

$$1 + \frac{1}{4} + \left(\frac{1}{4}\right)^2 + \left(\frac{1}{4}\right)^3 + \cdots$$

的和. 这个问题出现在《抛物弓形求积》一书中,解法很繁,若用今日无穷递缩等比数列求和公式 $S = \dfrac{a}{1-q}$ 是轻而易举的($q = \dfrac{1}{4}$).

此外,他还研究了大数的记法等.

阿氏在其他科学中,他以"阿氏浮力原理"、杠杆定律(他的名言:"给我一个立足点,我就可以移动这个地球!")、平面图形重心求法、天文仪器和螺旋水泵的制作等成就彪炳史册,被称为将熟练的计算技巧和严格证明融为一体,他是将抽象理论和工程技术的具体应用紧密结合的典范,并有很多美丽传说.

阿氏用穷竭法(无限逼近的极限方法)和杠杆平衡原理得到所测面积或体积的结果,然后用归谬法给出严格证明,阿氏方法已经具有近代积分思想的雏形,对 17 世纪微积分的产生影响很大,故有人称他为"数学之神",与牛顿、欧拉、高斯并称为"数坛四杰".

阿氏何以能取得如此伟大成就呢?古希腊历史学家普鲁塔克(Plutarch,约 46—约 127)解释说:"在整个几何学中,再也找不到比阿基米德用最简单、最直观的方法所证明的更难和更深刻的定理了,有人认为这种明确性应归功于他的天赋的智力.也有人认为这应归功于他顽强的工作,有了这种顽强的精神最难的事也变得容易……仿佛他家中有一个绝色的仙女,与他形影不离,使他神魂颠倒,忘了吃,忘了喝,也忘了自己.有时,甚至在洗澡时,也用手指在炉灰上画几何图形,或者在涂满擦身油的身上画线条.他完全被神女缪斯的魅力征服".

公元前 212 年秋天,围困二年多的叙拉古被罗马人攻下,当 75 岁的阿基米德在沙盘上画数学图形时,一个刚攻进城的罗马士兵向他喝问,据说(传说多种),他因出神地在证明数学问题,没有听见士兵的喝问.在士兵刀剑之下,一个伟人倒在血泊之中.他死后,遵其生前遗嘱,墓碑上雕刻了"圆柱容球图".

第五节　阿波罗尼奥斯的《圆锥曲线》

阿波罗尼奥斯(Apollonlius,公元前 262—前 190)(图 2-10)
在当代和后世以"大几何学家"而闻名
于世.他生在希腊小亚细亚的别迦.青
年时代去亚历山大城,从欧几里得的门
人那里学习数学,毕业后任亚历山大里
亚"大学"教授.

他有一个绰号叫"意普西隆"即 ε,
因 ε 为希腊文的第五个字母的读音,由
于他长期在学校的第五教室上课而得
名的.

图 2-10　阿波罗尼奥斯

在"圆锥曲线"这一研究领域,阿氏站在欧几里得的肩上,将圆锥曲线的性质网罗殆尽,达到光辉顶点,几乎使后人没有插足的余地.正如美国克莱因(M. Klein,1908—1992)说:"按成就来说,它是这样一个巍然屹立的丰碑,以致后代学者至少从几何上几乎不能再对这个问题有新的发言权,它确实可看成是古典希腊几何的登峰造极之作."直到 17 世纪法国的帕斯卡(B. Pascal,1623—1662)和笛卡儿(R. Descartes,1596—1650)才使得这一领域有些本质上的改变.

他的代表作是《圆锥曲线论》,共 8 卷,有 487 个命题.在他之前很早就有人研究圆锥曲线了,他去粗取精并使其系统化.在书中他只依据同一个圆锥曲线的截面;便得到三种形式的圆锥曲线,并给出抛物线、椭圆和双曲线等名称,讨论了三种曲线之间的许多依赖关系,成为第一个根据同一圆锥的截面来研究圆锥曲线理论的人,首先发现了双曲线有两支.

他还以圆锥底面直径作为横坐标,过顶点的垂线作为纵坐标.这种坐标制的思想给笛卡儿解析几何的建立以很大启发.并且他的圆锥曲线的切线问题成为微积分发展的推动力之一,因而对 17 世纪数学发展起了重要作用.

总之该书综合、总结了前人的成就,包含有非常独到的材料,写得巧妙灵活,结构也很出色.

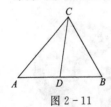

图 2-11

当代中学几何课本上有一个著名的"阿波罗尼奥斯定理":三角形两边平方的和,等于所夹中线及第三边之半的平方和的两倍.如图 2-11,D 为 AB 的中点,则

$$AC^2 + BC^2 = 2(CD^2 + AD^2)$$

这个定理也可表述为"平行四边形两条对角线的平方和等于各边的平方和".这个定理又叫"广义勾股定理".曾有书称为"巴普士(Pappus)定理",即如图 2-12,已知□ABCD,则

$$AC^2 + BD^2 = 2(AB^2 + AD^2)$$

阿基米德和阿波罗尼奥斯的成就,标志希腊在几何学的顶峰.事实上,他们凭着有限的希腊技巧,已经

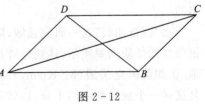

图 2-12

得到使用这些技巧所能得到的绝大多数成果.直到代数取得实质性进展之后,这些领域才有更多的进展.

阿氏纯理论研究圆锥曲线理论,陈去在聚光镜上应用外,几乎无应用.但在二千年后的 1604 年,德国的天文学家开普勒(J. Kepler,1571—1630)根据圆锥曲线理论发现了行星运行轨道是椭圆,推翻托勒密"圆和周转圆"的理论,为牛顿万有引力理论奠定了主要基础.

第六节 数学家及其名题

希腊数学的成就除前面介绍的泰勒斯、毕达哥拉斯、欧几里得、阿基米德和阿波罗尼奥斯外,这里还要简介几位著名希腊数学家及其和中学数学有关的名题.

一、创立数学悖论的哲人芝诺

芝诺(Zeno,约公元前 496—前 430)著有《论自然》等著作,主要著名的是巧妙地构想出关于运动的 40 多个悖论①,如"一个跑得快的阿基里斯的人追不上爬得慢的乌龟"等.

芝诺是"辩证术"的创造者.他用揭露对方矛盾的方法责难论敌.希腊历史学家普鲁塔克做诗赞道:

大哉芝诺,鼓舌如簧,

无论你说什么,他总认为荒唐.

芝诺"身材修长,极有风度",是一个极为诚实、坚定、恪守信仰的人.他为了追随老师,不留恋雅典的繁华,不贪图安逸生活去艰苦地方."他曾因反对一城邦的统治者,图谋败露后被捕.在被审讯

---

①"悖论"就是一个自相矛盾的命题,即如果承认这个命题,就可以推出它的否定;反之,如果承认这个命题的否定,又可推出这个命题.

时,他临危不惧,泰然自若,拒不招认.他咬下这个统治者的一块耳朵,然后自己咬断舌头,吐到对方脸上,表示至死不降.最后被抛进臼里用杵捣死.其刚毅性格,可歌可泣的壮举,历来为世人所推崇称赞."[①]

二、希波克拉底月牙形面积定理

以直角三角形各边为直径所作的三个半圆,求证直角三角形直角边上两个阴影月牙形面积之和等于直角三角形的面积.如图2-13.

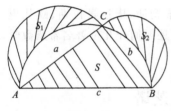

图2-13

希波克拉底(Hippocrates,公元前5世纪)生于希腊希俄斯.活动于雅典.他在研究"化圆为方"问题时,提出上述定理,结论虽然有误,但他在解决这一问题的过程中使用的方法和表现出的几何证法技巧,为人称道,并将此题流传在中学几何课内外读物中,成为世界名题之一.

希氏早年经商,经历一场浩劫,不幸落入海盗之手,财产丧失殆尽.为了破案,他为诉讼和查访,在雅典度过漫长时间.他是一位勤奋好学者,其间常到学校听课,自学成才,在几何、天文学上有所贡献.

三、海伦公式及其定理

1. 海伦公式

活跃于公元62年左右的希腊数学家海伦(Heron)主要贡献

---

①解延年,尹斌庸编著,数学家传,长沙:湖南教育出版社,1987年.

在《度量论》一书中，给出了三角形面积公式 $S_\triangle = \sqrt{s(s-a)(s-b)(s-c)}$，这里 $S = \dfrac{1}{2}(a+b+c)$ 现已公认这个公式是阿基米德首先最早发现的，但因名称已成为习惯用法而无法改正了.

2. 光反射定理(又称海伦定理)

海伦在《镜面反射》一书中发现"光反射定理"：若 P、Q 是直线 ST 同侧任意两点，则从点 P 到直线再到点 Q 的一切路径中，以通过直线上点 R，使 PR 及 QR 与 ST 的夹角相等的那个路径最短，如图 $2-14$.

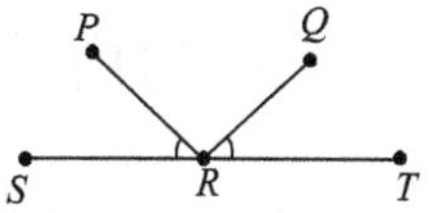

图 $2-14$

海伦还有一些著作，如《气体力学》、《几何》、《测体积学》、《测量仪器》(内有描述现代经纬仪的仪器、用法等)；此外，他还发明各种精巧器械，主要有气转球(被誉为世界上第一个蒸汽机)、自动售货机、灭火器、水风琴和水钟等.

四、托勒密定理

圆内接四边形的两组对边乘积之和等于两对角线的乘积.

这是以希腊数学家、天文学家托勒密(Ptolemy，约 100—170)的名字命名的"托勒密定理"，记载于他的天文学巨著《天文学大成》(又称《数学(天文学)汇编》)(共 13 卷)一书中，但经查证，这个定理最早出现在希腊希帕霍斯(Hipparchus，公元前 180—前 125)著作中，托勒密是从他的书中摘出. 被后人误称为"托勒密定理". 但因历史沿用久远，至今无法改正了. 这个定理常出现在古今几何学中.

托勒密出生于埃及，是宫廷里的天文学家、地理学家、也是三角学的奠基者. 他创立的"地心说"(太阳系是以地球为中心)的错误理论,在西方统治了约 1400 年.后被哥白尼的"日心说"(以太阳为中心)的真理推翻.他对三角学研究贡献大,他创造出世界上第一张三角函数表,此表就是以上述定理为基础获得的.他是第一个怀疑欧几里得平行线公设,认为不是公设,是可以证明的定理.错误地引导使后世许多数学家寻找证明而走入歧途,人类却花了二千年左右的时间代价未能成功,直到"非欧几何"诞生才证明与纠正了这一错误.

五、梅内劳斯定理与塞瓦定理

梅内劳斯定理:一直线分别截 $\triangle ABC$ 三边 BC、CA、AB 于 D、E、F,则

$$\frac{AF}{FB} \cdot \frac{BD}{DC} \cdot \frac{CE}{EA} = 1$$

梅内劳斯(Menelaus,98 年前后),希腊数学家、天文学家,著有许多几何学、三角学和天文学的书籍.上述定理以他名字命名,成为中学几何课内外读物的世界名题之一.

这一定理可以推广:如将三角形向凸多边形推广;向空间推广以及推广到球面三角形等.

梅氏在三角学方面被称为希腊三角术的顶峰,又是世界上第一次定义球面三角形的明确表达者.

著名的梅氏定理及其证明,曾被历史沉沙掩盖.600 多年后才被意大利几何学家兼水利工程师塞瓦(G. Ceva,1648—1734)重新发现,连同他的"塞瓦定理"一并发表而流传于世,至今成为许多人学习,寻找多种证法以及应用的乐园.梅氏定理常用来证明线段、角的相等;证线段二次等式、三点共线、定值问题、线段的和差倍分等.梅氏定理与塞瓦定理还是一对孪生姐妹.

塞瓦定理:设 D、E、F 分别为 $\triangle ABC$ 三边 BC、CA、AB 或延长线上的点,且 AD、BE、CF 平行 或共点,则

$$\frac{AF}{FB} \cdot \frac{BD}{DC} \cdot \frac{CE}{EA} = 1.$$

塞瓦是意大利几何学家、经济学家. 1678 年出版《论相交直线》一书,内有塞瓦定理,并附有力学证法及几何证明法. 这个定理是证明共点线问题的有力工具,如应用它很快可证明"三角形中的巧合点",如证三角形中:①三中线共点;②三高共点;③三内角平分线共点等.

六、代数学鼻祖丢番图

希腊数学家丢番图(Diophantus,约活动于 250—275 年)(图 2-15),生平不详. 只从一则收入《希腊诗文选》墓志铭中知其经历与年龄:"丢番图的一生,幼年占 1/12,青少年占 1/6,又过了 1/7 才结婚. 5 年后生子,子先父 4 年而卒,寿为其父之半."可推算他活了 84 岁. [①]

图 2-15 丢番图

丢番图是希腊代数学的鼻祖,他一生写了三部书:《算术》和失传的《推论集》和《分数算法》. 但较出色的是《算术》.《算术》共十三卷,现存六卷,希腊文本和四卷阿拉文本. 其内容有不同的解法. 其特点是完全脱离了几何形式.

丢番图《算术》主要讲数的理论,讨论了一次、二次以及个别的三次方程和大量的不定方程. 其特点是使问题的求解脱离几何形式. 被誉为希腊的"代数鼻祖".

他是不定方程的创始人,在处理 $Ax^2 + c = y^2$ 等类型的不定方程时有惊人的巧思,独树一帜. 但各题都有特殊解法,没有一般方法,故有人曾说:"近代数学家研究丢番图 100 题的解后,而去解101 题,解之就觉困难."

举例说明:

例 1 (丢番图方程)求二平方数,使其积与二数中每一个数的和,都是平方数.

丢氏解法:用今式表示,设二数为 x^2,y^2,则 $x^2y^2+x^2$ 和 $x^2y^2+y^2$ 均为平方数.

当 x^2+1 为平方数时,$x^2y^2+y^2$ 也是平方数,可设 $x^2+1=(x-2)^2$,从而得 $x=\dfrac{3}{4}$.

又 $x^2y^2+x^2=\dfrac{9}{16}(y^2+1)$ 故必为平方数,令

$9y^2+9=(3y-4)^2$,从而得 $y=\dfrac{7}{24}$.

故所求二数为 $\dfrac{9}{16}$ 和 $\dfrac{49}{576}$.

例 2 (丢番图问题)今有四数,取其每三个而相加,则其和分别为 22、24、27 和 20. 求此四数各几何?

丢氏解法巧妙,他设四数之和为 x,则四数为 $x-22,x-24$,$x-27,x-20$,

$$\therefore x=(x-22)+(x-24)+(x-27)+(x-20)$$

解之,得 $x=31$.

$\therefore$ 四数为 9、7、4、11.

丢番图另一重大成就是在代数中创用一套数学符号,称为"缩写代数",即用符号列算式与过去用文字叙述算式不同,是近代符号代数的始祖. 他把未知数称为"题中之数",未知数平方用 $\triangle^y$(即 x^2)表示,立方用 K^y(即 x^3),平方的自乘用 $\triangle^y\triangle$(即 x^4),x^5 是 $\triangle K^y$,x^6 是 K^yK 等,用 $\bar{\alpha}=1,\bar{\beta}=2,\bar{\gamma}=3,\cdots\cdots$,代数式 x 表为 $\overline{as}$,$2x$ 表示为 $s\bar{\beta}$ 等,用 $\bar{m}$ 表示常数,例如 $\triangle^ys\bar{\beta}\bar{m}\bar{\gamma}$ 表示为今式 x^2+2x+3.

在运算符号方面用 φ(或 ↑)表示减号,加、乘和除号没有创造符号,并且用词"τδos"头一个字母 τ 表示等号.

丢番图已经知道正负数运算法则,他曾说:"减法与减法相乘则生加法".都晚于我国,但他在解二次方程中,只取正根,凡是负数都记为无解.

七、帕普斯定理

帕普斯(Pappus,活动于 300—350 年左右),是古希腊晚期亚历山大学派最后一位杰出的几何学家.在他的巨著《数学汇编》(约 320 年写成)共八卷,现存六卷.书中有许多古希腊珍贵史料,他本人也发现了许多定理.如:

1. 定长定理

已知点 D 为角平分线上一点,求作过 D 一直线,使其夹在角内的线段等于定长 BC(如图 2-16).

2. 推广勾股定理(用今式叙述)

如图 2-17,以 $\triangle ABC$ 的边 AB 为一边,在三角形内侧作 $\square ABB'A'$,使 A'、B' 落在 $\triangle ABC$ 外.再分别以 AC、BC 为边,过 A'、B' 作 $\square ACED$,$\square BFHC$;求证:$S_{\square ABB'A'} = S_{\square ACED} + S_{\square BFHC}$

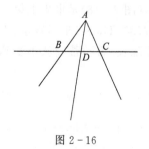

图 2-16

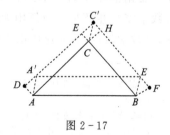

图 2-17

这个定理在欧氏《几何原本》中没有,它首次出现在帕氏《数学汇编》第四卷. 当 $\triangle ABC$ 为直角三角时,由它可导出勾股定理.

此外,《数学汇编》中还有一些最早出现的有趣问题的发现,如蜜蜂是天才的建筑师——蜂房建筑问题.[①]

八、三角形三高共点定理

平面几何中的三角形五心(重心、外心、垂心、内心和旁心)定理,除垂心定理"三角形的三条高交于一点"外,在欧几里得时代已被人发现,均被收集在《几何原本》里.

垂心定理除用"塞瓦定理"证明外,证法很多(略).

大约从公元 1 世纪起,希腊几何开始衰落,处在此时的希腊亚历山大几何的水平虽比鼎盛时期较低,但《数学汇编》重新燃起了希腊学者的火种,因为这是一部名副其实的几何经典. 它引用和参考了三十多位古代数学家的著作,引用原文之准确、精辟,成为后人了解希腊几何大部分知识宝贵真实史料,它可以称为是希腊几何的安魂曲.

第七节 第一个女数学家的惨案

希帕蒂娅(Hypatia,约 370—415)(图 2-18)是世界上第一位女数学家[②],生于埃及亚历山大. 父亲塞翁(Theon)精通数学、天文学,是数学教授,后为亚历山大研究院院长. 希帕蒂娅从小受到父

---

①徐品方编著,数学趣话,福州:福建人民出版社,2001 年初版,2003 年重版,第176—183 页.

②详见徐品方编著,女数学家传奇(第一章),北京:科学出版社,2005 年初版,2006年重版,又注:本书写了古今中外 57 位女数学家生平、成就、趣轶. 其中也涉及许多著名男数学家的生平事迹.

亲良好教养,是父亲的掌上明珠.她10岁就知道用相似三角形的方法测量金字塔的高.父亲为了从小培养女儿的思维能力和雄辩的口才,让她参加父亲主持的学术研讨会.父亲常用一句话教导她"每个人要珍惜自己思考的权利,即使思考错了也比根本不去思考强!"这句话成了女儿终生座右铭.

图 2-18　希帕蒂娅

女儿从小在父亲指导下,得到哲学、文学、艺术、科学知识熏陶与训练,业余喜欢游泳、划船、骑马、登山等体育活动,培养了她的坚强意志和毅力,博学多思,独立能力.因此,少年时便小有名气.

大约在20岁时,她去雅典学习,人未到雅典,名声早到了,人称她"大数学家".

学成立即归国,在亚历山大博学园教授数学和哲学.她教学有方,如讲代数就从丢番图墓碑诗文开始,一下子把学生吸引着.她帮助父亲完成欧氏《几何原本》的修订和注释工作,从中学会怎样进行科学研究.她自己注释了丢番图的《算术》、阿波罗尼奥斯的《圆锥曲线》(可惜失传),还撰写过一些论文,因亚历山大图书馆被焚烧,只留下残片.

由于希帕蒂娅学识渊博(已超过父亲),教学循循善诱,擅长辩论,当时被人誉为"圣人",据说,凡信封上写着给亚历山大"艺神"或"哲学家"的信,毫无疑问会送到她家里.

希氏在学习与工作期间,由于她的才华和美貌,吸引了不少男性,从王子到贵族子弟,从英俊少年到哲学家,向她求婚.她不中意求婚者,没有一人能以真才实学赢得她的芳心,为了不伤害爱慕之人,她常用一句美妙得体、婉转的话拒绝所有求婚者:"我已献身给真理了".

当时,基督教成了罗马帝国的国教,希腊大主教西里耳(Cyril)一上台,推行一教制,拆除神庙,禁止信奉异教,激起人民反对.希氏站在人民一边,反对西里耳的一教制.她的观点与当时地方城市长官奥瑞茨(Orestes)一致,奥氏一向仰慕希氏的品德和学识,常向她请教学术与政务问题.但因大主教与奥氏存在严重矛盾,企图推翻他,但一时不敢下手,便采取"杀鸡给猴看",于是策划了一场震惊世界的惨案.

因为平民希帕蒂娅是位年轻科学家,精通数学、医学、哲学,唯独不信奉基督教,而且还用科学指责教会的虚伪性.教会受到威胁,加上她与地方长官观点一致,大主教便视她为眼中钉肉中刺,到处散布她的学说是"异端邪说"……

公元415年3月的"四旬斋节"那天,正当她坐着马车到研究院去讲课,途经教堂门前,一群暴徒,奉大主教之意,以莫须有的"危害城市长官安全"罪名为借口,突然把她拖进教堂空地,剥光她的衣服,拔光她的全部头发,然后用锋利的牡蛎壳把她身上的肉一片片刮下来.最后,把她还在颤动着的手脚砍下,投入熊熊烈火之中……

世界上第一位女数学家,被惨绝人寰地杀害了,闻之令人发指!她刚45岁.

残酷谋杀案震惊整个亚历山大及其邻近地区,虽然惩办了拦车杀人的凶手,但幕后策划者却逍遥法外,最后不了了之.

台湾一部辞典评价说:"她的女才女貌,而多招几分旁人的怨妒.以至于她的一生虽然多彩多姿,但并不是一支柔歌."

综上本章所述,总括起来,古希腊数学的伟大成就有:

(1)使数学成为抽象性的一门科学;

(2)建立了演绎证明体系,希腊成为论证数学发祥地;

(3)创立了几何学、三角学,奠定了数论基础等;

(4)萌芽了一些高等数学,如数论、极限等;

(5)希腊人发现定理及证明,逻辑结构严密,论证认真细致,为后世树立了样板等.

当然,由于历史局限也存在不足,如重几何轻代数,认为几何方法是数学证明唯一方法,畏于无理数的存在,而不将算术应用于几何;几何作图严格限制规尺等.

第八节　古希腊的数学方法论

古希腊数学家泰勒斯最先提出数学方法论:数学命题要加以演绎证明,在数学中要建立一般的原理和规则.数学命题的证明,就是借助一些公理或真实性业经确定的命题来论证某一命题真实性的思想过程.演绎证明的方法即演绎推理的方法,指从一般到特殊的推理方法.其核心是三段论法,即由两个已知判断,推出第三个判断,例如:平行四边形的对角线互相平分(第一个已知一般判断称为大前提),矩形是平行四边形(另一个已知较特殊的判断,称为小前提)则矩形的对角线互相平分(推出新判断,即结论).用演绎法证明命题使几何由实验阶段,过渡到一门抽象的理论科学,使人类对自然的认识由感性(或经验)认识上升到理性认识,因此这是一个划时代的贡献.

后来亚里士多德(Aristotle,公元前 384—前 322)提出逻辑方法论,创建公理方法和数学证明原理,使演绎推理的方法系统化,建立了逻辑学.欧几里得则在数学中实现了公理化,他的《几何原本》奠定了古希腊数学方法论的基础:采用公理法构建数学理论体系并以演绎体系表述出来,数学的主要内容是抽象的命题及其证明,逻辑证明是数学的基本方法.

因此,数学中的发现、发明与创新表现为提出新命题,证明未证的命题,改进已证命题的证明,由命题构成新的公理体系等.

第三章　中华古代数学瑰宝

从公元 3 世纪到公元 8 世纪,希腊数学正走向衰落,而我国的数学却兴旺发达.隋朝建立国子监(掌管教育部门),到了唐朝的 656 年国子监设立算学馆(类似大学数学系),设有算学博士和助教.算学馆共招生 30 人,由太史李淳风等奉命编纂注释《算经十书》,作为数学教材.《算经十书》指《周髀算经》、《九章算术》、《海岛算经》、《孙子算经》、《五曹算经》、《夏侯阳算经》、《张邱建算经》、《五经算术》、《缉古算经》和《缀术》.不过十书的名称和内容历代都有变动,如祖冲之《缀术》,后因"学官莫能究其深奥,是故废而不理"而失传,南宋用《数书记遗》代替.这十本书是中国古典数学经典总称.

到了宋元明清还出现许多古算瑰宝,形成古代传统数学菁华宝库.但"其能论述全面而富有创造性成就能与《九章算术》相比美者,厥唯秦九韶《数书九章》一书"(吴文俊《秦九韶与〈数书九章〉》序).因此,我们本专题重点介"双九章"这两部书,当然也要简介秦汉至清朝为止的一些与中学有关数学菁华的著作及著名数学家.[①]可谓,"古算佳作满目彰,明星闪烁智慧光,书长纸短言不尽,唯有画龙点睛亮."

第一节　《算数书》

1983 年 12 月至 1984 年 1 月,考古工作者在湖北省江陵张家

---

①古代著名数学家,详见陈德华、徐品方著,中国古算家的成就与治学思想,昆明:云南大学出版社,2007 年.

山汉初(公元前 187—157 年)墓葬中出土了一批珍贵的古代文献,其中数学竹简约 200 支(180 余支较完整,10 余支已残破,但编痕犹存),总共约 7000 多字.这一消息像一声春雷平地起,震惊世界,引我国科学界的惊喜.有一支背面有"算数书"三个字,学术界因此将其书定名为《算数书》.

一、成如容易确艰辛

《算数书》不见于著录,是一部失传已久的古代数学珍宝,人们企盼公布其内容,但整理工作十分困难,《算数书》出土 17 年后的 2000 年《文物》第九期公开发表了关于汉简《算数书》释文[①].研究者初步发现,其中能够识别的 69 条标题,71 条相当抽象的公式,近百道数学问题及其解.文物界认为,《算数书》约成书于公元前 2 世纪,它的绝大多数内容和题目产生于秦或先秦.因此,《算数书》取代独放光辉近两千年的《九章算术》(公元前 1 世纪),成为目前所知道的中国传统数学最早的著作.从此,把我国古代最早数学著作大大向前推进了一百多年.

《算数书》释文在 2000 年 9 月一公布,立即把数学史家的智慧,从《九章算术》吸引过来,悄悄地转向旷古未闻、理深词简的《算数书》的研究.

汉简《算数书》虽寥寥 7 千余字,但却字字珠玑,隐藏着许多闪光的数学理论的智慧光芒,加上它存在大量的衍脱舛误,直接影响了对它的数学内容的分析与评价.于是海内外立刻掀起了校勘、注释《算数书》热.

近两年多来,数学史家的工作基本上解决了《算数书》中舛误而不可卒读之处,对《算数书》的研究功不可没.但是,像《九章算术》一样,人们得花相当长的时间对它进行校勘、编纂、注释、今译,

---

①江陵张家山汉简整理小组,江陵张家山汉简《算数书》释文,文物,2000.9.

不断发掘其体系结构、理论贡献以及与《九章算术》的关系等，"看似平凡最崎岖，成如容易确艰辛"（王安石诗）.

目前有作者[①]依现代数学的分类方法，初步提出《算数书》的内容可归纳为算术和几何两大类.

1. 算术部分

（1）整数.《算数书》并未完整地叙述整数四则运算，只专门提出了整数的十进位值制.

（2）分数.《算数书》全面介绍了分数的性质及运算法则，包括通分、约分、分数的扩大与缩小及四则运算，这标志我国是世界上最早的分数冠军.

（3）比例. 这类题约占《算数书》的一半，涉及正比例、反比例、分配比例、连比例、复比例等.

（4）盈不足. 盈不足算法以及若干应用题.

2. 几何部分

（1）面积. 有关土地面积的计算. 题目有"少广"、"启广"、"启从（纵）"、"方田"、"以圆材方"和"以方材圆". 前四种分别已知面积求广、纵边长，后两种是介绍圆与内接正方形和正方形与内切圆之间关系的算题.

（2）体积. 介绍了六种不同形状几何体体积的解法及其公式. 题名有①"除"即羡除，今指隧道或斜长的坡道、墓道的体积；②"斩都"即"堑堵"，其上底是矩形，下底是一线段的楔形的体积；③"刍童"和"方阙"是上、下底为矩形的长方台体体积；④"旋粟"、"囷盖"是正圆锥体体积；⑤"圜亭"是圆台形体积；⑥"井材"是正圆柱体体积.

---

①彭浩，中国最早的数学著作《算数书》，文物，2000.9.

二、重大成就初探

我们初探《算数书》知道,从公元前 2 世纪或更早一些时间,中国的数学已发展到相当高的水平,在世界数学史中占有重要地位,初步共识有以下几方面重大成就:

(1)《算数书》的内容与秦以前的社会生产、科学技术、政治经济等都有密切的联系,在一定程度上说,它是当时社会各方面的简单缩影,许多社会问题在书中都有反映;在数学上反映了我国古代数学偏重于应用和计算(即"算法")的特色.如对土地和租税管理的思想方法,对仓储管理的规定,对劳役和工程维修的管理技术与方法等.这里重点探讨数学科学技术和数学前沿的问题.

(2)《算数书》有完整的分数约分、通分等性质以及加法、减法、乘法和除法运算法则,并有复杂的运算实例,表明对分数作了系统的归纳,完善的运算理论与现代的分数方法基本一致,实在了不起.像这样系统的叙述,在古希腊缺乏分数四则运算的数学中是找不到的,它比《九章算术》早约 100 多年.国外在公元 5 世纪后的印度数学著作中才开始有分数约分和通分的法则,再后又有了分数的四则运算.印度分数运算传到阿拉伯,直到 13 世纪初才从阿拉伯传入欧洲的意大利.所以,我国古代的分数运算,至少比印度领先 700 多年,比欧洲早 1500 年.

《算数书》中分数的记载,还纠正我国过去某些片面认识,比如过去人们认为"分数除法的颠倒相乘是 3 世纪刘徽创造的",因刘徽《九章算术注》所概括出繁分除法法则说:"又以法分母乘实,实分母乘法.此谓法实俱有分,故令分母各乘全分内子,又令分母互乘上下"(法则说:分数相除,可以将除数的分母乘被除数的分子作为分子;以被除数分母乘除数分子作为分母),这与现代分数颠倒相乘法则是一样的,即

$$\frac{b}{a} \div \frac{d}{c} = \frac{b}{a} \times \frac{c}{d} = \frac{bc}{ad}$$

而《算数书》"启从(纵)"题记载了分数颠倒相乘法. 如"启从(纵)"中一题"广七分步之三,求田四分步之二,其从一步六分步之一."这道题说:"已知一块田的面积是 $\frac{2}{4}$ 平方步,田广边长 $\frac{3}{7}$ 步,求田的纵边长. 答曰, $1\frac{1}{6}$ 步". 依启从术曰:"广分子乘积分母为法,积分子乘广分母为实,实如法一步". 这里术文中的"积分母"和"积分子"是表示面积的分母和分子;"广分母"和"广分子"是表示边长的分母和分子. 故本题依术计算:

$$纵边长 = \frac{2}{4} \div \frac{3}{7} = \frac{2}{4} \times \frac{7}{3} = \frac{14}{12} = 1\frac{1}{6}(步)$$

这就是把作为除数分数颠倒与被除数相乘的方法. 比刘徽以前先将分数通分,分子相除法要简便许多. 所以比刘徽分数除颠倒相乘要早 4 个世纪,并且纠正了人们过去的某些成见.

(3)盈不足术. 过去认为盈不足术出现在《九章算术》(专列一章).《算数书》的发现又把出现的年代推进 100 多年. 盈不足术是我国古代数学家首先创造的解应用题的一种别开生面的算法,在古代确实称得起"万能"的解题方法. 印度 3、4 世纪才出现类似的解法. 盈不足比公元 9 世纪阿拉伯数学家阿尔·花拉子米(Al-Khowarizmi,约 780—850)著作提出的假设法要早 1 千多年. 阿拉伯人称我国盈不足术为"契丹算法",后来传入欧洲.

(4)《算数书》中几种求解体积的方式,因 $\pi \approx 3$ 造成误差外,它们都是正确的,并且有相当多的公式与后来的《九章算术》相一致.

例如:①《算术书》中题名为"刍"中刍童及阙术曰:"上广袤、下广袤各自乘,又上袤从下袤,以乘上广;下袤从上袤,以乘下广;皆并,以高乘之,六成一."依术可得长方台体求解公式

$$V = \frac{1}{2}[(2a+c)b + (2c+a)d]h \tag{1}$$

这里 a 是"上广", b 是"上袤", c 是"下广", d 是"下袤", h 是高.

它与《九章算术》商功章刍童术:"倍上袤,下袤从之,亦倍下袤,上袤从之;并,以高若深乘之,皆六而一"所得公式,与式(1)一致.[1]

②《算数书》中"旋粟"或"囷盖"术曰:"下周直乘,以高乘之,三十六成一"所表达正圆锥体体积求解公式为

$$V = \frac{1}{36}c^2 h \qquad (2)$$

这里 c 是圆锥底面的周长, h 是圆锥的高, $\pi \approx 3$.

本是与《九章算术》商功章的委粟曰:"下周自乘,以高乘之,三十六而一"所得公式与(2)一样.

此外,"圆亭术"、"井材术"分别与《九章算术》"圆亭术"、"圆堢壔术"完全一样(略).

(5)《算数书》有大量的抽象计算公式或程序,这是了不起的数学理论贡献.除上面举出抽象体积公式外,再举一例:

《算数书》少广一道算题:"少广:广一步半步.以一为二,半为一,同之三,以为法,即置二百四十步,亦以一为二,除如法,得纵一步,为纵面六十步."题中的"广一步,半步"指长方形田的一边宽为 $(1+\frac{1}{2}) = \frac{2}{2} + \frac{1}{2} = \frac{3}{2}$ (步),其中 $\frac{2}{2}$,即"以一为二", $\frac{1}{2}$ 即"半为一";"同之三以为法"之意为 $\left(\frac{2}{2} + \frac{1}{2}\right)$ 分母中之 2 相同就叫"同",可以相加,得分子 3.最后用 $\frac{3}{2}$ 作除数.因此这道题就是"用已知边长 $\frac{3}{2}$ (步)去除 240(平方步),则得所求另一边长."

用现代数学语言表达本题为"有一块长方形田,已知一边宽

①徐品方译注,白话九章算术,成都:成都时代出版社,2002 年,第 174—175 页.

$1\frac{1}{2}$步,面积为 240 平方步,求另一边长. 答案为 160 步."计算很简单:

$$240 \div \frac{3}{2} = 240 \times \frac{2}{3} = 160(\text{步})$$

这道文字古朴的少广题,包括分数加法运算法则,通分和分数除法概念等理论,并且按两步计算的程序进行计算,即 $240 \times 2 = 480$ 和 $480 \div 3 = 160(\text{步})$.

此题与《九章算术》少广章第 1 问的内容与算法(术)相同.

可见,《算数书》中有了不起的数学理论,科学史界正在努力研究与发掘,他们登山潜海,采宝探珠,集腋成裘.深信会使这部词简理深,旷古奇书的博大精深的数学理论贡献,名播华夏,震惊四海.

(6)《算数书》最早出现一题多解,表明古人重视开阔视野,培养多种途径解问题以及多种思维方式,达到开发智力,应用更多知识.

(7)《算数书》系统地总结了秦和秦以前的数学成就,为中国古代数学的发展奠定基础,对后来的《九章算术》的产生有一定直接影响,它开创了我国古代数学重应用,以算法为中心的特色,标志着我国古代数学理论体系开始初步形成;同时在古代数学的编纂上首开以应用问题集的编撰体例的先河,为后来人承传.

三、吾将上下而求索

科学史界在短短的时间内,在研究《算数书》的工作上取得了一定成绩.但对《算数书》的校勘、注释、编纂、理论贡献以及与《九章算术》的关系等方面,出现了不同观点的争鸣,如有学者提出《算数书》的表达方式极不统一,可以说是纷杂无章;又有人认为《算数书》与《九章算术》的关系是,前者是后者的前身,但多的学者认为,虽有少部分题同,却无此种关系……出现不同争论是正常的,是件好事.众所周知,《九章算术》的发掘、诠释等的讨论,人类花了近两千年才在 20 世纪末基本告一段落,而《算数书》的整理、发掘和进行研究的工作刚刚起步,它将是 21 世纪或更长时间里的研讨热点.“路漫漫其修远兮,吾将上下而求索”.(屈原《离骚》).

我们期待更多人参与这项研究工作,尽早地让这一中华瑰宝所蕴藏的精湛数学理论杰著以及光彩夺目的数学思想、方法,抹去历史沉沙,一展美姿,为世界文化宝库更添光增彩.

第二节 《周髀算经》

《周髀算经》原名《周髀》.“周”指周代,“髀”(音皮 bi),原意是大腿骨或股骨,这里指竖立着的标杆(或叫表).是一部天文历算书籍,直到唐代官员李淳风(7世纪)等人选定数学课本时,认为《周髀》是一部最宝贵的数学遗产,才给它一个《周髀算经》的书名.由于儒家的重要经典称为“经”,所以把重要数学著作称为“算经”.如图 3-1.

本书作者不详,可能成书于公元前 100 年(有书说是公元前 200 年)左右.是一本由口传到帛书写成的官书.

图 3-1 《周髀算经》卷上一页

我国古代数学属于天文学,因此古代的天文学和数学不分的.作为天文学著作《周髀》,记载了夏商周以来我国古代丰富的数学知识.《周髀》对于我国古代数学理论体系的形成,也起到一定的作用.

《周髀》的数学内容主要成就有几点.

一、勾股定理的建立

"勾股定理"是几何学宝库一大稀世之珍,我国《周髀》第二部记载了公元前六、七世纪时荣方和陈子两人的对话,陈子讲到计算

图 3-2

弦长时说:"若求邪至日(由太阳至表的斜边距离)者,以日下为勾,日高为股,勾股各自乘,并而开方除之,得邪至日(弦长)".这段话译成现代数学公式就是:如图 3-2,设直角三角形的勾边和股边各为 a 和 b,邪(斜)边为 c,则

$$c = \sqrt{a^2 + b^2}$$

这段史料证明公元前六、七世纪,我国陈子不仅掌握了一般的勾股定理,而且还用到了开平方的方法.

此外,在《周髀》卷上开篇第一部分,还记载了商高答周公问数,又证明勾股数和测量术在我国至少于公元前 1100 年就已出现.周公名旦,周成王的重要辅佐大臣,他和数学家、测量学家商高是好朋友.这段"周公问数"原文是:昔者周公问于商高曰:"窃闻乎大夫善数也,请问古者包牺立周天历度,夫天不可阶而升,地不可得尺寸而度,请问数安从出?"商高曰:"数之法出于圆方.圆出于方,方出于矩,矩出于九九八十一.故折矩,以为勾广三,股修四,径隅五.既方之外,半其一矩.环而共盘,得成三,四,五,两矩共长二十有五,是谓积矩."

译文:从前周公问商高:"我很早听说大夫你精通数学,请问古时包牺(想象中科学家)测量天文和制定历法,可天没有台阶攀登上去,地又不能用尺去度量,请问天有多高,地有多大,这些数是从哪儿来的?"商高回答说:"数是根据圆形和方形的数学道理计算得来的.圆来自方,而方来自直角或直角三角形,直角或直角三角形是根据数学法则计算得出来的.将一线段折成三段围成一个直角

三角形,一直角(勾)为三,另一直角边(股)为四,则斜边('径'即弦)就是五.正方形(如图 3 - 3,AEFG 面积为 49,半矩为 $\frac{1}{2}$ × 3×4),四个半矩面积和为 24,两矩面积为 25."

这里"矩"是由长、短两尺成直角组成的一种"方尺",尺上有刻度,如图 3 - 3.

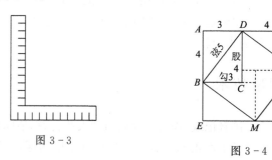

图 3 - 3

图 3 - 4

从上面前一段说明,公元前 1100 年商高知道勾股定理特例,并且用矩测出正方形长度、面积."既方之外……至是谓积矩".可称为"商高原理".如图 3 - 4,若用现代数学数表达出来,正方形 AEFG 的面积 $=(4+3)^2=49$,

四个半矩面积和 $=4×(\frac{1}{2}×3×4)=24$.

正方形 BMND 面积 $=49-24=25$(两矩共长),因而恰好就是特例 $3^2+4^2=5^2$.

这里显然揭示了一个证明勾股定理的重要方法,就是

$$\triangle ABD = \frac{1}{2} \text{矩形 } ABCD = \frac{1}{2} AD \cdot AB$$

$$\text{正方形 } AEFG = \text{正方形 } BMND + 4\triangle ABD$$
$$= BD^2 + 2AD \cdot AB$$

但正方形 $AEFG = (AD + AB)^2$
$$= AD^2 + AB^2 + 2AD \cdot AB$$

两式相比较,易知 $BD^2 = AD^2 + AB^2$.

欧洲人把这个定理称为"毕达哥拉斯定理",说他在公元前6世纪发现的.但它比陈子晚一点,比商高的特例晚600年.

"周公问数"末尾,商高还说:"故禹之所以治天下,此数之所生也".

综上所述,"周公问数"这段话的思想是阐述"数"是哪里来的问题,即"数之法出于圆方"从而引出了勾股定理特例"$3^2+4^2=25$".但原文末与注说这结果来自"禹之治天下",这种说法未必可信,只能说明数的来源较早.

二、测量技术

《周髀》卷上接着记载:周公问商高曰:"大哉言数,请问用矩之道?"商高答曰:"平矩以正绳,偃矩以望高,覆矩以测深,卧矩以知远.环矩以为圆,合矩以为方."[译文:周公问商高说:"数学实在了不起啊!请问怎样用矩?"商高回答说:"将矩平放可以确定铅直线和水平方向,将矩立(偃即仰)起来可以测量高度,将矩反过来倒置(覆)就可测量深度,将矩平卧可以测量水平距离的远近.将矩转一周便得圆形,两矩合起来,就得到方形."]

这说明,商高已精通于各种测量方法,而且运用到了实际中去,并且是有理论依据的[①].它成了我国后来重差术的先驱,与古希腊"测量之父"泰勒斯(Thales,约公元前625—前547)测量金字塔的成就在时间上大约相同.

三、分数及其应用

继《算数书》后,《周髀》中有分数乘除法、公分母的求法以及分数应用等.说明我国的分数四则运算在上古就已相当成熟,而且得

到普遍应用,其计算方法也为后代历算家广泛采用.①例如《周髀》中记有

一年$=365\frac{1}{4}$日,一月$=29\frac{499}{940}$日,月亮日行$13\frac{2}{9}$度,求 12 个月后月亮所在的方位,其算法是:

$$29\frac{499}{940}\times 12\times 13\frac{7}{9}\div 365\frac{1}{4}=354\frac{6612}{17860}$$

当然,早在商代和西周时代,我国已掌握正整数运算.分数运算是用"筹"计算的.

四、赵爽注《周髀算经》的贡献

为了让更多的人通俗了解《周髀》书中的玄机妙理,赵爽对《周髀》进行了深入研究,并逐段注释了该书的内容,而附录该书首章注文中的"勾股圆方图",则是我国数学史上极有价值的文献.

赵爽(图 3-5)又名婴,字君卿(生活在公元 3 世纪),布衣出身.他"负薪余日,聊观《周髀》"(从事体力劳动之余读《周髀》),接受了前人积累下来的史料和不少实用的数学知识、计算技能,并"举一隅,使反之以三也",成为《九章算术》以后,对数学第一个进行理论研究的数学家.他在数学上的最大成就,主要是"勾股圆方图"的学说,短短的 530 余字和 6 张附图,精练地总结了我国后汉时期在勾股定理研究方面的成就,并第一次明确给出了勾股定理的理论证明,虽迟于古希腊毕达哥拉斯的演

图 3-5　赵爽

①李迪著,中国数学通史,上古到五代卷,南京:江苏教育出版社,1997 年,第 87—88 页.

绎证明,但殊途同归、异曲同工.他用十分漂亮、简洁的图形来证明,其证法流传千古.

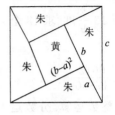

图 3-6

赵爽在"勾股圆方图"中,给出了勾股定理的证明方法是:"案弦图又可以勾股相乘为朱实二,倍之为朱实四;以勾、股之差自相乘为中黄实.加差实亦成弦实."在此证明过程中,他利用了弦图(图 3-6 所示),即以弦为边的正方形.这里的"实"就是面积.因此,按图可叙为:a、b 相乘等于二直角三角形(用朱色表示)的面积,$(b-a)^2$ 等于中间小正方形的面积(黄实),相加得 $2ab + (b-a)^2 = c^2$,化简便得:

$$a^2 + b^2 = c^2.$$

简言之,赵爽弦图证法是:

4×朱色面积+黄色面积=大方形面积

即　　$4 \times \dfrac{1}{2}ab + (b-a)^2 = c^2$

即　　$a^2 + b^2 = c^2$

这是多么巧妙、简洁和漂亮的证明!印度数学家婆什迦罗(Bhāskara,1114—1185?)在 900 年后才用了类似的证法.[①]

赵爽这种证法的基本思想就是将图形"移补凑合"而面积不变.这种方法直观性强,易被人接受,并逐步发展为"演段术",[②]至今仍被采用.

赵爽在"勾股圆方图"中还用几何方法研究了二次方程问题,得到了两个重要结果

---

①〔美〕H·伊夫斯著,欧阳绛译,数学史概论,太原:山西人民出版社,1986 年,第 220 页.

②"演段"指用两种方法建立方程的方法,一种是用天元术推演方程,二种是用图解法求得方程.

1. 一元二次方程根与系数关系

注文中说："……其倍弦为广袤合,令勾股见者,自乘为其实."
这就是说,若设长方形宽、长分别为 x_1、x_2,而勾、股、弦分别为 a、b、c,由前一句话得到

$$x_1 + x_2 = 2c,$$

由后一句话得到

$$x_1 \cdot x_1 = a^2 (或 b^2)$$

这就是一元二次方程 $x^2 - 2cx + a^2 = 0$ 或 $x^2 - 2cx + b^2 = 0$ 的根与系数的关系. 这比旧称法国数学家韦达(Vieta,1540－1603)"韦达定理"早 1300 年,这也是世界上较早的一元二次方程根与系数关系.

2. 一元二次方程求根公式

注文中:"其倍弦 $(2c)$ 为广袤合$(x_1 + x_2 = 2c)$,令勾股见者,自乘为实$(x_1 \cdot x_2 = a^2$ 或 $x_1 \cdot x_2 = b^2)$,四实以减之$[(2c)^2 - 4a^2]$,开其余所得为差,即 $\sqrt{(2c)^2 - 4a^2} = x_2 - x_1$,以差减合,半其余为广,减广于(倍)弦,即所求也",最后从和 $(x_1 + x_2)$ 减去$(x_2 - x_1)$ 所得差之半就是宽

$$x_1 = \frac{2c - \sqrt{(2c)^2 - 4a^2}}{2}$$

这个公式表达了二次方程 $x^2 - 2cx + a^2 = 0$ 的一个正根.(与当时世界各国一样,负根未考虑).

最后一句"减广于(倍)弦"即倍弦$(2c)$减去宽(x_1)得所求长

$$x_2 = \frac{2c + \sqrt{(2c)^2 - 4a^2}}{2}$$

若将这个方程改为 $x^2 - bx + c = 0$,则上式求根公式就是

$$x = \frac{b + \sqrt{b^2 - 4c}}{2}$$

与今天只有一个正根的求根公式完全一样.

赵爽是一位出色的数学家,只要深入了解到他的"勾股圆方图"国内外就不会有人怀疑了.英国科学史家李约瑟[J. Needham, 1900—1995]正确评介:"令人惊异的一点,即第一个注释者赵君卿一开始便进行了毕达哥拉斯定理的代数研究,并牵涉到二次方程."他又指出:"这种证法与欧几里得的证法完全不同",具有与"希腊几何学思想方法完全不同的色彩."①

《周髀》确实是一部不朽的、现存最早的天文数学著作,从上初步了解到我国古代数学思想和风格已初露端倪;此外,它在讨论天地现象时丝毫不带迷信色彩,在占卜星相占统治地位的时期,这实在是件了不起的事情.

第三节 《九章算术》

我国古代早期的数学知识多半是孤立的,没有建立其内部联系.虽然墨家学派著《墨经》(成书于公元前4世纪—前3世纪),曾尝试用逻辑方面研究数学概念.到西汉末年《算数书》(公元前二世纪)和许商著《许商算术》与杜忠著《杜忠算术》出现后,也仍未形成体系.直到公元前1世纪诞生了一部没留下作者名字的数学专著《九章算术》,标志着我国古算理论体系的形成.

一、《九章算术》的内容

《九章算术》(简称《九章》),成书于公元前1世纪(过去认为是公元1世纪,现在考证,至迟在公元前1世纪成书),是一部问题集的算书.如图3-7,它的内容丰富,密切联系实际,全书共246道数学问题,共分九章,每章又按解题法则(称为术)分为若干类.每

---

①李约瑟著,中国科学技术史,第三卷,北京:科学出版社,1978年.

道题都有答案,并且可用相应的"术"进行解答.各章内容简介如下:[①②]

第一章"方田".共有 38 题,21 个术.该章主要讲各种不同形状田地面积的计算和详细的分数四则运算法则的理论.如给出直田(长方形)、圭田(等腰三角形)、邪田(直角梯形)、宛田(球冠形)、箕田(等腰梯形)、圆田(圆)、弧田(弓形)和环田(圆环)等面积公式.除弧田、宛田面积公式是近似的外,其他面积公式与今天一样正确.

图 3-7　《九章算术》之一页

第二章"粟米"."粟"泛指粮食.有 46 题,33 个术.该章对 20 种不同粮食规定了兑换比例,涉及砖、竹、漆、丝、布等生产、生活资料的买卖问题以及比例问题.本章开始出现"一题多解".

第三章"衰分".("衰"音崔 cui),共有 20 题,22 个术.主要内容讲按比例分配农、工、商提出的问题,如商品、税收、罚款、计工和粮食买卖等.涉及数学知识有正比例、复比例、反比例、连比例、等差与等比数列等.

第四章"少广".共有 24 题,16 个术.主要内容讨论了从图形

---

①详见徐品方译注,白话九章算术,成都:成都时代出版社,2002 年.

②数学家(又是数学史家)吴文俊院士对这本老少皆宜的通俗、简明的普及读物《白话九章算术》评价是:"这是一本不可多得的精品之作"."徐品方先生此书则对《九章算术》作出了真正的诠释,我颇为之心折,应该视为是《九章算术》注释本的代表作品,我认为应作为大学与师范院校(中学——作者补)学习数学史(无论中外)的必须参考(或教学读物)"."特向贵社(指出此书的出版社)建议再版此书,增加印数,我可为此书写一序言".(吴文俊 2003 年 12 月 30 日给成都时代出版社负责同志的信.)

面积与体积反算边长、直径等五类问题. 涉及开平方、开立方、开圆术（由球的体积推求球的直径）. 但该书球体积公式 $v = \dfrac{9}{16}D^3$（D 直径）是错误的.

第五章"商功". 共有 28 题, 24 个术. "商功"指推算各处土方工程的体积和粮仓容积的算法, 涉及计算劳动人数. 该章给出了 14 种计算体积公式, 除球体积外, 其余柱、锥、台体等 13 种体积公式基本上与今一样.

第六章"均输". 共 28 题, 28 个术. 内容比较复杂, 基本上是征收租税、合理安排运输为中心的计算问题.

该章是前面"粟米章"、"衰分章"的进一步发展.

第七章"盈不足". 共 20 题, 17 个术. 主要讲"盈亏"类问题的解法. 所涉及的内容多与商业有关. 有些题长期选入初中代数课本. 如该章第 14 题"今有大器五、小器一容三斛；大器一、小器五容二斛. 问大、小器各容几何"（见 1983 年、1989 年等初中《代数》第二册第 38 页第 11 题）等.

第八章"方程". 共有 18 题, 19 个术. 主要讲多元一次方程（即线性方程组）及其解法（中学叫一次方程组）. 内容涉及不定方程、正负数概念及其四则运算等.

第九章"勾股章". 共有 24 题、22 个术. 内容有三部分；一是勾股定理及其应用；二是相似直角三角形性质定理；三是求勾股数. 内容涉及测量问题、一般二次方程的解法等.

二、《九章》及其刘徽注的贡献

由于万言《九章》是用竹简写成, 成书时间久远, 文辞晦涩, 佶屈聱牙, 阻碍了人们对它的丰富内容、独特体例、精深概念、博大思想和精巧方法的了解；又因经文是用竹简刻写的, 许多数学思想、方法、理论无法全部刻出, 因此, 历代学者对它进行校订与注释, 特别是魏晋刘徽(约公元 225—约 295)注,补出一些证明,使它精湛博大的数学理论和光彩夺目的数学思想方法,抹去历史尘灰,成为中华数学瑰宝和世界数学经典名著.因此,刘徽是继希腊泰勒斯后,世界论证数学的杰出代表之一.

纵观《九章》及其刘徽等注释的贡献很多,扼要评述于下:

1. 分数理论

我国古代分数具有系统理论(如概念、法则和推理等),有着悠久的历史和卓越的贡献,特别是《双九章》(《数书九章》与《九章算术》尤其后者)是世界上系统地叙述分数算法的最早著作,体现了我国古代分数算法的独特风格——有着严密理论的筹算.印度 7 世纪、欧洲 15 世纪才形成现代分数算法,比我国晚 600 年或 1440 年.

(1)分数的概念.《九章》中合分术曰:"实如法而一.不满法者,以法命之."就是说,被除数(实)除以除数(法),若不能除尽,则定义了一个分数."命之"就是"命分".我国古代分数叫"命分".这个定义与今用除法定义一致.可见那时已有了分数的准确概念.我国的分数概念,至迟产生于战国末期,并有了新的发展,如明确将物之量分为若干等分,取其中某等分之意.

(2)分数的性质.约分术里提出了分数的性质.约分术曰:"可半者半之,不可半者,副置分母、子之数,以少减多,更相减损,求其等也,以等数约之."(就是说,分子与分母均为偶数时,则可用 2 约简.若不能用 2 约时,则设置分母、分子之数放在不同的地方,以较大者减去较小者,不断地辗转相减,直到余数与减数相等为止.约去这个等数,就得到一个最简分数).这不仅是分数化简的法则,而且也是求最大公约数(等数)的方法.如方田章第 6 题,将 $\frac{49}{91}$ 化简.因无约数 2,用 $91-49=42,49-42=7,42-5\times7=7$,故 7 为等数,约得 $\frac{7}{13}$.

而且刘徽在《九章注》合分术里则将分数的基本性质概括为两条变形规则："乘以散之"（即分子、分母都可以同乘一个不为零的数，此即"散分"）和"约以聚之"（即分子、分母可以同除以一不为零的数，此即"约分"）.

（3）分数四则运算. 合分术（分数加减法则）曰"母互乘子，并以为实. 母相乘为法. 实如法而一"."其母相同者，直相从之."

减分术（分数减法法则）曰"母互乘子，以少减多，余为实. 母相乘为法. 实如法而一".

分数加减法用今式表示：

异分母加减法 $\dfrac{a}{b} \pm \dfrac{c}{d} = \dfrac{ad \pm bc}{bd}$；同分母 $\dfrac{a}{b} \pm \dfrac{c}{b} = \dfrac{a \pm c}{b}$.

乘分术曰："母相乘为法，子相乘为实，实如法而一". 即 $\dfrac{a}{b} \cdot \dfrac{c}{d} = \dfrac{a \cdot c}{b \cdot d}$.

以上称分数分子为"实"，分母称为"法"."实如法而一"即被除数（实）除以除数（法）得到一个结果.

《九章》中还有课分术（讲分数大小的比较）、平分术（讲求若干分数的平均值）等问题.

我国古代的分数是古代算学理论发展的重要基础. 一方面，沿此发展下去我国古代数学家创造了小数、正负数，以无限逼近任一实数的方法，因而实际上达到实数系的形成；另一方面，在分数理论基础上发展起来的盈不足术、方程论等重要理论的源泉.

2. 方程

一百年前，"代数"一词的全部含义被理解为方程理论，现今代数理论虽然发生了根本变化，但方程仍是中学代数研究重要内容之一. 因此，长时期以来"方程"替代了"代数".

（1）方程定义.《九章》方程章，刘徽注里给出方程的最早定义："程，课程也. 群物总杂，各列有数，总言其实（意思说，把'总杂'的

'群物'按其种类的每一行,即相当于今称的方程中的未知数的系数,常数项此叫实).令每行为率(即按条件列等式的组成方法),二物者再程(两个未知数,列两个等式或程式),三物者三程(三个未知数列三个等式或程式),皆如物数程之,并列为行,故谓之方程(有几个未知数,就列出几个等式或程式,用算筹并列成一方形,所以叫做方程)."(括号内为释文大意).

古代对"课程"一词有多种含义,有一种解释是指程式.刘徽所说的可能与此相近.因此,这章"方程"的数学意义与今方程(含有未知数的等式)的意义完全不同,它指线性方程组,即多元一次方程组.特别重要的是刘徽指出了"物数"与"程"必须相等,如有二物则列二程式(二元一次方程组).这样排列成方形的程式才叫方程."方程"的名称就来源于此.与现今的增广矩阵相通.今举一例.

方程章第一题:"今有上禾三秉,中禾二秉,下禾一秉,实三十九斗;上禾二秉,中禾三秉,下禾一秉,实三十四斗;上禾一秉,中禾二秉,下禾三秉,实二十六斗.问上、中、下禾实一秉各几何."答曰与术曰略.

这里"禾"指稻禾,"秉"是捆,"实"指粮食总数,在方程中指常数项.原著用算筹摆出如左程式:

若设上、中、下三种等级禾每秉分别为 x,y,z(斗),则算筹程式相当于今方程组

$$\begin{cases} 3x + 2y + z = 39 & (1) \\ 2x + 3y + z = 34 & (2) \\ x + 2y + 3z = 26 & (3) \end{cases}$$

(2)方程解法(方程术).

①直除法.《九章》关于多元一次方程组的解法常用"直除法"."除"即减,"直除"就是连续相减,亦称为"累减法".相似于现代的加减消元法或矩阵的初等变换.如上例用直除法.用今式表达:

将(1)式 x 的系数 3 去乘(2)的各项,得 $6x + 9y + 3z = 102$　(4)

从(4)式累减(1)式二次,得 $5y + z = 24$　　　　　　　(5)

再用(3)×3,得 $3x+6y+9z=78$ (6)

由(6)式减(1)式一次,得 $4y+8z=39$ (7)

把直除法用于(5)和(7)式所组成方程组,消去 y,得 $z=2\frac{3}{4}$(斗).然后依次求得 $y=4\frac{1}{4}$(斗),$x=9\frac{1}{4}$(斗).

②互乘对减法.刘徽注时,发现《九章》的直除法较繁,他另辟蹊径,创造了"互乘对减法"(即今加减消元法).例如,依《九章》中另一题题意(题目略),列出方程组

$$\begin{cases} 5x+2y=10 & (1) \\ 2x+5y=8 & (2) \end{cases}$$

刘徽改进为(1)×2,(2)×5,得

$$\begin{cases} 10x+4y=20 & (3) \\ 10x+25y=40 & (4) \end{cases}$$

"以少行减多行",得 $21y=20$,即 $y=\frac{20}{21}$.

刘徽进一步指出"以小推大,虽四、五行不异也".即这种解法可推广到任意多行的情形.故今天"加减消元法"是刘徽改革《九章》而建立的方程解法.

③方程新术.刘徽还建立了另一种方程新解法.他发现有的方程,如五元一次方程组不论用直除法或乘除对减法求解都很麻烦.于是他写了一篇论文放在注文之后,提出另一种"方程新术",其步骤是:第一步消去常数项;第二步把方程的项数变成两项;最后列出带未知数的比例表,再通过比例式,可求出其余.[①]

联立一次方程组的解法在印度最早出现在公元七世纪初婆罗摩笈多的著作中,但比中国晚约600年.在欧洲最早提出三元一次方程组解法的是16世纪法国数学家彪特(J. Buteo),这种方法与我国"直除法"相类似,但比《九章》晚1500多年.而用线性方程组

---

①详见李迪著,中国数学通史(上古到五代卷),南京:江苏教育出版社,1997年,第202—203页.

的系数增广矩阵变换法是由 18 世纪法国数学家贝祖（E. Bezout，1730—1783）所建立，现代称为"高斯消元法"。后者比《九章》方程术要晚一千多年。

另一方面，中国古代没有引入未知数符号，但方程术用分离系数将算筹排列在特定的位置表示特定的未知数，显然，这是一种没有未知数符号的程序，它表明我国古代已含有设未知数解方程的思想，为后来我国的"天元术"的出现奠定了基石。

3. 正负术

正负术是方程术的发展。方程术施行遍乘，直除的变换使"方程"解法程序化，但由于在正数范围内，直除很不方便。为了解决"并减之势不得广通"（指正负数加减法则不尽相同）与方程解法程序化的矛盾，导致正、负数的产生，从而推动了方程术的发展。

（1）正负数加减法则。《九章》在方程章第 3 题中提出了正负术八条法则："正负术曰：同名相除，异名相益，正无入负之，负无入正之。其异名相除，同名相益，正无入正之，负无入负之"。这是我国古代最早系统地揭示正负数加减法这颗璀璨明珠的精彩记载。解释如下：设 $a > b \geqslant 0$。

①"同名相除"。"同名"就是同号。"相除"，"除"即"减"指两数绝对值相减。这句话说，同号两数相减，等于绝对值相减。即 $\pm a - (\pm b) = \pm(a - b)$。

②"异名相益"。"异名"就是异号，"相益"（"益"即"加"）指二数绝对值相加。这句话说：异号两数相减，等于其绝对值相加。即 $\pm a - (\mp b) = \pm(a + b)$。

③"正无入负之"。"无"零的意思，"无入"指由零减去或加入。这句话说：零减正数得负数。即 $0 - (+a) = -a$。

④"负无入正"就是零减负数得正数。即 $0 - (-a) = +a$。

⑤"异名相除"。指异号两数相减，等于绝对值相减。即 $\pm a - (\mp b) = \pm(a - b)$。

⑥"同名相益".指同号两数相加,等于其绝对值相加.即$\pm a +$ $(\pm b) = \pm(a+b)$.

⑦"正无入正之".指零加正得正.即$0 + (+a) = +a$.

⑧"负无入负之".指零加负得负.即$0 + (-a) = -a$.

显然,前四句是正负数减法法则;后四句是正负数加法法则,与今天一样.

遗憾的是,正负数除法法则,当时没有产生,直到1200年后才出现.

(2)正负数定义及其表示法.刘徽注时,补出"正负数"的定义及其表示方法.他说:"今两算得失相反,要令正负以名之.正算赤,负算黑,否则以邪正为异."这里的"算"是算筹,代表数.其定义说:"今有两数若其意义相反,则分别叫做正数和负数".显然这个概念正确,与今一样.怎样表示正负数呢?刘徽接着给出正负数的两种方法:

①"正算赤,负算黑".把算筹涂上红、黑两色,即用红色筹表示正数,用黑色筹表示负数.

②"否则以邪为异".指同一种颜色的算筹,用正、斜摆法的不同来表示正负数,即斜摆筹表示负数,正摆筹表示正数.

此外,刘徽在给出正负数定义的同时,还给出了绝对值概念:"言负者未必负于少,言正者未必正于负"(意思说,负数的绝对值不一定小,正数的绝对值不一定大).

在我国,"正数"、"负数"概念和术语,从《九章》沿用至今未变,具有两千余年的悠久历史了.

在国外,步中国后尘,首先在628年一书中提到负数的是印度数学家婆罗摩笈多,比我国迟五百多年.书中他也发现负数乘除运算法则:"负数乘以负数得正数,零减负数得正数."可是,他却犯了一个错误,认为"零除以零得空无一物(即零)."事实上,零除以零是毫无意义的.五百多年后,印度婆什迦罗才比较全面、正确地讨论了负数,比我国《九章》迟1300年.至于欧洲,到16、17世纪对负数还缺乏明确认识,仍不能承认负数是数[①],如 1484 年法国数学家许凯(N. Chuquet,1445?—1500?)说负数是荒谬的数.连 17 世纪法国数学家笛卡儿还把负数叫做"不合理的数",……直到 19 世纪欧洲人为整数奠定逻辑基础以后,才正确地认识了负数.因此欧洲比我国迟 1800 年左右.

4. 不定方程

世界上最早的不定方程(未知数个数多于方程个数)是我国《九章》发现的,如"方程章"第 13 题"五家共一井"题,"今有五家共一井,甲二绠不足,如乙一绠;乙三绠不足,如丙一绠;丙四绠不足,如丁一绠;丁五绠不足,如戊一绠;戊六绠不足,如甲一绠.如各得所不足一绠,皆逮.问井深、绠长各几何"(译文略).题中"绠"(音梗 gěng)即井绳,"皆逮"即都达到的意思.

用今式表达,若设甲、乙、丙、丁、戊家的汲井水绳长分别为 x,y,z,w,u,井深 h,则依题意得不定方程

$$\begin{cases} 2x+y=h & (1) \\ 3x+z=h & (2) \\ 4z+w=h & (3) \\ 5w+u=h & (4) \\ 6u+x=h & (5) \end{cases}$$

原著只给出一组答案.刘徽注时说这组答案是"举率以言之"亦说它同时扩大或缩小若干倍也是不定方程的一组解,表明了刘徽发现它有许多组解的思想.

此例说明,我国在公元前 1 世纪以前就开始研究不定方程了.在国外,希腊数学家丢番图(约公元 246—330 年)曾大力研究过不定方程,但比《九章》晚约 200 年,也比刘徽晚.印度也比我国晚.因此中国是发现不定方程的鼻祖.

[①]徐品方编著,数学趣话,福州:福建人民出版社,2001 年版,第 99—107 页.

又如,我国后来《张邱建算经》(公元 5 世纪)中,有著名的"百钱买百鸡"题:"今有鸡翁一直钱五,鸡母一直钱三,鸡雏三直钱一.凡百钱买鸡百只.问鸡翁母雏各几何."也是不定方程组问题.

设 x, y, z 分别为鸡翁(公鸡)、鸡母、鸡雏的只数,根据题意有

$$\begin{cases} x + y + z = 100, & (1) \\ 5x + 3y + \dfrac{1}{3}z = 100. & (2) \end{cases}$$

原书正确地给出了三组解,也仅有三组解;

$$\begin{cases} x = 4, \\ y = 18, \\ z = 78; \end{cases} \qquad \begin{cases} x = 8, \\ y = 11, \\ z = 81; \end{cases} \qquad \begin{cases} x = 12, \\ y = 4, \\ z = 84. \end{cases}$$

这首"百鸡问题"流传颇广.如 12 世纪印度的婆什迦罗著作中有类似名题;15 世纪阿拉伯的阿尔·卡西著作中也有,均比我国晚一千年左右.

5. 无限与极限理论

关于无限的概念,道家代表人物庄子(活动年代约公元前 369—前 386)就有了无限思想,据《庄子》"天下篇"中记载:"一尺之棰,日取其半,万世不竭"(意思说,把一尺长的木棒,每天取下前一天所剩下的一半,如此下去,永远也取不完).这种说法认为物质是可以无限分割.显然,最后剩余的极限为 0.刘徽在《九章注》中提出了关于极限的理论,创造性地解决了一些疑难的数学问题,如:

(1)割圆术(推证圆面积公式的方法).刘徽在方田章圆田术(求圆面积)注文中,写出了"割圆术"这篇光辉的论文,在现行中学平面几何课本中都有扼要介绍.他说[①]:"按半周为从,半径为广,故广从相乘为积步也"(意思说若把圆的半周长看作长,把圆半径

---

① 引文括号内的文字是笔者解释.详细可见徐品方译注,白话九章算术,成都:成都时代出版社,2003 年,第 44—48 页.

看作宽,则圆面积就与相应的长、宽的矩形等积,因此长宽相乘得到乘积的平方步数.)这句话说明他已使用"割补法"论证了求圆面积的思想方法,若设半周长 $\frac{1}{2}c = \frac{1}{2} \cdot 2\pi r$,周长 c 半径 r,则圆面积

$$S = \frac{1}{2}cr = \pi r^2.$$

接着他又说:"假令圆径二尺,圆中容六觚(音孤 gū,'六觚'即正六边形)之一面('面'是正多边形的边),与圆径之半,其数均等.合径率一而觚周率三也.又按为图,以六觚之一面乘一孤之半径,三之,得十二觚之幂".("幂"指正 12 边形面积.这句话说推得正十二边形面积.此用 $S_{12} = 3 \cdot a_6 r$ 表示,r 为圆半径).

刘徽注接着推理:"若又割之,次以十二觚之一面乘一孤半径,六之,则得二十四觚之幂"[意思说,如图 3-8,根据筝形 $COBE$ 面积 $\frac{1}{2}CB \cdot OE = \frac{1}{2}a_6 \cdot r$ 便得正二十四边形面积

$$S_{24} = 12\left(\frac{1}{2} \cdot a_{12}r\right) = 6a_{12} \cdot r].$$ 刘徽又说:

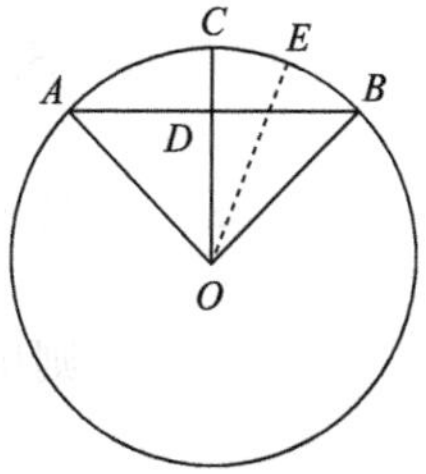

图 3-8

"割之弥细,所失弥少.割之又割,以至于不可割,则与圆合体,而无所失矣."(分割次数愈多,正多边形与圆面积之差就愈小.若再成倍增加正多边形数,如此割下去,则圆内接正多边形的面积与圆面积的差越小即无所失矣.照此不断分割,当分割的次数无限增加时,以至不可分割,则圆内接正多边形面有一个极限).用现代极限表示为:

$$\lim_{n \to \infty}\left|S_{3\times 2^n} - S\right| = 0, 即 \lim_{n \to \infty}S_{3\times 2^n} = S.$$

接着刘徽又论证说:"以一面乘半径,觚而裁之,每辄自倍.故以半周乘半径而为圆幂."(意思说,以圆内接正多边形的一边和圆半径相乘的积表示正多边形的面积,是下次增边后的正多边形的面积的二倍.所以,半周、半径相乘得面积,亦即证明了圆面积 $S =$

$\frac{1}{2}cr$). 刘徽最后用画龙点睛的话表达他的"割圆术"的主旨首先是证明圆面积公式 $S = \frac{1}{2}cr$,其极限过程是为证明圆面积公式服务的. 而求圆周率 π 是它的副产物和必要补充.

综上所述,刘徽用筝形的面积和,求得圆内接正多边形的面积,当正多边形边数倍增时,从而证明了《九章算术》提出的圆面积公式 $S = \frac{1}{2}cr$ 的正确性. 其过程用现代形式表示:

设 a_6 为圆内接正六边形一边长,r 为圆半径,S 为圆面积,则刘徽推理过程就是,圆内接正多面形的面积依次为:

$$S_{12} = 6 \cdot \frac{a_6}{2} \cdot r, S_{24} = 12 \cdot \frac{a_{12}}{2} \cdot r$$

$$S_{48} = 24 \cdot \frac{a_{24}}{2} \cdot r, \cdots, S_{3 \times 2^n} = 3 \times 2^{n-1} \cdot \frac{a_{3 \times 2^{n-1}}}{2} \cdot r$$

$$\text{则} \lim_{n \to \infty} S_{3 \times 2^n} = \lim_{n \to \infty} 3 \times 2^{n-1} \cdot \frac{a_{3 \times 2^{n-1}}}{2} \cdot r = S$$

即得圆面积公式 $S = \frac{c}{2}r = \pi r^2$(圆周长 $c = 2\pi r$)

刘徽根据上述思想方法求出圆内接正 192 边形的面积(半径为 1 尺),$S_{192} = 3.14 \times \frac{64}{625}$ 中,相当于求得 π = 3.141024(副产物). 这里,他求出的 $\pi = \frac{157}{50} \approx 3.14$,比古率 π ≈ 3 较精确.

有人研究认为,刘徽还继续求得圆内接正 3072 边形面积 S_{3072} = 3.14159046…… 或 $\pi = \frac{3927}{1250} = 3.1416$. 显然,在当时是了不起的贡献.

"割圆术"的出现,在世界数学史上虽晚于希腊的阿基米德的"穷竭法",但在我国数学史上却是一件大事,重要性在于他的极限思想方法论上的成就. 他第一次给出了求圆周率 π 的科学方

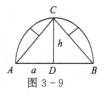

图 3 - 9

法 ——"割圆术",为后来祖冲之(429—500 年)的精确计算 π 值提供了理论和方法,功不可没.

(2)弧田术(弓形面积).《九章》方田章"弧田术"所述弓形面积公式为 $S = \frac{1}{2}(ah + h^2)$,如图3 - 9.弓形弦长 $AB = a$,矢高 $CD = h$.

刘徽用"反驳法"发现《九章》这个公式误差较大,他便创造了新的算法,即用极限思想推证其面积,亦即类似他创立的"割圆术".他说:"割之又割,使至极细.但举弦、矢相乘之数,则必近密率矣……"(大意说,逐次分割弓形的弧,把弓形弧分割得很小,以至不可割.使这样全部的一系列弦、矢高相乘积的和,则可求得较精密的近似值……)

这段话用现代式表达,如图 3 - 9,设弓形的弦、矢分别为 a_1、h_1,逐次分割弓形的弧,求出每一小弧所对应的弦、矢,分别设为 a_2、h_2;a_3、h_3;…;a_n、h_n.每个弦所对应的等腰三角形的面积为:

$$\triangle_1 = \frac{1}{2}a_1h_1, \triangle_1 = \frac{1}{2}a_2h_2, \triangle_3 = \frac{1}{2}a_3h_3, \cdots, \triangle_n = \frac{1}{2}a_nh_n$$

设这些三角形面积之和为 S_n,就是

$$S_n = \triangle_1 + 2\triangle_2 + 2^2\triangle_3 + 2^3\triangle_4 + \cdots + 2^{n-1}\triangle_n$$

$$= \frac{1}{2}a_1h_1 + 2 \cdot \frac{1}{2}a_2h_2 + 2^2 \cdot \frac{1}{2}a_3h_3 + \cdots$$

$$+ 2^{n-1} \cdot \frac{1}{2}a_nh_n$$

则弓形面积为

$$S = \lim_{n \to \infty} S_n = \lim_{n \to \infty} \left(\frac{1}{2}a_1h_1 + 2 \cdot \frac{1}{2}a_2h_2 \right.$$

$$\left. + 2^2 \cdot \frac{1}{2}a_3h_3 + \cdots + 2^{n-1} \cdot \frac{1}{2}a_nh_n \right)$$

可以看出,刘徽既得出了弓形面积的精确算法,又给出了近似值法,前者实际就是极限思想的应用.

(3)开方术.《九章》少广章开方术,刘徽认为不是理想的方法,所以他用极限思想创立了无理数的十进分数表示法.他注说:"令不加借算而命分,则常微少.其加借算而命分,则又微多.其数不可得而定.故惟以面命之,为不失耳."这里"不加借算以命之"即指

$$\sqrt{a^2+r}=a+\frac{r}{2a}(a\ 为整数,r\ 为余数),"加借算以命之"指$$

$$\sqrt{a^2+1}=a+\frac{r}{2a+1},故刘徽说:"令不加借算而命分,则常微少,$$

其加借算而命分,则又微多"指余数分母应当在 $2a$ 与 $2a+1$ 之间,亦即

$$a+\frac{r}{2a+1}<\sqrt{a^2+r}<a+\frac{r}{2a}$$

除开上述两种方法外,还有以余数表示的方法,即"以面命之"的方法,亦 $\sqrt{a^2+r}=a\cdots\cdots$ 余 r.

最后,刘徽提出了以小数表示方法"不以面命之,加定法如前,求其微数.微数无名者以为分子,其一退以十为母,其再退以百为母.退之弥下,其分弥细".大意说,一个数开开不尽,就用十进分数(即小数)表示.当微数无名者为分子,第一位以 10 为分母,接着以 100 为分母,这样继续下去,得到一系列十进分数,即

$$\sqrt{a^2+r}=\lim_{n\to\infty}\left(a+\frac{a_1}{10}+\frac{a_2}{10^2}+\cdots+\frac{a_n}{10^n}\right)$$

其中 a 为平方根近似值的整数,$a_1,a_2,\cdots,a_n$ 为十进分数的分子,均为一位整数,r 为开方不尽的余数.

(4)阳马术.《九章》商功章没有推证阳马(底面为长方形,一侧棱与底面垂直的四棱锥体)、鳖臑(音别闹 biēnào,指四面都是直角三角形的四面体)体积公式的记载,它们是推证其他锥、台形体体积公式的基础.刘徽为此创立了新法,应用极限思想补证出来,并使用棊(模型)的方法,涂上红、黑色进行推证(略),作出了贡献.

6. 几何理论

《九章》方田与商功章,集中了平面和立体图形的面积与体积的计算.其几何理论是以面积、体积、勾股相似为基本概念,长方形面积算法、长方体体算法、相似勾股形的性质为出发点,以割补法(即刘徽提出"以盈补虚"又叫"出入相补原理")、分割法、比例法以及极限观念为手段,统帅了我国古代几何学的全部内容.它的理论结构是别有情趣的,而不同于欧氏几何学.

7. 比率理论

比率(即比例)算法,在《九章》二、三、六、九等各章都有,其公式是:

$$所有率:所有数=所求率:所求数$$

此法于公元 7 世纪印度有"三率法",极大可能是我国传入,后由印度传入阿拉伯、欧洲.国外称为"黄金算法".

比率算法在《九章》中被称为"今有术",刘徽称为解题的"都术"(即通法),而视"齐同术"(即分数通分,使分子与分母扩大相同倍数叫"齐",求公分母叫"同")为"算之纲纪",赞扬比率算法"甚足珍贵".

综上所述,《九章》内容与秦汉或再早的社会生产、政治经济和科学技术有密切联系,可视为当时社会的简单缩影.它所涉及的数学内容包揽了数的运算、数论初步、方程、测量、面积、体积、勾股、代数和几何(三角除外)的绝大部分初等知识,近现代初等数学的许多内容都可以从中寻到源头.

通览《九章》246 个问题,无一不是最终由演算来解问题的,即使几何的内容也表现为和图形有关的数量计算(如以长度、面积、体积等度量为主要对象纳入计算体系之中).以算法为主是我国古代数学最根本的特征.数与形的密切结合,使几何方法同代数方法互相渗透,又是我国古代数学的一个特色.

《九章》在理论上的建树,概念准确,论述精微,如分数、正负数、率和方程的定义都是十分精确的.而且有着显著的共同特点:定义中蕴涵着对象的运算性质,从而使演算则成为自然的逻辑推理,似乎有些公理化的意味,表现出概念的科学性.《九章》的运算理论具有高度的概括性和科学性.《九章》中各种算法都表现为固定的演算程序,这种模式化、机械化和程序化,标志着我国古代筹算的完备和成熟,成为我国古代数学之所以建立方程算法和引进正负数在理论上的一个重要根源.

所以,《九章》反映我国人民在数学上偏重应用和计算的特色,它的形成是记录我国古代数学理论体系的里程碑,是体现我国古代数学理论体系特征和风格的典籍,同时它还有力地驳斥了外国某些数学家说中国古代数学没有理论的错误观点.

令人振奋地是,我国古代传统数学的模式化和模机械化,可以改写成计算机算法语言程序,在电脑上进行操作.我国的吴文俊院士等人,已经成功地创造电脑证明几何等问题.

最后值得一提的是,《九章》具有重要的历史地位,在数学教育方面,是一部重要的数学教科书,一千年间它一直被作为数学课本,它的版本历久不衰.在数学著作方面,它成为我国后来的数学家著书立说的典范,包括编撰体例.特别是《九章》对世界数学发展起着重要的作用,如朝鲜、日本曾选它做教科书.它被译作多种文字,流传到世界各地如英国(1956 年)、苏联(1957 年)、西德(1968年)、日本(1975 年)等都有译本.

日本数学史家小仓金之助(1885—1962 年)称《九章》是"中国的欧几里得".那么,《九章》和欧氏《几何原本》有什么不同?在结构方面,《九章》在各小类之间无明显的逻辑联系,但在排列上合乎由简到繁的次序,有一套规格化的计算程式,重计算而不求逻辑证明;《几何原本》则是一个比较严谨的逻辑演绎系统,排列层次分明,注重证明而不讲计算.在内容方面,《九章》讲究应用,内容丰富多彩,无任何限制,而《几何原本》则不讲应用,内容只涉及几何与数论.

　　《九章》之所以不讲逻辑结构是由其产生的历史背景所决定的.春秋战国时代,名家和墨家已懂得形式逻辑,刘徽的逻辑推理能力是很强的,然而恰好在墨家之后、刘徽之前是我国这段形式逻辑的衰落时期,《九章》问世了,因而学术思想上就决定了《九章》非逻辑结构的特点.

第四节　《数书九章》

　　《数书九章》是古算中唯一能与《九章算术》相媲美的一部高水平著作,堪称当时世界一流成果.

一、作者与成书

　　本书作者是南宋数学家秦九韶(约 1202—1261 年以后)(图 3 -10),字道古,普州安岳(今四川安岳县)人.父亲当过潼川(今四川三台县)郡守.秦九韶自幼勤奋好学,早年在杭州"访习于太史,又尝从隐君子学习数学".青少年饱经战争忧患,18 岁"在乡为义兵首".以后被迫离开四川,在湖北、安徽、江苏等地做官.1260 年因派系斗争而被贬到广东梅州,次年卒于任所.

　　秦九韶博学多才,反对他的周密称他"性极机巧,星象、音律、算术以至营造等无不精究".秦氏还学习骈俪诗词,"游戏、球、马、弓、剑莫不能知".

　　1244 年 11 月,秦九韶母亲去世,他辞去官职,回到湖州(吴兴,今浙江湖州市)为他母亲守孝.守教是封建社会的一种习俗,父母死后,孝敬的儿子要为尊亲守孝三年,在守孝期间停止娱乐和交际,以示哀悼.

　　秦九韶在三年守孝期间,把他做官时收集民间、测量、营建、天文、赋役、交易等方面实际问题进行研究整理、精选成 20 万字的《数书九章》(原名叫《数术大略》或《数学大略》)(图 3 - 11),于

1247 年完成. 成为后人了解他的宝贵史料.

图 3 - 10 秦九韶

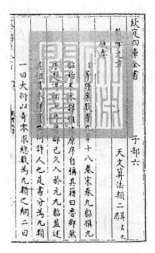
图 3 - 11 《数书九章》书影

二、主要内容

《数书九章》是秦九韶治学、数学思想和治国主张的集中体现. 全书 18 卷(九章),按问题性质分类,每类 9 题,共 81 个实际问题. 每章分两卷,每题各有题名. 其内容是:

第一章,大衍类. 此章内容统一用"大衍求一术"即一次同余式组解答各类问题.

第二章,天时类. 天文、历法和气象中的数学问题(如历法计算、降水量等).

第三章,田域类. 各种土地面积计算问题.

第四章,测望类. 有关几何测量、勾股、重差的问题.

第五章,赋税类. 有关税收、徭役(均输)的计算问题.

第六章,钱谷类. 有关钱、粮(如粮食转运、仓窖容积)的数学计算问题.

第七章,营建类.有关土木建筑工程(如计算用料、施工等)的数学问题.

第八章,军旅类.有关军营计算、营盘布列、军需供应等数学问题.

第九章,市易类.有关贸易和利息的数学计算问题.

《数书九章》是继承和发展《九章算术》的另一部杰作,行文体例保留题目都有"答案"和术(数学原理和解题步骤)外,还有"草"(用筹进一步详细解释、解题步骤的筹草)和筹算图式(用算筹表示数码进行计算),并且,有的题还配有示意直观图形或平面几何图形(共 26 幅),比《九章算术》更直观、更规范,增强了书的可读性.

三、主要数学成就

1. 神奇的大衍求一术

为了说明秦九韶创新发明的"大衍求一术",就先要了解同余式的概念.同余式是初等数论中的一个分支里的重要概念.但因中学数学没有讲一次同余式及其解法,这里采用中学生能接受的通俗语言简介同余式概念和"大衍求一术".

定义　如果 a 和 b 都是整数,p 是一个给定的正整数,那么当 p 能够整除 $(a-b)$ 时,就说 a,b 对模 p 同余,记作 $a \equiv b (\bmod p)$.

这里 mod 是英文 modulus 的简称,读作"模",同余式 $a \equiv b (\bmod p)$ 读作 a 和 b 对于模 p 同余,亦即 a 和 b 被 p 除的余数相同,此式为"同余式".

秦九韶在研究《孙子算经》(公元 4 世纪)卷下第 26 题"物不知数"时,推广为一般的一次同余式组问题,创造性地发明了"大衍求一术".为了说明什么是"大衍求一术",就先从它的起源说起.

"物不知数"原题是:"今有物,不知其数.三、三数之,剩二;五、五数之剩三;七、七数之,剩二.问物几何?答曰:二十三."(译文:有一堆物品,不知道有多少.每次取 3 个,最后剩余 2 个;每次

取 5 个,剩余 3 个;每次取 7 个,剩余 2 个.问这堆物品有多少?答曰:23).若用现代数学语言说,就是

"有个数,用 3 除余 2;用 5 除余 3;用 7 除余 2,问此数是多少?"

因为解一次不定方程组问题与解一次同余式组问题,两者是密切相关的,即两者是等价的,所以两者可以相互转化.

因此,求解"物不知数"问题,可写成一次不定方程组

$$\begin{cases} N = 3a + 2, \\ N = 5b + 3, \\ N = 7c + 2; \end{cases} \quad \text{或者写成一次同余式组} \quad \begin{cases} N \equiv 2 \pmod 3, \\ N \equiv 3 \pmod 5, \\ N \equiv 2 \pmod 7. \end{cases}$$

这里 N 为所求最小正整数,a,b,c 分别表示 3,5,7 除所得的商.

现将《孙子算经》书上给出的解法,将原书解法(术文)与今译文对照如下:

原术文	今译
术曰:	解法:要满足 3 除余 2,记 140
三三数之剩二,置一百四十;	(原书用算筹记)
五五数之剩三,置六十三;	要满足 5 除余 3,记 63;
七七数之剩二,置三十;	要满足 7 除余 2,记 30;
并之,得二百三十三,以二百一	相加得,140＋63＋30＝233;
十减之,即得.	233－210＝23 即为答数.
凡三三数之剩一,则置七十;	一般地,满足 3 除余 1,且 5 和 7 都能除尽的数是 70;
五五数之剩一,则置二十一;	满足 5 除余 1,且 3 和 7 都能除尽的数是 21;
七七数之剩一,则置十五.	满足 7 除余 1,且 3 和 5 都能除尽的数是 15.
一百六以上,以一百五减之,即得.	若和大于 105,则减去 105(3×5×7),即得.

总之,秦九韶学习、研究《孙子算经》解法后发现两点:

(1)分为两部分:第一部分是特例,第二部分是一般性.即"凡"字示一般性.

(2)第一部分除后的余数不为1.而第二部分除后的余数为1.

因此,启发与燃起了他发现的火花,即如何把余数不为1化为余数为1的问题.于是,秦九韶把这个问题作为攻关目标,决心创造出新方法,即后来誉为"大衍求一术"即把余数化为1的方法(这是后话),现接着讲"物不知数".

"物不知数"问题的解分为两部分.第一部分是特殊问题的具体解法,用今天符号表示,设 N 为所求的最小正整数,则第一部分解法公式为:

$$N = 140 + 63 + 30 - 210 = 23 \qquad (1)$$

由于 $140 = 70 \times 2, 63 = 21 \times 3, 30 = 15 \times 2, 210 = 2 \times 105$,其公式可写为:

$$N = 70 \times 2 + 21 \times 3 + 15 \times 2 - 105 \times 2 = 23$$

$N = 23$ 是最小正整数解,其一般解可表为 $23 + 105n (n \in \mathbf{N})$

这个公式仅限于用3、5、7三个数去除才可用它.与余数2、3、2无关.

第二部分表达一般解法,设 N 为所求的数,用3,5,7除,所得的余数分别记为 r_1、r_2、r_3,p 为整数.若用不定方程组表示为:

$$\begin{cases} N = 3a + r_1 \\ N = 5b + r_2 \\ N = 7c + r_3 \end{cases}$$

或用同余式组表示为

$$\begin{cases} N \equiv r_1 \pmod{3} \\ N \equiv r_2 \pmod{5} \\ N \equiv r_3 \pmod{7} \end{cases}$$

则一般计算公式即术文第二部分解法公式是:

$$N = 70r_1 + 21r_2 + 15r_3 - 105p \qquad (2)$$

这里,按术文的第二部分,用 3、5、7 除,所得的余数 $r_1 = r_2 = r_3 = 1$ 时,那么 N 和 p 均等于 1. 这就是说,余数可以不是术文中所说的 2、3、2,余数可以为 1. 显然,解法公式(2)也仅限于用 3、5、7 三个数去除时,才能套用,至于余数是没有限制的.

怎样记住"物不知数"题解公式(1)中的 70、21、15 和 105 这四个关键数呢?宋朝一位"填词小说之才"的周密(公元 1232—约 1329 年),编了一首公式(1)的解法歌诀(略). 到了明朝数学家程大位读后,认为这首诗编得不好懂,为使其巧妙解法留传后世,在他著《算法统宗》(1592 年)中另写成一首通俗的神奇妙算歌诀:

三人同行七十稀,五树梅花廿一枝.

七子团员正半月,除百零五便得知.

解法歌诀意思说:用 3 除所得余数乘以 70,加上用 5 除所得余数乘以 21,再加上用 7 除所得余数乘以 15,结果若比 105 多,则减去 105 的倍数,这样便得所求的最小整数.

善于开拓创新的秦九韶想,《孙子算经》"物不知数"里,给出的各模数 3、5、7 是"两两互素的",或称"两两无因子",但在实际中,大量存在模数不是两两互素的问题,又该怎样解决?例如,古代有一道"妙题妙解"的解法歌诀(是根据一道数学题编成[1]略)

"四海翻腾一杯酒[2],七人献计三十六,

九天星辰廿八宿,减二五二便可求"

(译文,4 除余 2,则用 189 乘以余数 2;7 除余 3,则用 36 乘以余数 3;9 除余 4,则用 28 乘以余数 4. 以上所有积的和减去 252 的倍数,则得所求的最小正整数.)

若设所求数为 N,则这道"妙题妙解"用今式表达,其公式为:

---

①徐品方编著,数学诗歌题解,北京:中国青年出版社,1997 年,第 131—133 页.

②"一杯酒"是 189 的谐音.

$$N = 189 \times 2 + 36 \times 3 + 28 \times 4 - 252 \times 2 = 94.$$

（最小正整数解）. 这里 $4 \times 7 \times 9 = 252$ 是最小公倍数.

这道题若用不定方程或同余式组表示为

$$\begin{cases} N = 4m + 2, \\ N = 7n + 3, \\ N = 9p + 4. \end{cases} \quad \text{或} \quad \begin{cases} N \equiv 2 \pmod{4}, \\ N \equiv 3 \pmod{7}, \\ N \equiv 4 \pmod{9}. \end{cases}$$

于是, 秦九韶发现, 这道题若套用《孙子算经》"物不知数"题解法歌诀来解就不行了. 因为他发现"物不知数"题只限于用 3、5、7 三数去除, 才可用公式(1), 这句话换用同余式来说, 它只限于同余式组的模数 3、5、7 两两互素（无因子）才行. 但是后一题的模数 4、7、9 不是两两互素（如 4、9 分别有因子）, 所以,"物不知数"题的解法公式不是这类题的一般解法, 仅是一种特殊的解法.

于是, 秦九韶潜心研究, 企图寻找出一般性解法, 即将"物不知数"推广到模数非两两互素的一般情形, 即 $N \equiv r_1 \pmod{p_1}$, $N \equiv r_2 \pmod{p_2}$, $N \equiv r_3 \pmod{p_3}$, 其中 p_1、p_2、p_3 非两两互素. 从而他发明创造了我国或世界数学史上一项伟大成就"大衍求一术".

什么叫"大衍求一术", 浅显地说, 就是"一个数的多少倍除以另一个数, 所得余数为 1"的方法. 其步骤就是在求解过程中, 应用转辗相除法, 直到最后同余数是 1 为止, 再用叠加的方法求解, 这种方法今天在数论中叫做一次同余式组解法.

为了说明问题, 我们仍以"物不知数"题为例, 简介"大衍求一术"的思想方法. 现再重述"物不知数"题:"有一个数, 用 3 除余 2; 用 5 除余 3; 用 7 除余 2, 问这个数是多少?"把它写成:

$$\begin{cases} N = 3m + 2, \\ N = 5n + 3, \\ N = 7p + 2. \end{cases} \quad \text{或} \quad \begin{cases} N \equiv 2 \pmod{3}, \\ N \equiv 3 \pmod{5}, \\ N \equiv 2 \pmod{7}. \end{cases}$$

现在的问题就是要设法将余数化为 1, 即得

$$N \equiv 1(\mathrm{mod}3),$$
$$N \equiv 1(\mathrm{mod}5),$$
$$N \equiv 1(\mathrm{mod}7).$$

用文字通俗地说说上面一次同余式组之意：

一个数用 3 除余 1 且又是 5 和 7 的公倍数是 70；即 $70 = 2 \times \dfrac{3 \times 5 \times 7}{3} = 2 \times 5 \times 7 \equiv 1(\mathrm{mod}3).$

一个数用 5 除余 1 且又是 3 和 7 的公倍数是 21；即 $21 = 1 \times \dfrac{3 \times 5 \times 7}{5} = 1 \times 3 \times 7 \equiv 1(\mathrm{mod}5).$

一个数用 7 除余 1 且又是 3 和 5 的公倍数是 15；即 $15 = 1 \times \dfrac{3 \times 5 \times 7}{7} = 1 \times 3 \times 5 \equiv 1(\mathrm{mod}7).$

所以，秦九韶解决了一次同余式组问题的一般解法，在求解过程中应用了辗转相除法，直到最后余数为 1 时为止（具体解法的术文，因中学生知识原因不介绍了）. 因此，秦九韶称此解法为"大衍求一术".

"大衍"就是指演变之意，"求一"就是将最后余数化为 1.

从上可知，秦九韶的方法，也回答了"物不知数"题中没有说，而又被许多人迷惑不解的疑问：为什么公式（1）中要用 70、20 和 15 三个数的理由.

起源于《孙子算经》的"物不知数"算题，颇有猜谜趣味，它的解法也很绝妙，广为民间流行. 人们爱不释手，历代给他冠以许多美名，如"韩信点兵"、"鬼谷算"、"隔墙算"、"剪管术"、"神奇妙算"等等.

秦九韶在 750 多年前创造的大衍求一术，开创了系统的一般一次同余式组解法的先河，在中世纪，它不仅代表了中国数学的最高成就，即在当时的世界领域中也是处于最先进的水平. 比西方同类解法早 500 多年.

"物不知数"题流传国外，如意大利数学家斐波那契

(V. Fibonacci,1170？—1250)在其著作《算盘书》(1220 年)中引用了该题. 到了 18 世纪初,"物不知数"题辗转到了欧洲. 德国有一位数学王子高斯(C. F. Gauss,1777—1855)对一次同余式组进行研究,并在其著作《算术研究》(1801 年)中给出了它的一般性解法,并命名为"高斯定理". 后经来华传教士英国数学家伟烈亚力(Alexander Wylie,1815—1887)将"物不知数"的解法和秦九韶创造的"大衍求一术"算法,再度介绍到欧洲. 1874 年德国科学史家马蒂生(1830—1906 年)在其著作中公开指出高斯解法符合"大衍求一术",并赞扬了这一方法的发现人——中国数学家是"最幸运的天才". 从此,欧洲许多人才知道中国很早便有了这个伟大的发现,并且在数学史中,欧洲人才将"高斯定理"改为"中国剩余定理",承认是秦九韶最早发现的.

当代,比利时数学教授李倍始(U. Libbrecht)于 1973 年在美国出版的《十三世纪中国数学》里,专门在第 21 章中由低到高,对一次同余式组解法提出 10 种高水平成就的标准,对"求一术"作了国际间比较,他把《孙子算经》和秦九韶排列在第一、三时间顺序,从时间来看,秦九韶达到第 6、7 种高度水平,西方要经过 400 多年才达到. 由此可见,秦九韶"大衍求一术". 在数学史上占有不可动摇的领先地位.

在当代的电子计算机设计中也用到了秦九韶的"中国剩余定理".

2. 闪光的正负开方术——高次方程的数值解法

秦九韶继"大衍求一术"外,又创造发明了另一项重要数学成就,就是闻名于世的"正负开方术"即数字高次方程的数值解法. 现代有的计算数学教科书叫做"秦九韶程序".

中国古代代数的中心问题是方程论. 对于解方程,古称"开方术". 我国从《周髀算经》与《九章算术》中开方术开始,经南北朝祖冲之（429—500 年）、唐朝王孝通（7 世纪）、北宋贾宪（公元 11 世纪）的"增乘开方法"（区别一般开方法，每议得一位商数，就要乘一次加一次的简捷方法），以及北宋刘益打破方程首项系数是 1 的限制，他们都在三、四次方程的解法上作出了贡献，源远流长.

到了南宋，秦九韶的《数书九章》开方术是在贾宪与刘益的方法基础上，以贾宪的"增乘开方"法为主体，以刘益方程系数不受限制为主导，继承和发展了他们的方程，博采众家之长，经过苦心研究，终于推广创造出了解任意高次方程的"正负开方术"，把高次方程的数值解法发展到了一个十分完备的程度，系统地应用到任意高次方程的有理根或无理根的求解上去，比西方同类解法早近 600 年. 从此，他解的方程的系数可以是正负数、分数、小数，在有理数范围内没有任何限制.

我国古代，方程来源于实际，常数项一般是正数，并且记在方程的右边. 秦九韶打破这个限制，规定"实"（即常数项）可以为负，这相当于求解今式

$$a_0 x^n + a_1 x^{n-1} + a_2 x^{n-2} + \cdots\cdots + a_{n-1} x - a_n = 0$$

的正根. 其中 $a_0 \neq 0$，常数项 $a_n > 0$. 他还用图形表示其高次方程，如图 3-12.

a	商
a_n	实
a_{n-1}	方
a_{n-2}	上廉
a_{n-3}	二廉
⋮	各廉
a_1	下廉
a_0	隅

图 3-12

图 3-12 的数码他用筹算数字. 其中 a_0 是最高次项系数，古代称为"隅"，一次项 a_{n-1} 称为"方"，常数项 a_n 称为"实"，其余各项系数称为"廉". 比如四次方程中，二次项系数称为"上廉"，三次项系数称为"下廉". 次数再高的方程常称为一廉、二廉、三廉等. 显然，隅、方、廉等名称源于开方术的几何解释.

秦九韶在《数书九章》中，利用"正负开方术"解决了 20 多个问题，共列出 26 个的方程中，其二次方

程(包括 $x^2 = A$ 型的两项方程在内)20 个,三次方程 1 个,四次方程 4 个,10 次方程 1 个,如

"推知杂数"题的方程为 $4.608x^3 - 3000000 \times 30 \times 800 = 0$(答:$x = 25000$.古代只取一个正根,其他二个根未求).

"环田三积"题:$-x^4 + 15245x^2 - 6262506.25 = 0$(答:$x = 20\frac{1298025}{2362256} = 20.5494853$).

"遥度圆城"题:$x^{10} + 15x^8 + 72x^6 - 864x^4 - 11664x^2 - 34992 = 0$(答:$x = 3$).

秦九韶在解这些数字不简单的高次方程时,还附有筹算图式,用来解释"增乘开方法"的每一步具体步骤,有时还用直观图或几何图形来表示,图文并茂,层次分明,步骤清晰,程序完备.

这里还要说明的是,秦九韶得出的近似值与现代方法算出的准确根比较,误差很小.例如"环田三积"题得到的一个正根近似值为 20.5494853,与准确根 $x = \pm 20.55480479$ 中正根比较,误差为 0.026%.确实误差小.

秦九韶在《数书九章》里设计了许多类型的方程,并取了一些有趣的专门名字,除沿袭前人称未知数为天元数外,把奇次项系数为零的方程叫"开玲珑某乘方";当高次项系数 $|a_0| \neq 1$ 时,则称之为"开连枝乘方"等.如果方程经代换 $x = a + y$ 后所得新方程常数项符号不变,且绝对值增大,就称"投胎";如果常数项由负变正,则叫"换骨";当方程的根不是整数时,用"进退开除"法求得小数值,或用"命分"法表成带分数,这种带分数在世界数学史上也是最早的.

秦九韶以后,世界上许多传统数学都在研究改进开方法的问题.在西方,关于高次方程的数值解法的探讨始于 19 世纪.英国的伟烈亚力于 1852 年在《中国科学的记述》中就把秦九韶的解法与英国人霍纳创造的"霍纳法"进行比较,表明秦九

韶最早发现,引起了西欧数学界的注意.更早一些时候,阿拉伯数学家阿尔·卡西著《算术之钥》(1427 年)曾提出了同类方法,但在秦九韶之后,日本数学史家三上义夫(Mikami Yoshio,1875—1950)在 1912 年撰文分析介绍说:秦九韶方法比霍纳法要早 570 余年.但西方数学家认为他立论的资料不充分.后来我国数学史家李俨(1892—1963 年)和钱宝琮(1892—1974年)等发表了论据确凿、令人折服的论文,首先得到前苏联的数学家的承认.1973 年比利时李倍始的《十三世纪的中国数学·秦九韶》的《数书九章》在美国出版后,才改变了西方数学界的旧观点,认为中国秦九韶是数字高次方程近似根解法的最早创造者,秦九韶又为中国数学竖起了一座丰碑.

著名数学史家梁宗巨(1923—1995 年)教授说:"大衍求一术和高次的解法,在世界数学上占有崇高的地位.那时 13世纪,西方漫长的黑夜犹未结束,它却像旭日一般在东方发出万丈光芒."(《世界数学史简编》,辽宁人民出版社,1981年).

3. 独特的三斜求积

秦九韶在《数书九章》第三章田域类"三斜求积"题里,独立地创造了闻名中外的已知三角形三边求其面积公式.

"三斜求积"题原文:"问沙田一段,有三斜,其小斜一十三里,中斜一十四里,大斜一十五里.里法三百步,欲知为田几何?答曰:田积三百一十五顷."(译文:有一块三角形的沙田,已知它的三条边分别为 13 里、14 里、15 里.1 里 = 300 步,问它的面积是多少? 答:沙田面积 315 顷.)

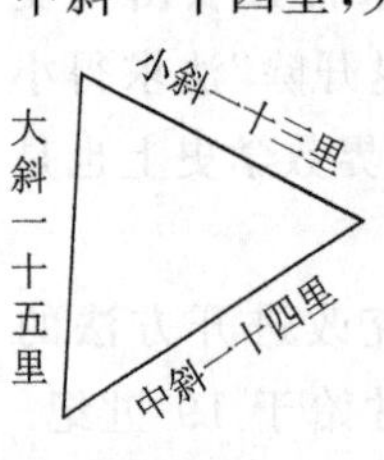

秦九韶在书上附有一个几何图形,如图3-13.这是一道已知任意三角形的三边,求其面积的问题.将秦九韶的解法"术"与现代表达式对照如下:

图 3-13

术曰

以小斜（幂（c^2））并大斜幂（a^2），减中斜幂（b^2），余半半之，自乘于上.

以小斜幂乘大斜幂，减之，余四约之为实.

一为从隅，开方得积（s）

今译

设三角形三边为 a,b,c，面积为 s，

$$\left(\frac{c^2+a^2-b^2}{2}\right)^2.$$

$\frac{1}{4}\left[c^2a^2-\left(\frac{c^2+a^2-b^2}{2}\right)^2\right]$ 作常数项.

二次项的系数为1，解二次方程

$$s^2=\frac{1}{4}\left[c^2a^2-\left(\frac{c^2+a^2-b^2}{2}\right)^2\right]$$

得 $s=\sqrt{\frac{1}{4}\left[c^2a^2-\left(\frac{c^2+a^2-b^2}{2}\right)^2\right]}.$

最后式子 $s=\sqrt{\frac{1}{4}\left[c^2a^2-\left(\frac{c^2+a^2-b^2}{2}\right)^2\right]}$ 　　　（1）

被后人称为"秦九韶三斜求积公式"或"秦九韶公式".

秦九韶最后将 $a=15,b=14,c=13$ 代入（1）得三角形面积 84 平方里.

古代长度单位里、步的大小随朝代而不同中.秦汉唐宋1里＝300步，1步＝6尺（如《九章算术》），大约明代前后改为 1 里＝360步，一步＝5尺.可知

1 平方里 ＝ 90000 平方步，$\therefore 84×90000＝7560000$（平方步）

又 $\because$ 古代 1 亩 ＝ 240 平方步，

$\therefore 7560000÷240－315000$（亩）

又 $\because 1$ 顷 ＝ 100 亩，$\therefore 31500÷100＝315$（顷）.

故沙田面积为 315 顷.

秦九韶三斜求积公式（1）是怎样推证出来的，《数书九章》与后代数学书没有记载或证明.对于这个公式的产生，今人作了一些研究和补证.如我国数学史家钱宝琮在《钱宝琮科学文集》中认为，秦

九韶的思维过程可能和他的"斜荡求积"题与"计地容民"题的解题程序相结合,钱先生补证如下,如图3-14.

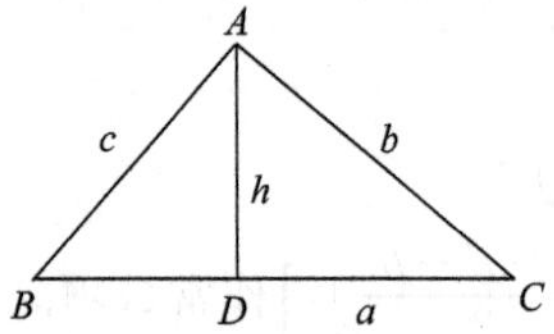

图3-14

设 $\triangle ABC$ 高 h,$BC = a$,$AB = c$,$AC = b$,则面积 $S_{\triangle} = \dfrac{1}{2}ah$,$DC = \sqrt{b^2 - h^2}$,$BD = a - \sqrt{b^2 - h^2}$.

$c^2 = BD^2 + h^2 = (a - \sqrt{b^2 - h^2})^2 + h^2$,

即 $c^2 = a^2 + b^2 - 2a\sqrt{b^2 - h^2}$,

$a\sqrt{b^2 - h^2} = \dfrac{1}{2}(a^2 + b^2 - c^2)$ 两边平方,

得 $a^2 b^2 - a^2 h^2 = (\dfrac{a^2 + b^2 - c^2}{2})^2$

$a^2 h^2 = a^2 b^2 - (\dfrac{a^2 + b^2 - c^2}{2})^2$

$\therefore S_{\triangle}^2 = \dfrac{1}{4}\left[a^2 b^2 - \left(\dfrac{a^2 + b^2 - c^2}{2}\right)^2\right].$

又如我国著名数学家,中国科学院院士吴文俊(1919—)认为,秦九韶可能根据古代"出入相补"原理,利用《九章算术》勾股章折竹问题里,刘徽注译中提出计算方法推证出来的(证明略).

古今还有许多有趣的证法(约20种),此不介绍.

"三斜求积公式"也曾被世界上一些文明古国独立发现,最早是古希腊的阿基米德和海伦;还有10世纪的阿拉伯人.如海伦(Heron,约公元50年)在所著《测地术》中记载了如下公式:

$$S_{\triangle} = \sqrt{s(s-a)(s-b)(s-c)} \qquad (2)$$

其中 a、b、c 为三角形三边,$S = \dfrac{1}{2}(a+b+c)$,$S_{\triangle}$ 为三角形面积.外国数学史常称为"海伦公式".

秦九韶公式虽晚于他们,但不是模仿或抄来的,而是独立发现,具有中国特色的.可以证明这些公式仅是形异而质同的公

式,如

由秦九韶公式 $S = \sqrt{\dfrac{1}{4}\left[a^2c^2 - \left(\dfrac{a^2+c^2-b^2}{2}\right)^2\right]}$,两边平

方,得

$$S^2 = \frac{1}{4}\left[a^2c^2 - \left(\frac{a^2+c^2-b^2}{2}\right)^2\right]$$

$$= \frac{1}{4}(ac + \frac{a^2+c^2-b^2}{2})(ac - \frac{a^2+c^2-b^2}{2})$$

$$= \frac{1}{16}[(a+c)^2 - b^2][b^2 - (c-a)^2]$$

$$= \frac{1}{16}(a+b+c)(a+c-b)(b+c-a)(a+b-c)$$

这里设 $S = \dfrac{1}{2}(a+b+c)$,则 $a+b+c = 2s, a+c-b = 2(s-b)$,
$b+c-a = 2(s-a), a+b-c = 2(s-c)$,

$$\therefore S^2 = \frac{1}{16} \cdot 2s \cdot 2(s-b) \cdot 2(s-a) \cdot 2(s-c)$$

$$即 S = \sqrt{s(s-a)(s-b)(s-c)}$$

这与海伦公式(2)是一样的.因此,人们主张称此公式(1)、(2)为
"海伦-秦九韶公式".

由于多种原因,秦九韶公式长时间被"海伦公式"的所淹没.
我国过去的几何课本也长期未提秦九韶独立得到的这个公式,只
说外国的"海伦公式",而不说中国的"秦九韶公式",这是一个遗
憾.秦九韶公式具有很大的实用性,应用范围很广,无疑,这对促进
我国古代科技与生产的发展有着积极作用,我们应充分肯定他这
一杰出贡献.

4. 创新的方程术

解古代方程(即线性方程组)的方法,《九章算术》用直除法,
刘徽改进为"互乘对减法"等,北宋贾宪将前两者联合使用,但他

们的解法还不完善.秦九韶在前人的基础上进行改革,提出了有别于前人新的方程术,完全与今天解多元一次方程组的方法基本一样,即包括互乘相消(即加减消元法)、代入法以系数的最大公约数约简方程系数等.

另一方面,《九章算术》的线性方程组解法中,已体现了矩阵思想,但解法还不完善,且未留下矩阵图,而秦九韶在此基础上创立了规范的矩阵解法,只需把原式稍加改变,加上矩阵符号即可.这是他对方程理论的一大贡献.因此,矩阵的采用,对于解法的程序化具有重要意义.

四、秦九韶治学与数学思想以及治国主张

从《数书九章》序言、系文与正文中,可知秦九韶严谨的治学、光辉的数学思想和全面的治国主张,内容丰富,体系独特,特点鲜明,是古代文化中一颗光彩夺目的明珠.

1. 治学严谨,精神可敬

秦九韶的治学,主张研究数学理论应从实际出发,他指出"数术之传,以实为体"(数学理论的研究,要以实用为主体)和"探隐知原"(探索未知,方知缘由).研究数学的目的是为了"以拟于用"(用于实际).但同时要坚持不断改革,"历久则疏,性智能革".他强调要独立思考,切忌模袭前人,说"不寻天道,模袭何益?"("天道"指天体运行的变化规律.)他钻研学问刻苦而严谨,在"治历演纪"题术文说:"数理精微,不易窥识,究年致志,感于梦寐,幸而得之,议不敢隐"这就是说,数理菁华,不容易认识,长年累月钻研数学,连梦中都在思考数学问题.求教他人,直到"探索杳渺,粗若有得"(深入探索数学之精微,初步取得一些成果)之后,把研究成果"设为问答","取八十一题,厘为九类,立术具草、间以图发之",形成了《数书九章》,并把它"进之于道",毫无保留地奉献于世.

总之,纵观全书,贯穿着秦九韶既重视数学理论又重视实际应用的精神.这种治学态度,成为他取得数学研究的丰硕成果的重要原因.

2. 数学思想,孰是孰非

根据《数书九章》和后人研究表明,秦九韶的数学思想可归纳为以下几点.有的历来争论颇多,观点殊异,但"攀山千条路,同仰一月高",只能"智者见智,仁者见仁".

(1)对数学的正确认识.秦九韶认为数学的本质是"数与道非二本".这里的"数"指古代数学,当然不是今天意义下的数学."道"的本义是道路,后来演变为道理之"道",表示事物的规律性.因此,他把数学与人道(如政治主张、社会生活秩序等)或天道看成是一回事并非两回事.秦九韶提出的数学与道的关系无疑是正确的,也是古算家中最早提出来的.

秦九韶将数学与道联系起来,另一个重要原因是强调数学的重要性.数学与技艺被当时一些人称为"九九贱技".他为了纠正世俗的偏见,尽力强调与道是同一本源,是一回事,把数学的地位从六艺"礼、乐、射、御、书、数"的尾名提到前面去,以此引起人们对数学的高度重视.

再说,秦九韶历经沧桑,在宋蒙战争动荡生活环境中,体会到"信知夫物莫不有数也"(确知任何事物都有数的道理),认识到数学的重要性.

因此,秦九韶这种认识与当代认为数学重要性和数学不仅反映事物的数量方面,而且对事物的某些性质也可进行演算、推导相一致,无疑正确.

(2)数学有广泛的应用.秦九韶说数学"大则可以通神明,顺性命,小则可以经世务,类万物,讵容以浅近窥哉".(意思说,从大处说,用数学可以通悟天道即天文历法的变化,理解天象历法对人的性情和命运的影响;从小处说,用数学可以筹划日常事物,区分

万事万物,因此数学不是浅近的学问)

(3)"内算"与"外算"的统一性.秦九韶强调天象历法的计算方法等程序复杂,虽寓理于算,难于把握,这些统称为"内算",其算法是保密,内传而不外传;而像《九章算术》有关测量等方法,称为"外算",其算法是公开的,但"外算"与"内算","其用相通,不可歧二"即是统一的.这表明他的数学方法论的要点之一.

(4)为官者要掌握数学的思想.秦九韶担任过州的通判或太守,非常关心国计民生.在著作中有几类这方面的数学问题.他体会到雨量测不准,不能正确掌握天时,会影响农业生产,田亩计算、理财与分配赋税、工程设计与计算等都需要数学知识.因此提出一般地方行政官吏要掌握数学知识:"若官府会事,则府史一二系之,算家位置,素所不识,上之人亦委而听焉.持算者惟若人,则鄙之也宜矣"(官府的会计事务,只需少数人懂得就行了.算学家的地位,从不被人重视,当权者对此状况,也听之任之.算学家只被使用,被人看不起也就是理所当然的事).主张为官者掌握算学,以便应用数学进行科学管理.

(5)数学思想方法跃进的里程碑.据后人研究,著作中还有许多闪光的数学思想,并成为跃进的里程碑,如:① 开放的归纳体系思想方法."开放"指数学问题与当时社会生产、生活严密严系;"归纳体系"指数学表述体系是由个别到一般的推导归纳方式组成.② 算法化、抽象化和数值化的思想.《数书九章》题中的"术"是具体的算法化,带着普遍性和抽象的规律;"答"是把"问"中数据代入术进行数计算.③ 正统思想.秦九韶的著作与古算一样,在体系、内容、方法等方面具有趋同性,表现出数学思想的保守性,如摆脱不了直接用"应用题"的形式表述,遵循正统地"问"、"答"、"术"的模式,阻碍宋元数学高度抽象思想的飞跃发展.

最后,秦九韶著作与前人或后人一样,出现一些数学起源和鬼神与数学关系的文辞,引起人的非议或争论.如说数学起源于河图洛书的观点"爰(音援 yuàn)自河图、洛书,闿(音楷 kǎi)发秘奥;

……"(自从黄河出图、洛水出书,就开启发现数的奥秘),此话虽不正确,但他考虑数学起源,其精神可取.又说:"而人事之变无不该,鬼神之情莫能隐矣."(数学对人事变化无不包括,对鬼神之事也能完全了解).

神明就是神,迷信的人指天地万物的创造者和统治者;也指能力、德行高超的人物死后的精灵.鬼指人死后有"灵魂",称之为"鬼",并说灵魂能给人以祸福,如妖魔鬼怪,这是迷信的说法.据查,中国古代的经典著作《管子》中提出"精气锐",认为精气下生五谷,上为众星,流于天地之间谓之鬼神,是构成天地万物的最基本的元素.这一思想一直流传下来,在汉代形成"元气说".到了宋代,鬼神已成为用以说明世界运动变化性质的范畴.所以,秦九韶所言鬼神、性命与道德说法,是没有迷信色彩,只有自然界和社会变化的规律.

因此,秦九韶的数学思想的主流是恪守《九章算术》所开创的中国古代数学的密切联系实际的传统,与数学神秘主义者是不同的.

3. 全面的治国主张

秦九韶在序文中提出的治国主张是值得肯定的,如主张施仁政,关心国计民生,合理赋税,反对投降、主张抗敌,反对贪官污吏……总之,"惟武图功,惟俭昭德"(用武力抵御外患,开源节流的勤俭才能生财积德).

秦九韶天生聪慧,敢于创新.他既做官,也研究学问,但一生坎坷,是一位富有传奇色彩的数学奇才.他清廉入仕,慈善为官,仕途多有路障,暗箭失防,心身俱伤,举步维艰,虽有贤相吴潜独赏,但寡而无补,既遭对立党人贾似道奸相等排挤迫害,又多受正人君子周密之类人的横加指责,连他的杰作《数书九章》也不能刻印,明初以前全为手抄本.他未能尽显才智,就陨落尘寰.(摘引自王登高为《秦九韶的故事》所写的序,秦九韶纪念馆编印,2000年)

他创立的"大衍求一术"、"正负开方术"铸就了一座中国古代数学丰碑. 美国已故科学史权威萨顿（G. Sarton, 1884—1956）称誉他是"他那个民族，他那个时代，甚至是所有时代中国最伟大的数学家之一." 评介是中肯的.

现代，他的故乡四川安岳县，于 2000 年 12 月为他建成气势宏伟，漂亮壮观的"秦九韶纪念馆"并被四川省批准为秦九韶科普教育基地和爱国主义教育基地之一. 至目前为止，全国已召开过三次（1987 年、2000 年和 2004 年）全国性的秦九韶学术研讨会，表明今人对他的肯定与崇敬.

第五节　中国数学史上的灿烂群星

以勤劳、智慧著称于世的我国古、近代许多杰出的数学家，为推动数学发展作出了彪炳千古的贡献. 这些具有东方色彩的伟大成就，像一颗颗夜明珠，永久地挂在蓝蓝的天空，照亮着数学家前进的路.

本节选介一些古代至清代著名数学家的生平、治学与数学思想方法及其成就.

图 3-15　刘徽

一、刘徽的治学与数学思想

刘徽，生卒年不详，只知道他是公元 3 世纪魏晋时期淄（音孜 zi）乡人（今山东临淄或淄川一带），是古代杰出的布衣数学家，他的贡献卓著. 本章第一节已简介一些了，归纳起来主要有：① 作《九章算术注》；② 创"割圆术"，补证出圆面积公式，求得 π = 3.14124；③ 对极限理论的应用；④ 著

《海岛算经》,发明"重差术"①(测量学专著);⑤ 把"以盈补虚"推而广之,概括为"出入相补,各从其类"的普遍原理等…….

1. 严谨的治学态度

刘徽自序说他注释方法"析理以辞(用文字讲清道理,即逻辑推理),解体用图(用图形解释各种问题,即直观推理)".他注的目的"徽幼习《九章》,长再详览.观阴阳之割裂,总算术之根源,探赜(音责 zé)之暇,遂悟其意.是以敢竭顽鲁,采其所见,为之作注."(译文:我自幼学习《九章》,年长后又作详细钻研,观察事物的正反、分割,总结数学的根本原理.在深入探索奥秘幽深的过程中,逐渐领悟其中的道理.于是不揣才疏学浅,搜集所见,提出自己的见解,为《九章》作注).

2. 光辉的数学思想

(1) 独立思考,走自己的路.刘徽不是盲目地踩着前人的脚印走,而是有自己的主见,研究上实事求是,以理服人,正像他在《九章》注序中说:"虽曰九数,其能穷纤入微,探测无方"(虽称之为九数,既可以穷究极小的微观世界,也可以探索无穷无尽的宏观世界).正是他的这种科学精神,使他在吸收前人许多有益东西的同时,敢于纠正前人的错误,形成了他那一套先进的数学思想.

(2) 朴素辩证法.刘徽具有朴素的辩证法思想.他主张对具体问题的分析,解决数学问题不应拘于一法.他对抽象的数学概念,能给以朴素的唯物主义解释.例如在约分注中说:"物之数量不可悉全(整数),必以分(分数)言之"(事物的数量不可能都表示为整数,有时必须表示为分数),阐明他对分数的看法;又如给正负数定义都相当透彻,是朴素的辩证法.

(3) 探思数学内部规律的思想.如他在注序中说:"事类相推,

各有攸归,故枝条虽分而同本榦(音干,gɑn)者,知发其一端而已"(对于事物相互推导,各有所归,树的枝条虽然繁多,而同一主干,知其发于一端而已),这是他钻研教学寻求数学内部规律的至理名言.

(4)重视推理. 刘徽重视逻辑推理,运用逻辑方法. 他说:"不有明据,辩之斯难"(下结论要有根据,否则真假难辨),又说:"数而求穷者,谓以情理,不用筹算"(当进行无穷次计算时,就不能光靠计算达到目的,只能运用逻辑推理). 他推理时所用的方法有直接法、间接法、分析法、综合法、归纳法、演绎法以及反驳法和等积变换法等等. 因此,刘徽是我国早期论证数学开始人,晚于希腊的泰勒斯.

(5)推理与直观. 刘徽注很注意推理的逻辑性和直观性,并把两者结合起来形成有效的推理方法. 例如《九章》中不少概念缺乏逻辑定义,有的题只有解法而没有理论证明,甚至结果不正确性,他在注中补出解释或逻辑定义,有的补出公式、定理的逻辑证明. 在推理中,刘徽还善于使用图形和模型,帮助他发现或表达逻辑关系和推理方法,"析理以辞,解体用图"的名言,至今仍有教益.

(6)虚怀若谷. 他发现《九章》中球体积公式是错误的,经他长期思考研究,未能得出正确公式,他实事求是,谦虚地告诉人们:"欲陋形措意,惧失正理. 敢不阙疑,以俟能言者"(欲推究此不规则图形性质,惟恐与原理违背. 还是把这个疑难留待能解的人来解). 后被祖冲之父子在他研究的基础上正确解决了.

二、祖冲之及其数学世家

从晋初到南北朝(公元 265—581)的 300 年间,社会处于动乱分裂的局面,但是天文、数学仍有一些发展. 这一时期出现了不少数学新著,东方科坛又升起像祖冲之父子等这样杰出的数学明星. 数学得到广泛应用,数学理论正沿着刘徽铺平的道路稳步发展.

祖冲之(公元 429—500)(图 3-16)，字文远，祖籍范阳郡遒县(今河北涞水县)人，出身于天文、算历世家. 他从小喜欢"博览群书"，特别对数学和天文学发生了浓厚的兴趣. 用他自己的话说，就是："专攻数术，搜练古今"，这"搜"、"练"两字，刻画了他的治学方法和精神. 祖冲之青年时代在刘宋政府的华林学省从事研究工作，后到南徐州(今江苏镇江市)做从事史，不久又回来担任公府参军、娄县(今昆山县东北)令、诸者仆射(专管

图 3-16　祖冲之

朝见，宾飨等礼仪之事)、长水校尉(掌宿卫军职，四品高干职位)等官职. 这期间，他利用一切工余时间从事天文历法和数学研究. 他一方面"搜"，即博览群书，吸取精华；同时又"炼"，即不因循古法，墨守成规，而是"由表及里，去芜存精". 他既崇尚抽象理论，又注重理论的应用，主张实践而不"虚推古人". 公元 463 年，他完成了《大明历》，那时他刚好 33 岁. 历法是各朝代天文学家关注之一. 因为历法关系农业生产和国计民生，所以修改编历很重要. 祖冲之的《大明历》比旧历好，但受到守旧派反对，在新旧历法斗争的"辩议"中，他力排众议，驳得有权势的守旧派哑口无言. 但因皇帝故去，没有及时采用.

祖冲之在数学、天文学上贡献很多，就数学简介：

1. 祖冲之的数学成就

(1) 研究圆周率的贡献. 祖冲之为了天文历法的推算和度量衡的需要，他运用和发展刘徽"割圆术"的思想，在刘徽的"徽率 $\pi = \dfrac{157}{50} \approx 3.14$"的基础上，对圆周率进行了更精确的推算. 据《隋书·律历志上》(公元 656) 记载道："古之九数，圆周率三，圆径率

一,其术疏舛.自刘歆、张衡、刘徽、王蕃、皮延宗之徒,各设新率,未臻折衷.宋末,南徐州从事史祖冲之,更开密法,以圆径一亿为一丈,圆周盈数(即过乘近似值)三丈一尺四寸一分五厘九毫二秒七忽,朒(音 nǜ)数(不足近似值)三丈一尺四寸一分五厘九毫二秒六忽,正数(指圆周率值)在盈朒二限之间.密率,圆径一百一十三,圆周三百五十五.约率,圆径七,周二十二.……"(译文:古代的数学中,都认为圆的周长是 3,直径就是 1,这个数值是很不精密的.刘歆、张衡……这些人虽然分别提出过新的圆周率值,但是也未能求出使人满意的结果.到宋朝末年,南徐州从事史祖冲之更创造出好的圆周率值.他把 1 亿那么大的半径算做 1 丈,比圆周长大的过剩近似值是 3.1415927 丈,比圆周长小的不足近似值是3.1415926 丈,圆周长的长度正好在过剩近似值和不足近似值之间.因为已经假定了圆的直径是 1 丈,所以,正数在它们之间.密率就是 $\pi = \dfrac{355}{113}$,约率 $\pi = \dfrac{22}{7}$.…….)

这段史料包括三个结论,祖冲之求出圆周率 π

第一,$3.1415926 < \pi < 3.1415927$;

第二,"密率"为$\dfrac{355}{113}$;

第三,"约率"为$\dfrac{22}{7}$.

祖冲之获得 π 值精确到小数点后第七位,成为当时世界纪录,并保持千余年之久.1 千多年后的 1593 年,相继有法国数学家韦达取得以上结论一,德国数学家奥托(V. Otho,约 1550—1605) 在 1573 年重新取得结论二.

日本已故数学史家三上义夫(Mikami Yoshio,1875—1950)在《中国数学发展史》书中,建议把$\dfrac{355}{113}$ 叫做"祖率",以纪念祖冲之的贡献.

随着时间推移,计算 π 值的工作仍未停止,到 1948 年,由英国和美国人算到 808 位小数值,成为人工计算圆周率值的最高记录.

计算机诞生后,进展更快,如 1994 年 4 月,美国两兄弟用计算机计算 π 值到小数点后 4.8 亿位,8 月又继续算到小数点后 10.1 亿位数,1995 年 10 月,日本的金田康正计算 π 值到小数点后 64.4 亿位数字.至今已突破了这个记录.本来 π 值有四位就够用,为什么人们不断去创新记录呢?日本高中几何课本说:"π 是文明的标志",人们无休止计算,原因很多,主要是为了检验或证明计算机的优良程序和计算机运算速度好坏的一种有效方法,也是衡量该国数学发展的一个标志之一.

(2)球体积的计算.刘徽发现《九章》球体积公式不正确,经他研究创造了一条关于球体积计算的定理,由正方形与其内切圆面积之比为 4:π,推得正四棱台与其内切圆台体积之比为 4:π.后来又进一步推算时,转化为他命名的求"牟合方盖"的新方法(古时称伞为"盖"."牟"即相等.所谓"牟合方盖"是两个半径相等的直交圆柱面所围成的立体,形状像合在一起的上、下两个全同的方伞).他发现"牟合方盖"与其内切球体积之比为 4:π,但刘徽没有求出"牟合方盖"的体积,结果谦虚地说"敢不阙疑,以俟能言者".这个能言者,在刘徽去世 200 年后被祖冲之与儿子祖暅(音梗 gēng)在刘徽留下的启示下,彻底地解决了.

祖冲之父子分三步推证出了正确的球体积公式:

第一步,在立方体中从两个不同方向作内切圆柱,两正交圆柱的共同部分刘徽称其为"牟合方盖",取立方体的 $\frac{1}{8}$,其中方盖部分称内棋,剩余的部分可被两正交圆的柱面截割为三部分,此处三部分称为外棋.刘徽已利用立体的截面比推知:$\frac{1}{8}$ 方盖体积:$\frac{1}{8}$ 球体积 = 4:π.

第二步,祖冲之父子另外从立方体的 $\frac{1}{8}$ 中割出一倒立的四方锥(阳马),他们用勾股定理证得三外棋等高处截面积的和与方锥同高处的截面积相等.

第三步,祖暅明确提出"幂(指面积)势(指高)既同,则积(指体积)不容异"的原理.由此原理可知,三外棋体积之和与方锥(阳马)体积相等.方锥体积公式已知,则方盖体积也就可求出.再利用前面结果不难得球体积大小.

祖冲之父子在具体求解过程中,创立与应用下面两个定理:

① 体积可以由无穷小量求和而得到.

②"幂势既同,则积不容异"(即介于两个平行平面之间的两个立体,如果被任意一平行平面所截,而两立体的截面相等时,则两立体的体积也相等).

定理 ① 是创立微积分的关键性思想.

定理 ② 是现行高中立体几何的"祖暅原理(定理)"即"等高处的截面面积相等,则二立体的体积相等".这个定理西方称为卡瓦利里(B. Cavalieri,1598—1647,意大利数学家)原理.比祖冲之父子晚 1100 余年,晚刘徽 1300 多年.因此,有人建议称定理 ② 为刘祖公理或刘祖定理.

此外,祖冲之还研究了"开差幂"(即已知矩形的面积和长、宽之差,用开平方法求长和宽);"开差立"(即已知长方体的体积和长、宽、高的差,用开立方法求出它的一边).这两个问题已涉及解二次、三次代数方程正根的问题.他还著《缀术》,可惜已失传.

祖冲之在研究数学、天文学的同时,还通晓机械制造、音乐,并且是一位文学家.他重造过指南车,改进过水碓(音对 dui)磨,创制过一艘"千里船";还著有小说《述异记》,论述或注释过《易经》、《老子》、《论语》经典著作.

晚年,祖冲之在南朝首都建康(今南京市)任职时,提出《安边论》,主张"开屯田,广农殖",兴建大业,巡行四方.虽然这些主张没有办到,但说明了祖冲之是一位具有政治眼光的人.

由于祖冲之成就卓著,不仅在中国科学史上,就是在世界数学史上都占有重要的地位,享有很高的国际声誉;法国巴黎的"发现宫"科学博物馆的金壁上镌刻着他的名字和计算的 π 值;前苏联莫斯科大学礼堂的廊柱上镶嵌了他的肖像;1960 年初,曾在月球东经 148°、北纬 17° 的地方的一座环形山脉命名为"祖冲之山".1964 年,南京紫金山天文台发现 1888 号小行星,经国际小行星科学组织批准命名为祖冲之星.2000 年 10 月先后在他当县令的娄县(今江苏昆山市) 召开他逝世 1500 周年大会,又在他的祖籍河北涞水县落成"祖冲之纪念馆",一所学校命名为"祖冲之中学".

2. 祖冲之数学世家

　　祖冲之儿子祖暅(5—6 世纪),字景烁,他"少传家业,究极精微,亦有巧思入神之妙",也是一位博学多才的数学家,创立"祖暅原理".有一个趣味故事,据传,北魏有一位官吏,拿了表面上极其相似的两个铜龙,叫祖暅判断它们的体积是否相等.祖暅看了后,拿出一根丝线量了对应高相等的两个地方的周长.计算出一处两条龙的截面积相等,另一处的截面积不相等,立刻判定这两条铜龙体积不等.后来,铜匠们证实,铸铜龙时所耗的铜料果然不等,这使得这位官吏惊叹不已.

　　祖暅曾三次上书朝廷建议采用祖冲之的《大明历》,终于实现了父亲的遗愿.他的工作主要是修补祖冲之的《缀术》,并重著有《缀术》若干卷.由于原书失传,无法知道其具体的内容.此外,还著有《漏刻经》、《天文录》,前书已失传,后者存有残篇.

　　祖暅在建筑工程方面是专家.公元 516 年,当朝派他修筑浮山堰,他认为土质不好不能建堰,皇帝不肯,迫使他建.当年洪水泛滥,该堰崩溃,洪水使下游百姓生命财产损失巨大.为此他冤枉入狱.出狱后,精败气衰.晚年曾帮助目录学家编纂天文和数学部分目录,在悲愤中辞世.

　　祖冲之的孙子祖皓,也是"少传家业善历算",继承父辈事业,也是天文学数学家,文武双全,梁武帝大同年间(公元 535—545)

曾先后任江都(今江苏江都县)县令和广陵(今江苏扬州市)太守.梁武帝末年侯景之乱中,起兵声讨侯景,兵败被俘,惨遭"车裂"杀害.从此三世相继的"祖冲之天文数学世家"绝迹.

三、从和尚到数学家的僧一行

张遂(公元683—727)(图3-17),法名一行.魏州昌乐(今河南省南乐县)人,是唐代著名的天文学家、数学家.他的祖父和父辈均

图3-17　张遂

在朝做官,得了许多封地.但由于武则天当皇帝后,下令收回封地,少年时代的张遂变成了一个穷孩子,连吃饭都要靠别人救济,张遂从小就爱读书,勤奋用功.据《旧唐书》说:"一行少聪敏,博览经史,尤精历象".他很快成为长安城小有名气的青年学者.

在他21岁那年,武则天的侄子武三思的家人找上门来,要他与武三思结交.武三思是一个不学无术,靠阿谀奉承爬上梁王宝座的人;他仗势欺人,残害百姓,迫害忠良,无恶不作,

现在想借学者装潢门面,欲博"礼贤下士"美名.这对品性耿直、不阿权贵的张遂来说,他是不愿结交权贵而往上爬的.为了躲避武三思,张遂出家当了和尚,法名一行.在佛门下,他先后在嵩山跟从普寂大师学禅和继续专研天文、数学.

一行记忆能力惊人,据传一篇有数千字句怪僻的文章,他看过一遍之后,便能一字不漏地背诵出来,他曾"访求贤师,不远数千里",例如,他听说浙江天文台有一和尚精通数学,就从河南步行上千里去拜师求教.后来,一行在天文、数学上研究出了名,受到皇帝唐玄宗的赏识,于公元717年受召入京.在长安的10年中,他主要

致力于历法改革,领导了著名的天文大地测量,同时又和他人一道创造了"黄道铜游仪"、"水运浑仪"等大型天文仪器.皇帝多次请他当大官,都被他拒绝了.他著作有《心机算术括》、《一行算法》和《大衍历》等.

一行在天文数学上成就很多,主要有:

1. 编订《大衍历》

他于公元 724 年编订《大衍历》,到 727 年新法草稿完成,历法中提出了"不等间距二次内插法公式".但不幸的是,在新历法尚未颁布实施前,一行便病故于长安,终年仅 44 岁.后人用他新历推算日食,比旧历准确率高.因此《大衍历》是当时著名不朽文献.

一行又是世界上最早发现恒星在天上的位置会变动的天文学家.

2. 等差数列求和与方程解法

在《大衍历》里,一行用等差数列求和公式来计算行星的行程.据《旧唐书·历志三》记载,他在求 n 日内某行星匀加速运行度数 s 时,用了相当于现代形式的公式 $S = n\left(a + \dfrac{n-1}{2}d\right)$,其中 a 为第一日行星所行高度,d 为每日差.这显然是一个已知首项、公差和项数的等差数列求和公式.《大衍历》中还有,如果已知 s、a、d,那么求 n 的公式是 $n = \dfrac{1}{2}\left[\sqrt{\left(\dfrac{2a-d}{d}\right)^2 + \dfrac{8s}{d}} - \dfrac{2a-d}{d}\right]$ 这显然相当于以 n 为未知数的二次方程:$n^2 + \dfrac{2a-d}{d}n - \dfrac{2s}{d} = 0$ 的一个正根,说明一行获得方程 $x^2 + bx + c = 0$ 的解法.

3. 世界上第一次实测子午线

在《周髀算经》等记载说,南北地隔千里,则 8 尺高竿在日影中影长相差一寸.为了纠正这种"寸差千里"的错误说法,一行组织了全国 12 个点的大地测量.测量结果汇集长安,由他汇总计算.他利用河南的数据,算出了子午线每差一度,南北相距 351 里 80 步(合129.22 公里),并得出最佳值为 122.8 公里.这一结果比现代用先进工具测得的数据 111.2 公里只相差 11 公里多一点,比后来的阿拉伯天文学家阿尔·花拉子米(约 780—850)等人实测子午线要早 90 多年.

4. 计算棋局都数

围棋是我国人民发明的,至今已有四千多年的历史.它的招法变化无穷,但围棋棋局究竟有多少变化呢? 据沈括《梦溪笔谈》中说,一行在《心机算术括》里曾计算过围棋"棋局都数".一行进行了研究,因棋盘横直 19 路,共有 $19 \times 19 = 361$ 个交叉点着了位置,每个位置都有着白、着黑和留空三种情况,求棋局总数是一个计算排列总数问题,一行得出棋局总数,等于 1 至 361 各整数的连乘积,其值有 769 位之多.约四百年后沈括算得"棋局都数"约为 1.74×10000^{43}.真是古人云"千古无同局".一行是怎样算出来的,书中没有记载,他绝不是用算筹,也不可能用大数阶乘公式,因大数阶乘公式是欧洲数学家斯特灵(J. Stirling,1692—1770)于 1730 年首次获得的,晚于一行一千年.显然是按照某种规律求出的.如果我们这个问题用现代每秒钟进行 1 亿次的计算机来计算,3 台这样的计算机每年也只能运行 10^{14},这就是说需要 10^{156} 年,9 位数为 1亿,则 10^{156} 有 157 位数,故约要 17.4 亿年才能运算完毕.因此对"棋局都数"问题来说,可以说明我国僧一行、沈括时代计算技术的巧妙性和先进性.

此外,一行品格高尚,为人刚直不阿,奉公守法,不徇私情.有一次他竟敢"直言不讳"向皇帝提出批评.又有一次,他幼年时的邻居王老太太找一行,因小时候的一行得到她大量的周济,老太太要求一行搭救她犯有杀人死罪的儿子,过去,一行曾想方设法要报答王老太太,当时的一行,在皇帝面前说话很有作用,可是一行却对恩人说:"如果你老人家需要金钱布匹,我可以十倍报答,但对此事,我不能徇私枉法."老太太气愤地指着一行大骂说:"认识你这样的人有什么用!"一行始终没有答应她的要求.

四、宋元著名数学家选介

我国古代数学,经过汉唐千余年的发展,形成了以古老的官方数学教科书"算经十书"的基本内容的完整体系.到了公元 10 到 14 中世纪的宋、元两代,又有新的发展,特别是宋朝形成的南北对峙,揭开了中国古代数学史上极其重要的一页.在南方有秦九韶和杨辉,在北方则有李冶和朱世杰.秦、李、杨、朱等数学家的著作充分地反映了这一时期中国数学的辉煌成就,以秦九韶的《数书九章》为代表达到当时世界数学的顶峰.这里选介宋元著名数学家为代表的重要成就.

1. 贾宪三角形

贾宪(图 3-18)是北宋时期的数学家,"运算亦妙,有书传于世"(王洙《王氏谈录》),生平不详,大约活动于 11 世纪上半叶.他曾著有《算法敩古集》二卷("敩"音穴 xiào)和《黄帝九章算法细草》(九卷)前者已失传,后者被杨辉著《详解九章算法》全部抄录,这是对《九章算术》术文进一步加工抽象,从而发展了中国古典数学算法理论,在算法理论及算法的抽象化、程序化和一般化方面作出了贡献.贾宪主要成就从杨辉书可知有二:

(1)创造"开方作法本源".贾宪总结《九章算术》以来开方程序,提出立成(指算表)释锁(指开平方)法,即借助一张数表进行开方的方法.杨辉录书说:"出释锁算书,贾宪用此术".此术就是他列出 n 从 0 到 6 次的二项式 $(a+b)^n$ 展开的系数表.作成"开方作法本源图".用现代形式表为图 3-19.中学代数课本长期叫做"杨辉三角形",这是不正确的,其实是贾宪最早发明的,是杨辉抄录保存下来的,应称"贾宪三角".

阿拉伯数学家阿尔·卡西在《算术之钥》(1427年)也出现与贾宪完全相同的,但比贾宪晚约370多年.

图 3-18　贾宪

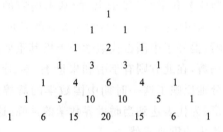

图 3-19　贾宪三角

在欧洲,德国数学家阿皮雅努斯(P. Apianus,1495—1552)在1527年出版的算术书的封面上刻有此图.但一般被误称为"帕斯卡三角形".因为法国的帕斯卡(B. Pascal,1623—1662)在1654年也发表这个结果.但比中国贾宪晚五、六百年.故从发现时间确定,应叫"贾宪三角形".

附带补一笔,1664—1665年,英国的牛顿把二项式定理推广到 n 为分数与负数的情形,即给出 $(p+pQ)^{\frac{m}{n}}$ 的展开式.

(2)增乘开方法.贾宪发明的增乘开方法,比《九章算术》等古算的开平(立)方的方法更容易推广到更高次的开方,过去的不易推广.他的开方法相当于解决了求方程 $x^n - A = 0$ 的一个正根问题.如求高次方程 $x^4 = 1336336$,用他的方法,容易求出 $x = 34$.这个方法与1804年意大利数学家鲁菲尼(P. Ruffin,1763—1822)和1819年英国一位中学数学教师霍纳(W. G. Horner,1786—1837)

的方法完全一致(略).西方叫"鲁菲尼-霍纳方法",但贾宪比他们早约770年.

2. 中国科学史上的坐标 —— 沈括

北宋沈括(约1033— 约1097)(图3-20),字存中,浙江钱塘人,是著名科学家之一.据《宋史·沈括传》载:"括博学善文,于天文、方志、律历、音乐、医药、卜算无所不通,皆有所论著."他兴趣极广,涉猎所及有文艺、史地、政军及数理、科技等方面.其父曾做过地方官吏,母亲知书达理.他10岁同情农民赵义,14岁读完家中藏书.长大后从当县令到后来的三司使,管理全国财政.两次被诬劾贬官,最后降职为团练副使.

图3-20　沈括

1088年(约55岁)告老定居润州(今江苏镇江)梦溪园,闭门谢客,完成科学巨著《梦溪笔谈》26卷等著作,内容十分丰富,书中二百余条自然科学知识,其中数学有11条,包括测算、度量、运粮、对策、隙积术、会圆术等.

沈括博学多才,文武双全,日本算史学家三上义夫在《中国算学之特色》一书里说:"沈括这样的人物,在全世界数学史上找不到,惟有中国出了这一个人."英国科学史家李约瑟在《中国科学技术史》一书中说:"沈括可算是中国整部科学史中最卓越的人物",并把《梦溪笔谈》誉为"中国科学史上的坐标".

沈括在数学的成就有:

(1)隙积术."隙积"就是有空隙的堆垛,为沈括所发明,对后来的影响很大.他的垛积公式是由以下问题导出:

设酒店把酒坛堆成长方台垛积,其顶层宽有 a 个坛,长 b 个坛,底层宽有 c 个坛,长 d 个坛,高为 n 层(图 3-21),求酒坛个数 s.

沈括纠正古代用刍童(长方台)的体积公式

$$V = \frac{n}{6}\left[(2b+d)a + (2d+b)c\right]$$

的错误,认为这个公式"常失于数少",他"予思而得之",给出正确的计算公式:

$$S = ab + (a+1)(b+1) + \cdots\cdots$$
$$+ [a+(n-1)][b+(n-1)]$$
$$= \frac{n}{6}\left[(2b+d)a + (2d+b)c\right] + \frac{n}{6}(c-a)$$

这个问题已被选入高中代数.表明他开辟了研究高阶等差级数[①]求和问题的新方法,为后来的研究工作开辟了道路.

(2)会圆术.沈括创立"会圆术",即给出已知弓形的高和圆的直径求弦长和弧长的近似方法.这是我国数学史上的首次,原术文略.用现代符号表示,如图 3-22.

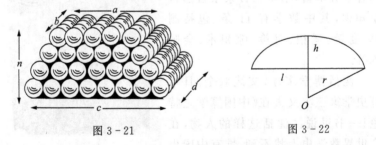

图 3-21　　　　　　图 3-22

设 h 为矢长,r 为圆半径,l 为弦长,则得弧长近似公式

<hr>

①一个级数,从第二项起,后项与前项的差都相等,叫等差级数.如果后项与前项的差不相等,其差数假如是前后相等的,那便叫二阶级数.假如差的差是相等的,则叫三阶等差级数.如此可推广到高阶等差级数.如 1,4,9,16,25,49,……,其一差为 4-1=3,9-4=5,7,9,11,15,……,不是等差;其二差为 5-3=2,7-5=2,……都是相等的,故说 1,4,9,15,……是二阶等差级数.

$$S \approx l + \frac{h^2}{r}$$

其中 $l = 2\sqrt{r^2 - (r-h)^2}$. 这个近似公式当扇形圆心角不超过 $45°$ 时,相对误差小于 2%.

(3)运筹学思想的运用. 沈括在《梦溪笔谈》等中,记载了有关军事、水利、建筑等多方面选择最优方案的例子,如"一举三役"便是其中之一. 北宋大中祥符(1008—1016)年间,皇宫失火,修复需土,因城外取土太远,采取了如下的最优方案:就近在大街上取土,使大街成为渠,引汴水入渠成河,汴水入渠以解决材料的运输问题. 运料的船只沿河直抵宫门. 竣工后将瓦砾废料充塞巨渠复为大街,是"省费以亿万计",一举解决了取土、运料、弃废料三个问题. 此外还有"因粮于敌"、"高超合龙"、"引水补堤"等,都是使用运筹学思想的好例子.

此外,沈括还研究了简捷算法和计算出"棋局都术"总数等.

3. 秦九韶

在本章第四节已专门介绍,略.

4. 研究幻方第一人——杨辉

杨辉(13 世纪)(图 3-23)字谦光,南宋钱塘(今杭州)人,生平不详,曾任地方官员,数学著作宏丰,计有五种 21 卷. 其著作有两个特点,一是深入浅出,文笔流畅,易于教学和民间流传;二是广征博引,录载了前代数学典籍精华,以致一些数学家的原著虽已失传,但其主要内容通过杨辉的书得以保留下来. 其成就有:

图 3-23　杨辉

(1)注释古典名著《九章算术》,撰成《详解九章算法》12 卷

（1261年），为让当时人易于学习古代数学. 杨辉对《九章算术》中246个问题中较难的 80 道题，进行详细解释，他分三方面：一是"解题"即解释名词术语、题意，并作文字校勘，纠正谬误，以及给出评论；二是"细草"即具体演算步骤；三是"比类"，即添补与原题算法相同或类似的例题.

（2）继承和发展古代数学理论. 杨辉著作博采众长，既保存了一些珍贵资料，又在其基础上做了创造性的发挥. 例如对刘益的正负开方术、贾宪三角形与增乘开方法等，杨辉引证史料，实事求是地指明原作者是谁（如常误认为的"杨辉三角形"是贾宪发明）. 这种不居他人之功，为保存和传播他人成果做奉献的精神，实为世人楷模. 例如《续古摘奇算法》（1275 年）收集了"诸家算法奇题及旧刊遗忘之文". 保存了珍贵史料，如《海岛算经》及纵横图（幻方）等.

（3）垛积术. 杨辉的"垛积术"实质上是求数列前 n 项和的问题. 书中有一大批高阶等差级数，他以沈括"隙积术"的思想方法为指导，把《九章算术》中的方锥、方亭、刍甍（音萌 méng）、刍童、鳖臑五种求体积的方法，变通推导为五种垛积术，于1261年记载《详解九章算法》书中. 如"三角垛" $s = 1 + 3 + 6 + 10 + \cdots + \dfrac{n(n-1)}{2}$ $= \dfrac{1}{6} n(n+1)(n+2)$；"四隅垛" $S = 1^2 + 2^2 + 3^2 + \cdots + n^2 = \dfrac{1}{3} n(n+1)\left(n+\dfrac{1}{2}\right)$. 这两个公式曾收录入高中代数课本的复习题.

4	9	2
3	5	7
8	1	6

图 3-24

（4）纵横图（幻方）的研究. 传说伏羲八卦取法于河图洛书，杨辉创造了纵横图的名称（西方人叫幻方）. 杨辉关于纵横图的研究，首次作为纯粹数学来研究. 在《续古摘奇算法》中有 13 幅纵横图，除给出如图 3-24 的三阶幻方的构造方法外①，还给出了四阶至十阶幻方，是研究组合数学

①徐品方编著，数学诗歌题解，北京：中国青年出版社，1997 年，第 222—226 页.

珍贵的资料.三行三列排列 10 个数码的三阶幻方,其性质是在任一直线上三个数之和皆为 15.排成 n 行 n 列的幻方也都有类似性质.

（5）计算技术的研究与改进.唐宋以来,商品经济不断发展,商业贸易亟待改进计算技术.杨辉顺应形势,总结实践中出现的各种歌诀,改进了计算方法.如《日用算法》（1262 年）是一本实用通俗算书,自序中提到"编诗括十三首",可惜大都失传.他用诗词歌诀表述问题,概括算法,押韵顺口,便于记忆,具有浓郁的民间数学色彩,是我国最早用歌诀写的数学书籍.[①]

（6）数学教育的贡献.杨辉在其著作中,提出重要的教育原则和教育思想方法.如他主张:①由浅入深,循序渐进.在《乘除通变本末》（1274 年）中,为初学者制订了一份珍贵的"学习纲目",列出学习内容、先后顺序及进度安排.②提倡独立思考,注重启发式,曾说"好学君子自动触类而考,何必尽传".③精讲多练,熟读精思,融会贯通,反对死记硬背.④重视培养计算能力,强调多练,要求"举一而三隅反".⑤治学严谨,一丝不苟,将容易忽视出错的题目列为重点.

总之,杨辉在数学理论的继承和发展上作出了重要贡献,对数学用于实际造诣很深,为保留和传播前人数学成果,为培养数学人才和普及教学等诸方面,都有卓越的贡献,是我国数学史上数学家中少有的全才.

5. 不愿做官的李冶

在宋末元初（12—13 世纪）,我国有一位中外驰名的数学家和文史学家,他多次拒绝做官,长期过着隐居讲学的生活,受到一些人的赞赏.元朝诗人耶律铸在《双溪醉隐集》卷三"送李敬斋行"的诗中,表达了这种心声,诗曰:

---

①徐品方编著,数学诗歌题解,北京:中国青年出版社,1997 年,第 27—30 页.

一代文章老,素车归故山.
露浓山月净,荷老野塘寒.
茅屋已知足,布衣甘分闲.
世人学不得,须信古今难.[1]

这人是谁,他就是李冶.

图 3-25 李冶

李冶(1192—1279)(图 3-25)原名李治[2],字仁卿,号敬斋[3],金朝真定府栾城县(今河北栾城县北)人,"自幼喜算术".曾中"词赋进士",当过钧州(今河南禹市)知事两年等.后隐居封龙山讲学.李冶的数学著作有《测圆海境》12 卷(1248 年)和《益古演段》3 卷(1259 年).这两部著作一直流传至今,成为我国宋元数学的宝典遗产.

(1)两部著作内容简介.《测圆海境》提出 692 条命题,只有 684 条命题正确.主要是通过列方程及解方程来研究"勾股容圆"的问题,即已知直角三角形上各个线段,求内切圆、傍切圆等的直径.第一卷卷首,画了一张"圆城图式",作为勾股容圆总图,如图 3-26 全书围绕这张图展开讨论,拟出繁简不等的 170 道题,为解决这些问题,首次讨论了"天元术".

李冶假设三角形天地乾各边长分别为 680、320 和 600,再依

---

①李冶著《敬斋古今难》一书的"古今难".也暗指古今人不为官者难做到.

②李冶初名李治.后来发现唐高宗也叫李治,因古代帝王多称庙号,不举姓名,众人不知,在君主政体时代,普通人与帝王同名极不妥当.但因沿用很久,不愿全改便把偏旁减去一点为冶.

③我国古代除姓名外,幼有名(指乳名),供长辈呼唤,长有字(指 20 岁长成人),供一般人称呼,有的还有号即"别号".

次给出其他三角形各边长,共算出 15 个三角形容圆公式,以及其勾股和、勾股差等.

《益古演段》共 64 问是介绍天元术的入门书籍,基本上是讲平面图形的面积关系,每道题都用天元术和演段两种方法解答."演段"就是把图形割成几段或推演而成同样几个,移补凑合."演段术"就是等级变换给出问题的图解,形象、直观、易于理解.

(2)改进天元术."天元术"就是列一元方程的方法."天元"名称最早见于秦九韶的"大衍求一术".李冶著作中明确地使用"天元"代表未知数 x,现代的一元、二元方程的"元"字来源于此,流传至今.

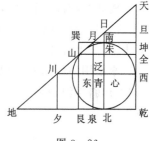

图 3-26

依题意列出的代数式称为"天元式"."天元式"是用"筹"自上而下排列,筹只代表"天元式"中各项系数.传统的"天元术"虽是一项重要成就,但方法不够灵活,每一项用一个字来表示.李冶对它进行了改革,他改用一个字来表示天元式的次序.在一个等式中,他用"元"字表示未知数 x 的一次项,或者用"太"字表示常数项,用"元"就不用"太"或"太"就不用"元".

李冶在《测圆海镜》中,由高次幂向低次幂上下排列,而在《益古演段》的次序则颠倒过来.例如《测圆海镜》卷四第六问"假令有圆城一所,不知周径,四面开门,门外纵横各有十字大道,……. 或问:乙出东门南行不知步数而立,甲出北门东行二百步望见乙,复就乙斜行一百七十步与乙相会. 问径几里?"

根据题意列成天元式(或筹式)后,经化简得筹图,相当于今式:

$$x^2 - 170x + 6000 = 0$$

解之 $x = 120$(x 为半径)

圆径 $2x = 240$(里).

从李冶筹式可知,他也创用了负号(在筹码上划一条斜线)和零号.这种记号是先进的,他这种半符号化的文字代数式已超过当时的印度和阿拉伯.欧洲到了 16 世纪,韦达才引入文字符号表示未知数,比天元术晚 300 多年.

(3)几何问题代数化.李冶的两部数学著作,特别是《益古演段》一书,是我国古代数形结合的典范,开创了我国代数方法解几何问题的新局面.

例如"今有圆田一段,内有直(长方)池,水占之外计地六千步(方步).只云从池四角斜至田楞各一十七步半,其池阔不及长三十五步.问三事各几何?"

李冶用演段的方法把图 3-27(1)经过剪裁合并成一正方形的"直田斜与池径和幂"如图 3-27(2),问题转化为代数法解就可解出.

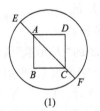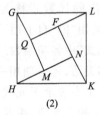

(1)   (2)

图 3-27

本题李冶解法如下(用今符号表示):

设圆田直径 EF 为 x 步,如图 3-27(1),已知 $EA = CF = 17.5$

$\therefore AC = x - 17.5 \times 2 = x - 35$

又设 Rt$\triangle GHM$、Rt$\triangle HKN$、Rt$\triangle KLP$、Rt$\triangle LGQ$ 都与 $\triangle ABC$ 全等,那么,$MNPQ$ 是以 $BC-AB$ 为边的正方形.

$\therefore S_{\square GHKL} = 2S_{\square ABCD} + (BC - AB)^2$

即 $(x - 35)^2 = 2S_{\square ABCD} + 35^2$

$\therefore 2S_{\square ABCD} = (x - 35)^2 - 35^2 = x^2 - 70x$

这样长方池面积的四倍为 $2x^2 - 140x$,圆田面积为 $\dfrac{\pi}{4}x^2 =$

$\dfrac{3}{4}x^2$（π 取 3），其四倍为 $3x^2$，除水积外，地积的四倍是 6000 方步 $\times$ 4 $=$ 24000 方步.

$\therefore 3x^2 - 24000$ 也就是长方池面积的四倍，故得方程
$$x^2 + 140x - 2400 = 0$$

解得圆的直径 $x = 100$；圆田面积 $\dfrac{3}{4}x^2 = 7500$ 方步，长方池面积 7500 方步 $-$ 6000 方步 $=$ 1500 方步.

又设池阔是 y 步，则池长是 $(y+35)$ 步.池面积：
$$y(y+35) = y^2 + 35y$$

故得
$$y^2 + 35y - 1500 = 0$$

解得池阔
$$y = 25, 长 60 步$$

$\therefore$ 长方形长 60 步，宽 25 步，圆径 100 步.

6. 第一个职业数学教育家朱世杰

朱世杰（图 3 - 28）生于 13 世纪末、14 世纪初，字汉卿，号松庭，寓居燕山（今北京附近），元代大数学家兼教育家.他周游各地二十多年，四方之来学者日众，到扬州时，"踵门而学者云集".朱世杰继承前人成果，并创造性加以发挥，把我国古代数学理论研究推向高潮.他的数学著作有《算学启蒙》（1299 年）及《四元玉鉴》（1303 年）两种.《算学启蒙》三卷 259 题，书首有"总括"，列有乘除口诀等预备知识.内容有乘除、面积、体积、垛积、盈不足、差分、方程、天元术等，按照由浅入深的原则排列，十分

图 3 - 28　朱世杰

便于学习,是一本好的数学启蒙书籍.《四元玉鉴》三卷 288 个题目,内容有"招差术"和他首创的"四元术",所列方程,从一元到四元都有.此外还有涉及几何、代数方面的一些问题.

朱世杰在数学上的主要贡献,分述如下.

(1)垛积术和内插法.朱世杰的垛积术是沈括的隙积术、杨辉的垛积术的继续和发展,著作中有一大批高阶等差级数和内插法的成果.

①高阶级数求和公式.他给出三角垛及四角垛两个基本系统.如三角形垛求和公式:

$$1+2+3+4+\cdots+n=\frac{1}{2!}n(n+1)$$

$$1+3+6+10+\cdots+\frac{1}{2!}n(n+1)=\frac{1}{3!}n(n+1)(n+2)$$

$$1+4+10+20+\cdots+\frac{1}{3!}n(n+1)(n+2)$$

$$=\frac{1}{4!}n(n+1)(n+2)(n+3)$$

$$1+5+15+35+\cdots+\frac{1}{4!}n(n+1)(n+2)(n+3)$$

$$=\frac{1}{5!}n(n+1)(n+2)(n+3)(n+4)$$

$$1+6+21+56+\cdots+\frac{1}{5!}n(n+1)(n+2)(n+3)(n+4)$$

$$=\frac{1}{6!}n(n+1)(n+2)(n+3)(n+4)(n+5)$$

上面一串公式,不难归结得下面一般形式(后人命名为"朱世杰等式"):

$$\sum_{r=1}^{n}\frac{1}{p!}r(r+1)(r+2)\cdots(r+p-1)$$

$$=\frac{1}{(p+1)!}n(n+1)(n+2)\cdots(n+p)$$

当 $n = 1,2,3,4,5$ 时便是上面五个公式.并且这个系统有个主要性质,前一公式的和是后一公式的通项.

中世纪的印度和阿拉伯也求出不少级数求和公式,但有些与杨辉、朱世杰相当.

②四次内插法.朱世杰利用三角垛的结果建立了四次内插公式,由于他较完善地掌握了级数求和知识,在我国数学史上第一次正确地列出了四次招差公式:

$$f(n) = n\triangle^1 + \frac{1}{2!}(n-1)n\triangle^2 + \frac{1}{3!}(n-2)(n-1)n\triangle^3$$

$$+ \frac{1}{4!}(n-3)(n-2)(n-1)n\triangle^4$$

这里 n 为日数,$f(n)$ 为第 n 日数,$\triangle^1$,$\triangle^2$,$\triangle^3$,$\triangle^4$ 分别称为上差、二差、三差、下差.此公式就是四次等间距内插公式,数学史家李迪教授建议称为"朱世杰内插公式".它与现用公式是一致的.在欧洲最先讨论这个问题的是英国的格雷哥里(J. Gregory,1638—1675)、牛顿,但比朱晚 300 年.

(2)四元术.朱世杰创造了布列和解四元高次方程组的消元法,称之为"四元术".这一成果将我国代数学从"天元术"到"四元术"的研究推进到当时世界最前列.

《四元玉鉴》中,共有高次方程组五十多道题,其中二元 36 题、三元 13 题、四元 7 题.有许多方程相当复杂,例如有一个三元方程,用消去法消去一元后,竟有 27 项之多,次数高达 10 次,如

$$-4x^{10} + 4x^9 + 52x^8 - 54x^7 - \cdots - 4x^8y + 4x^9y + 80xy^2$$
$$-4x^2y^2 - \cdots + 8x^5y^2 - 4x^6y^2 = 0$$

用他的方法消去 y,得到 x 的 15 次方程:

$$-4x^{15} + 8x^{14} + \cdots - 3596x + 3560 = 0$$

这样繁杂的方程是前所未有的,可见朱世杰对方程理论及其解法技巧造诣精深,是数学史上十分杰出的成就.用消元法解高次方程组,直到 1779 年才在法国数学家贝祖(E. Bezout,1730—

1783)的《代数方程的一般理论》(1764年)中给出,比朱世杰晚460多年.

(3)数学教育工作.朱世杰生活在金元之际的乱世,未曾为官,也没有参加过官方组织的历算工作,二十多年周游湖海,浪迹民间.他一面深钻数学,同时广招门徒,传播数学,自编《算学启蒙》作教材.此书涉猎的数学知识相当广泛,体系完整,循序渐进,深入浅出,是一部很好的教材,因而流传颇广,曾传入日本、朝鲜,后被朝鲜定为数学教材.

《算学启蒙》中"明正负术"才将《九章》正负数加减法则中的"除"字改为"减","益"字改为"加";书中还给出了正负数乘除法法则,"明乘除术"中有"同名相乘为正,异名相乘为负".又有"同名相除所得为正,异名相除所得为负".这是我国正负数乘除法法则的最早记载.

朱世杰才高绝学,达到了元代数学登峰造极的地步.他虽然流浪民间,教书度日,学生中没有出现超群人才,这不能怪他教学无方,而责在元代统治者轻视知识,轻视人才,尤其是知识分子,这是元朝的悲剧.例如,赵翼(1727—1814)在《陔(gāi)余丛考》卷四"九儒十丐"条记载:元初企图把汉人杀尽,将农田改为牧场.元制把人分为十等:"一官、二吏、三僧、四道、五医、六工、七猎、八娼、九儒、十丐".知识分子放在妓女之后,乞丐之前的"老九".元史不敢载此制,是为元世祖避忌(有顾虑不愿说).

此外,朱世杰《四元玉鉴》中还有诗歌体数学题,如

我有一壶酒,携着游春走.

遇务添一倍,蓬店饮斗九.

店务经四处,没了壶中酒.

借问此壶中,当原多少酒.[①]

---

①徐品方编著,数学诗歌题解,北京:中国青年出版社,1997年,第36页,第143—148页等.

五、明清著名的数学家

中国天文、数学奠基于汉唐,盛极于宋元,到了元末,由于战争和复杂的历史原因,数学和天文学的研究一落千丈,出现了三百余年的科学衰颓,到了明末清初,经历文字狱的浩劫,科学文化惨遭其害,集中表现在"经典亡佚"、"历法失修"、"数理不传".数学上如《九章算术》《数书九章》等重大古算经典著作,都湮没无闻,中国数学黯然失色,进入了空前的黑暗.尽管如此,以清代著名数学家梅文鼎等的整理和疏解,点燃了清代复兴宋元历算传统的火种,他"述中传西,继往而来",致力于融冶中西数学,设馆讲学,才使中国古代数学已经枯黄的老树重发新芽.因此,英国著名科学史家李约瑟(J. Needham,1900—1995)提出的"李约瑟难题":中国发达的传统数学为什么在 14 世纪(明代)逐渐落后了? 至今没有公认的答案.

这里选介几位明清著名数学家及其成就.

1. 珠算一代宗师程大位

初中《代数》教材第一册复习题三(如 1989 年版,第 160 页)收录一道古算题"假如井不知深,先将绳三折入井,绳长四尺;后将绳四折入井,亦长一尺.问井深及绳长各若干.答曰:井深八尺,绳长三丈六尺."此题选自明代程大位著《算法统宗》(1592 年)卷七.

程 大 位 (1533—1606) (图 3 - 29),字汝思,号宾渠,安徽休宁

图 3 - 29　程大位

人.明代著名数学家、珠算大师.他少年时代对书法和数学很感兴

趣,从二十多岁后便在长江下游一带经商.在此过程中他遍访名师,搜罗数学书籍,积数十年的努力,在60岁时,"参会诸家之法,附以一得之愚",纂集成了《直指算法统宗》一书,简称《算法统宗》(1592年).一生从未应科举之试,是位布衣数学家.

《算法统宗》十七卷595个应用问题,绝大多数是从其他数学书中摘录的,但解题时的计算工作都改用珠算盘进行,因而是一部以珠算盘为计算工具的应用数学算书.此书"风行宇内"(即风行全国),凡搞计算的人都"莫不家藏一编",其流行之广、时间之长,在我国畅行三百余年,是中国数学史上罕见的.直到清代末年,各地出版的算术书,不是《算法统宗》的翻刻本就是他的改编本,甚至现今初中数学课本也选有该书中的问题.不仅如此,《算法统宗》及其缩写本《算法纂要》(1598)对于邻国的影响很大,如日本、朝鲜与东南亚各国,对这些国家传播珠算也起了重要作用.日本人还曾把8月8日定为算盘节.这一天高举程大位与日本关孝和画像游行.

由于程大位不走读书取仕,不图利禄功名,不做金钱的奴隶,经常帮助群众测算,数学造诣高,被当时人所推崇,赠他一巨匾"隶首薪传"("隶首"相传为黄帝时人,始定算数.意思说他犹如第一个创造数的人.此誉夸大,但视他的数学为第一流的."薪传"源于薪尽火伟,喻师生传授).此匾数百年挂在他居住农村大厅.不知何时移至"程氏祠堂",1959年左右祠堂变成生产队仓库,由于人们对文物保护没有重视,此匾被压在仓底.1976年"文革"运动,被视为"四旧"被捣毁,几百年文物,毁于一旦.1986年是程大位去世380周年,安徽省黄山市政府为他修建"程大位纪念馆",才另请书法家重写"隶首薪传"巨匾,悬挂在纪念馆大殿上.

《算法统宗》的问世及其广泛流传,标志着我国从长期使用筹算转变到珠算的完成,从此珠算成为主要日常计算工具,流传至今.

《算法统宗》主要成就及其贡献是:

(1)全书计算题,全用珠算不用筹算.

(2)最早使用珠算方法开平方和开立方.

（3）发明了丈量步车器并附图.

（4）书中附录是研究数学发展史的重要史料.

（5）继承前辈用诗歌叙述数学名题[①].

此书不足之处在于，与前辈某些人一样误认为数学起源于河图洛书的唯心论和不可知之.书中沿用《九章》球体积的错误公式，π 值仍取古代 3 等.

2. 首译欧氏几何的科学家徐光启

初中几何学的内容，许多来源于欧几里得《几何原本》，在我国，谁第一个将欧氏几何前六卷翻译过来的.这要从明代大科学家徐光启说起.

徐 光 启（1562—1633）（图 3-30）字子先，号玄扈，吴淞（今上海市徐家汇）人，青少年时期家贫，曾"栽柳烧炭"，7 次应考，19 岁考上秀才，35 岁时以第一名中举，42 岁考中进士.曾任礼部尚书翰林学士，晚年位至文渊阁大学士.徐光启生活俭朴，为官清廉，明史记载他"盖棺之日，囊无余资".他一生读书勤奋，治学严谨，70 岁高龄时还亲自去天文台实测.有一次不慎失足坠倒台下，伤了腰膝，以至"不能动履"，仍坚持观测.

图 3-30　徐光启与利玛窦

徐光启和意大利耶稣会会长、传教士利玛窦（Ricci Matteo，

[①]徐品方编著，数学诗歌题解，北京：中国青年出版社，1997 年，第 1,4,7,9,11,……,113 等页诗词题.

1552—1610)首次合译《几何原本》前六卷,利口授徐笔录.因徐不懂拉丁文,又无对照的中外文词表可循,许多译名都是从无到有,边译边创造.先由利玛窦用中文逐字逐句口头翻译,徐光启后用笔抄录下来.每天晚上徐坐在灯烛下,再字斟句酌地作一番推敲、修改,然后由利再对照原著进行核查,不妥的地方,重新修改,如此反复数次,直到满意为止.

徐光启确定译文,借用我国古代用语,并从词义、音译及概念本身考虑,精心研究,多方揣摩,煞费苦心,使译文通俗易懂,意明理通,错误很少.许多译名十分贴切,不但我国沿用至今,并且还影响了日本、朝鲜等国.如点、直线、平行线、角、三角形、四边形……等名词都是由本书首次决定下流传至今,只有少数名词是后来改定的,如今的"等边三角形"、"比例"当时译为"平边三角形"、"有理比例"等.

"几何"一词,欧氏书名《原本》中没有这个词,是徐光启翻译时创用的.为什么加"几何"二字呢?传说很多,如有一种传说:徐光启先考虑用"形学"这个名称,后来觉得不好,才又从发音、原意考虑,一连想了十多个音似的汉字,都不十分贴切.一天,他忽然想到东汉末年(220年前)一句古诗:"河汉清且浅,相去复几许".猛然间他由"几许"想到"几何",于是创造性地译书名为《几何原本》,使这一本书流芳古今.

传说是不可靠的,目前没有史料支持此传说.我们知道,《欧几里得原本》译文的原著书名为"*Euclid Elementorum Libri XV*","Elementorum"意为要素或元素.传说"几何"是"Geo"的译音也是错的.事实上,我国古算《九章算术》、《数书九章》中的题目最后都问"……几何".徐光启会想到"几何"一词的,再说,徐光启也说过《几何原本》"是书为用更大矣,他(利玛窦)所说几何诸家,借此为用,略具其自."又出现"几何"二字;利玛窦也认为"原本者明几何之所以然,凡为其说者无不由此出也"大意说《几何原本》是几何学之根本,学习几何学的人无不由此书开始.因此,李迪教授认为:

"由上面的分析可知(此未摘录完),《几何原本》是几何学的原本之书."所以,我国把"Geometrize 或 Geomety"译为几何学完全正确.亦即徐光启等译为"几何原本"是正确,"几何"二字源于古算和这本书的内容,这是有史料记载的.

尽管传说不真,但至少证明一个事实,徐光启译书是很认真、辛苦的,仔细斟酌、推敲,多次修改、润色,付出了艰苦劳动.

我们后辈,谁又能知晓徐光启前无先例,别无依傍,筚路蓝楼,以启山林.为了一个名词术语,精心考虑,多方推敲,用心良苦,这正是"梅花香自苦寒来".

徐光启和利玛窦虽然只译完《原本》前六卷,但欧氏几何大厦的基础和框架已显端倪.欧氏几何演绎推理的证明方法,与中国古算不同,因而得到徐光启、李之藻等人的推崇,徐光启在"几何原本杂议"中给了许多很高评价语,如"此书为益,能令学理者去其浮气,炼其精心;学事者资其定法,发其巧思,故举世无一人不当学.……",又说"窃百年之后,必人人习之".

《几何原本》刊行后,虽未能达到"人人习之"的地步,但它的精华部分,已成为中学生学习内容,对中国后来产生了较大影响.

此外,徐光启在发展农业、兴修水利、修改历法方面也有相当的贡献.

3. 历算第一名家梅文鼎与数学世家

清代数学家、天文学家梅文鼎(图3-31)(1633—1721)字定九,号勿庵,安徽宣城人.出身于知识分子家庭.自幼随不愿为官的父亲在江南山村里过着"隐居"生活.9 岁能熟诵五经,14 岁中秀才,但多次考举人不中,终身未曾做过一官半职.他学习勤奋,治学严谨,终身致力于研究阐发西方传入的天文历法和数学,同时发扬中华数学的传统,融古今中外于一炉,可以说是承先启后的一位关键性人物.有"历算第一家"的美称.正如我国数学史家严敦杰(1917—1988)说:"在 17 至 18 世纪我国数学研究,主要为安徽学

图 3-31　梅文鼎

派所掌握,而梅氏家族为中坚部分.因此,他创立了"安徽数学学派",对整个清代的学术思想都产生了一定的影响.

梅文鼎的一生,著述颇丰,天文、数学达 70 多种,数学内容涉及算术、代数、几何、三角.如《笔算》、《方程论》、《几何补编》、《平三角举要》等 19 种 53 卷.其著作不仅能对传入的西方数学进行系统整理、编排和重述,而且还能有所阐发和增补,有的是《几何原本》中未述及的.

梅文鼎贡献很多,扼要简介:

(1)整理研究古代数学,使之承传发扬.

(2)融中西数学于一炉.

(3)对一些初等数学有独到创见(例略).

(4)在数学教育方面,他热爱数学教育,自编教材,设馆办学,教授历算,培养了一大批人才,形成学派,其影响达一百多年.

①教育目的明确.使古代数学得到继承和发扬.

②教学方法上.他提出"学问贵相长";循循善诱;有一套好教材;言传身教.

(5)治学态度严谨.他读书如痴如呆,他每得一书皆为正其讹缺,指其得失,残编散帖,手自抄集,一字异同,不敢忽过,再三推求.难懂之书,往往废寝忘食,坚持彻底弄懂为止.

(6)可贵的数学思想.①对数学理论与实践的关系,他认为数学理论来源于实践,是放之四海而皆准的真理.②数学应当分科.③重视逻辑推理.④追求事物内在原因和规律.⑤贯通古今,融冶中西数学的学术思想.

梅文鼎的学识深得康熙皇帝的称赞,曾召见他,并赐御幅"绩学参微",他未向皇帝要官做.梅文鼎去世后,康熙帝还过问过他的丧事.

以梅文鼎为代表的梅氏家庭,精通数学、天文的人才迭出.如两个弟弟文鼐(音耐 nāi)、文鼏(音密 mì,1641—?);一个儿子以燕(1654—1705);二个孙子瑴(音决 jué)成、玕(音干 gān);五个曾孙:玢(音分 fēn)等.祖孙四代相连,成为世界上少有的数学世家,堪与祖冲之和瑞士伯努利(Bernoulli)家族媲美.

4. 数学翻译家李善兰和华蘅芳[①]

(1)李善兰.李善兰(1811—1882)(图 3 – 32),原名心兰,字竞芳,号秋级,别号壬叔,浙江海宁县硖石镇人.出身于世代书香门第.他 10 岁读《九章算术》,15 岁读《几何原本》,并能弄通其中的意义.他到杭州应试时,得到李冶《测圆海镜》等数学书,经过深入的独立思考,认为"割圆法"不是自然形成的,其中有深奥道理.从此他对待许多数学问题都深入思考分析,不断有研究心得.在 30 岁以前,他"仰承汉唐",吸收了以《九章》为代表的传统数学知识.他的善于自学和勤于思考加深了他对数学

图 3 – 32　李善兰

的理解,为他以后的研究和创造,奠定了深厚的基础.

19 世纪 40 年代,李善兰主要在家乡从事历法和数学研究,积极著书立说,著有《四元解》等 13 种 24 卷.

①详见陈德华、徐品方著,中国古算家成就与治学思想,昆明:云南大学出版社,2007 年.

从 1852 年起,李善兰到上海,有 8 年时间同英国人伟烈亚力(Alexander Wylie,1815—1887)等合作翻译《几何原本》后九卷以及西方天文、力学和植物学等作,为中国开辟和发展近代自然科学的研究奠定了基础.

1868 年李善兰经人推荐,被征入北京任同文馆算学总教习(相当于今的教授),从此完全投入数学教育和翻译与研究工作,直至去世. 他先后培养学生一百余人,其中不少人后来成为名家学者.

李善兰的数学成就,集中表现在尖锥术、垛积术和数根(素数)术等方面,创造了传统数学的新水平,同时他还兼收并蓄,"荟萃中外",自成一家之言,在微积分、递归函数、组合数学、数论与级数等领域内颇有见地,颇多独创,他的缜密思考和精辟的论述影响了当时一代人. 他的著作成为当时数学家的必读书.

他的数学成果中,还有以他的名字命名的数学定理、公式,如组合数学中闻名中外的"李善兰恒等式",垛积术里的"李善兰数"和"李氏多项式三角形"等. 这是以其名字命名的少数中国人之一.

李善兰在 61 岁时发表了"考数根法"的论文,提出了"数根"(素数)的判定定理,即判别一个自然数是否是素数的方法,今人称为"李善兰定理". 这是我国最早的一篇研究素数的论文,论文中证明了费马(P. De Fermat,1601—1665)小定理,并指出其逆定理不成立.

李善兰翻译的著作很多,如《代微积拾级》(中国第一部微积分学的译本)、《几何原本》后九卷(4 年译完,至此相隔一百五十余年的《原本》全译完)、《代数》、《代数几何》(即今《解析几何》)等. 他与徐光启一样不懂外文,先由外国人口译,他笔受后整理而成.

李善兰在翻译中采用中西结合的方法处理新的数学符号,数字用汉字一、二……而不用阿拉伯数字,26 个拉丁字母用甲、乙、丙……等十干和子、丑、寅……等十二支,加上天、地、人、物四元素来表示,大写字母 A、B……写成呷、叺……希腊文 28 个字母,一般用角、亢、氐、房等 28 宿名代替，引入了 ×、÷、( )、$\sqrt{\ }$ 、=、＞、＜等符号，但加号"＋"与减号"－"译为"⊥"、"⊤"，以避免同汉数字 十、一 相混淆. 他把分母记在分数线上，分子记在分数线下，与今颠倒. 圆周率符号 π 译作"周"，自然对数底 e 译作"讷"（讷皮尔）. 李善兰用"微"的偏旁"彳"表微分，用积的偏旁"禾"表积分.

如现代微分式 $dz = \sqrt{dx^2 + dy^2}$ 译成 彳人 ＝ $\sqrt{彳天^{二} ⊥ 彳地^{二}}$；

积分 $\int \dfrac{dx}{a+x} = \ln(a+x) + c$ 译为 禾 $\dfrac{甲 ⊥ 天}{彳天}$ ＝（甲⊥天）对⊥吶.

由此可见，李善兰的翻译虽采用了新的思想，但书写等仍保留了传统的形式，上述光怪陆离的符号，令人遗憾，乃美中不足.

李善兰在翻译中，除徐光启创用的 60 多个名词术语外，他还创造了一批贴切的汉语数学名词，如今天我们经常用到代数、常数、函数、渐近线等近 70 多个名词，都沿用至今，有许多还流传到日本. 这批译名受到后世学者的好评.

李善兰十几岁就能写诗文，青少年时代写诗二百余首，至老仍爱好诗词. 他的诗中记录了清政府的腐败、英军的暴行和人民遭受的深重灾难，痛斥民族败类的罪行. 这些诗篇产生了一定影响；国力衰弱、生灵涂炭的惨剧震动了他，使他走上了爱国的道路.

李善兰轶事多，如一则说：他对事业忠心耿耿，从不苟且偷安，在新婚之夜，突然失踪，宾客惊愕，家人到处寻找，才发现他在二楼猫着身子、头探窗外观测他一生一天未间断天象观测. "洞房失踪"至今仍在家乡传为佳话. 另一则说，英国牛津大学招生，只要解出这一道数学难题，奖 100 英镑（相当清朝 500 块银圆），免试入学，竟无一人解出. 校方又延长一月交卷，奖金增加 50 英镑，仍没有交卷. 在华一位英国人告之李善兰. 李善兰看了题目，很快解出，并译刊

图 3-33　华蘅芳

在《格致汇编》上. 引起英人震惊,这事成为中英数坛佳闻,长我民族志气.

(2)华蘅芳. 华蘅芳(1833—1902)(图 3-33)字诺汀,江苏常州金匮县(今无锡市)人,是一位自学成才的清代数学家、翻译家和教育家. 他生于官宦之家. 7 岁开始读书,酷爱数学,14 岁读完程大位的《算法统宗》. 其父见他喜爱数学,专为他购买《九章算术》、《孙子算经》等古算书. 华蘅芳天资聪慧,刻苦自学,无师自通,20 岁以前打好了深广的基础.

华在自学和探索的道路上遇到了两位长友同乡徐寿和李善兰,在他们诱导和启发下,自学西方传入高等数学. 自学是艰苦的,他初读几页,艰深难懂,"不得其意之外"、"不知其语云耳". 但他锲而不舍地反复研读,终于豁然通达,他写道"譬如傍晚之星,初见一点,旋见数点,又见数十点、数百点,以致灿然布满天空."

1868 年他在上海江南制造局翻译馆工作,主要从事数学和地质方面的翻译与研究,后二十多年主要从事教育工作,在普及和人才培养殊多贡献,成为深孚众望的一代学者.

华蘅芳从事数学研究,著述颇多,如《开方别术》、《数根术解》、《积教术》等 10 种算书.

他的翻译工作和李善兰一样,也是外国人口译,他笔录、审定. 他居沪约 40 年,20 年译书,共刊行 10 余种 170 多卷. 如《决凝数学》(即概率论)是我国编译的第一部概率论. 他的译著在内容上比李善兰更加丰富,文字也明白晓畅,如现存译本《合数术》亲笔定稿本,蝇头小楷字迹工整. 在清末传播西方科学知识方面作出了很大贡献.

华蘅芳译著继承了李善兰首译所创用的数学名词与数学符号,而又有创新的如:有理、无理、根式、移项、无穷级数等,概率名词有大数、相关、指望(期望)等.

华蘅芳十分重视数学教育研究的学者. 如对课堂教学,他强调循序渐进,"由浅入深,诱掖而引进之";在数学解题教学中,他指出:解题要随机应变,不能"执一而论",死记硬背为"呆法","题目一变即无所用之矣"，须"兼综合法"以解之，方可有效．此外，他主张讲清"未能之事与不能之事"．教法要"坦白以示人"，"惟使人易明"等．

第六节　中外文明古国的数学比较

在本章结束前，根据前面三章介绍，首先简要比较归纳一下中外文明古国(中国、希腊和印度)的数学．据李迪先生小结说[①]：巴比伦、埃及早期的某些数学成果高于同时代的中国，但持续的时间较短，只相当于中国的石器时代晚期到夏代的 2 千多年间．希腊数学发达于公元前 7 世纪，结束于公元 4 世纪，不超过 1100 年，相当于中国的春秋到西晋时期，正是中国数学光辉灿烂的阶段(中国数学直到明代的 14 世纪中叶开始衰微，前后约二千余年的昌盛)．这阶段中国数学在代数和算术上超过希腊，几何则差于希腊．希腊有三角学，中国则相应的有重差术(相当于三角测量术[②])．

其次，根据前面三章介绍，重点比较古代的中国、希腊和印度三个地区的数学：

(1)从社会政治、文化背景来看研究数学的思想方法．古希腊的雅典、斯巴达城邦实行奴隶主民主政治(与皇帝君王独裁不同)，由男性奴隶主组成的民众大会制定法律、祭祀、理财和军事等，但奴隶、妇女和外来人不能享受民主权利．当时奴隶主民主政治往往需要用理由说服对方，于是学术上的辩论风气较浓．为了证明自己坚持的是真理，就需要证明．于是，希腊学术不仅要解决真理"是什么"，还要回答"为什么"．这种唯理论的学术风气很盛，他们从初始概念和公理出发，形成了演绎体系的论证数学．后人把用公理化体系表达科(数)学真理的方法，称为"理性思维的一种最高形式"．

①李迪，中国数学通史，上古到五代卷，南京：江苏教育出版社，1997 年，第 407 页．
②徐品言译注，白话九章算术，成都 2 时代出版社，2002 年版，第 5、366—367 页．

所以,从研究数学思想方法来看,希腊重于理论,善于使用形式逻辑,如《几何原本》为典型代表.

中国在春秋战国时期(公元前 770—前 221)也有百家争鸣学术风气,是知识分子自由表达见解的黄金年代.但中国实行君王独裁统治制度(不像希腊).其学术核心课题是帮助君王统治臣民、管理国家.在这种政治环境下,中国古代数学多半是"管理数学".目的为丈量田亩、兴修水利、分配劳力、计算税收、运输粮食等国家管理的实用目标.因此,中国古代数学较早进入官府,理论探讨退居其次,不要求较多的"性质"问题,而仅仅是要数字结果,于是把几何问题局限于求面积、体积和勾股定理的应用,完全转化为数字计算,就是刘徽高水平的理论研究也未能跳出追求数字结果的圈子,直到南宋数学发展高峰时期,也存在这类问题,如《数书九章》(1247 年).

所以,从研究数学思想方法来看,中国则偏于实用,理论较弱,也未在数学研究中充分使用形式逻辑,如《九章算术》为典型代表.

尽管如此,应该指出,《几何原本》和《九章算术》分别在西方和东方产生广泛影响,东西辉映,功不可没.

古印度约在公元前 273—公元 232 年形成第一个统一的奴隶制国家,等级森严,佛教极盛.古印度数学的发展始终与宗教、天文学密切相关,数学文献与宗教、天文学混杂在一起,比希腊、中国起步晚,大约从公元 1 世纪到 7 世纪,特别六、七世纪发展较快,主要工作在三角和代数学方面,包括零在内的十个数字与计算法.

所以,从研究数学思想方法来看,印度注重发展实用的方法,不追求形式逻辑上的严格证明.

三个地区从继承关系来看,希腊数学吸收了古埃及和巴比伦的成果(如采用巴比伦 60 进位制),有些工作又传到了印度.希腊的三角等对印度产生了极大的影响.这些数学成果以及中国数学又直接或间接对阿拉伯发展起促进作用.

(2)从内容上,古希腊数学以定性为主,以几何研究为中心;中国数学则以定量为主,以算法研究为中心.印度数学长于计算,与中国类似,算术与代数长于几何学,没有像希腊几何出色.

(3)希腊数学不是用来解决实际问题的,他们研究的课题都是离开具体应用对象的相当抽象的性质,坚持概念必须明确,必须无矛盾;相反,中国古代数学重视实际应用,并在用中发展,离开实际应用的纯理论在中国未占主流.但不能错误认为中国数学没有理论,中国数学是有理论的(如定义、公式、定理与推理等).古印度与中国相似.

(4)从形式上,希腊数学都包括命题的证明,坚持符合逻辑的演绎推理,建立完备的公理体系,这是很大特色;与此不同,中国传统数学的特色是构造性、计算性和机械化.中国古代数学著作则采取应用问题集的形式,用术文进行推理演绎.古印度数学多半是经验的,很少给出证明和推理.

总之,中国古算特征正如有人总结说,是算法精神,着重算法的概括,不讲究命题的形式推导.所谓"算法",不只是单纯的计算,而是为了解决一类实际或科学问题而概括起来的,带一般性的计算方法.

(5)希腊人坚持几何图形必须是存在的,因而强调只有用尺规作图得出才是可信的;而中国和印度古算不够重视几何作图.

(6)古代中国和古印度数学属于天文学,数学是天文学的"侍女",印度数学还与宗教、天文学文献混杂在一起;希腊数学则独立存在.

(7)印度三角学属于算术,其发展晚于其他学科;希腊三角具有几何性质;中国三角学在西算输入前只有零星知识.在此之后,西方数学传入后,获得迅速发展.

(8)希腊数学和中国古代数学还有一个显著不同:一些曾困扰过希腊人的悖论并没有困扰中国数学家.印度情况不清.

(9)古印度数学教养几乎属于僧侣;而中国、希腊对任何人是敞开大门的.

(10)中国与印度人曾用诗歌形式表达一些数学问题,语言含糊而且神秘、有趣;希腊人则致力于表达清楚和逻辑性.

第四章　算术与代数

代数是数学中最古老的分支之一,它起源于算术,是由算术推广发展的一门基础性学科.

第一节　从算术到代数的发展

在人类发展的历史长河中,首先认识的是具体的数量(简称量),如两只手、三头牛等,经过漫长的发展阶段,才离开了具体的量,第一次抽象出一般的数,如 1、2、3、$\frac{1}{3}$、$\frac{1}{5}$ 等,因此量是具体的,数是抽象的.所以人类从量到数的认识的第一次飞跃产生了算术.

算术是研究数及数集上的运算的数学分支学科.它的主要内容有数的概念、计算方法、计算工具、各种数的运算、数集的公理结构及数的性质及其解答有关简单的应用题.研究整数的性质后来发展为初等数论或古典数论.

"算术"一词来自希腊文 $\alpha\rho\tau\theta\eta\tau\kappa\nu$,原来的意义是"数(shù)和数数(shǔ shù)的技术或学问".算术是数学的"起点"之一,数的概念的产生发展及其初步算术运算的形成可逆溯到史前时期.

从本书第一章已知巴比伦和埃及公元前 30 世纪到公元前 20 世纪就产生了简单的算术知识.古希腊人最早正式提出"算术"学科(实质是初等数论),他们的成果主要在公理方法和几何学方面,算术侧重于初等数论,数的运算、计算方法的成果甚少,如欧氏几何或丢番图《算术》都是如此.在欧氏几何第九卷的命题 20 中,还提出了著名的"算术基本定理"(任何一个大于 1 的自然数都可以分解成若干个质因数的连乘积,若不考虑因数顺序,分解是唯一的).1801年德国的高斯重新提出此定理,并作出了证明.

与希腊人不同的中国古代算术,指的是整个数学,特别重视数的运算、计算方法的研究,甚至几何问题也转化为数的计算问题,如《九章算术》是典型代表,它对算术做了全面的发展.

我国古代"算术"一词,至少在汉代已经通行,如《前汉书·律历志》中有"其法在算术,宜于天下".但正式使用这一术语的是《九章算术》.

因此,我国古代"算术"一词是现今数学的总称.后来才被"算学"或"数学"所代替,而算术却作为数学一个分支而被保留下来.

印度也是很早产生算术的国家,9世纪印度数学传入阿拉伯,12世纪传入欧洲,促进了欧洲算术的发展.

公元7世纪,古希腊数学发展中断,欧洲处于"黑暗时代",算术出现大幅度的倒退,只有中国算术不断发展.原因是古希腊的计算不发达,欧洲罗马与希腊等使用笨拙、繁杂的记数符号和非十进位制等原因,限制了算术发展,直到12世纪,印度-阿拉伯数字传入欧洲,才使欧洲人从繁杂的计算解放出来,算术得到新的发展.

欧洲文艺复兴(15—17世纪),人们才把数的理论及其运算作为算术学科的内容.随后,算术的公理体系(指确定自然数及其加法、乘法的原理的公理体系)这个难题才被人开始研究,直到19世纪,德国数学家格拉斯曼(H. G. Grassmann,1809—1877)才获得初步成功,成为发现公理体系的先导.意大利数学家皮亚诺(G. Peano,1858—1932)于1889年完整地提出了自然数性质的公理,亦即"自然数公理"或"皮亚诺公理",对"理论算术"作出了贡献.与此同时,随着从算术到代数的飞跃,数系的不断扩充,人们才展开了数学基础性的诸多方面的研究,并取得了许多重要成果.

至此,人们才深刻认识到,关于自然数及其性质的研究正处在一个新的起点上,算术又成为我们对数学新一层次研究的起点.

对于计算的方法和工具(从原始的实物如手指、小石、结绳计数,发展到筹算与珠算甚至笔算)的研究,和后来计算机不断深入发展(由手摇机械式→电动式→电子计算机)计数进程加快了,而且对运算性质及本质的研究也成为计算机科学的不可缺少的分支. 对于计算方法,由于计算机的发展,由原来分散在各个数学分支中的计算方法综合起来,诞生了一门兼具基础、应用的边缘性的计算数学(主要研究数值计算方法的设计、分析和有关的理论基础与软件实施问题).

因此现代算术为计算机的使用和发展提供了重要的理论基础.

第二节 代 数 学

由于人们生活、生产和科学技术以及数学本身的需要,第一次抽象出来的数还不够,如要表示数量关系的一般规律,用数就难于表达. 这就必须引起数学史上的第二次抽象,即用字母表示已知数或未知数. 字母的引入就产生了代数. 因此,代数学是在算术的基础上产生而发展起来的. 代数学的发展大致可分为初等代数和高等代数(后来还有抽象代数)两个阶段.

一、初等代数

初等代数又叫古典代数,它是以字母代表数,并以数的运算规律为依据进行数、字母及字母间表达式间的运算.

"代数"的英文名称"algebra"来源于约 825 年,阿拉伯数学家阿尔·花拉子米的著作. 该书名为"iln al-jabr wal muquabalah",原意是"还原与对消的科学",约 1140 年这本书的译文传到欧洲后,简译为 algebra,终成了代数学的专有名称了. 清初曾传入中国两卷无作者的代数学书,是我国李善兰和伟烈亚力于 1803 年合译的,译名为"阿尔热巴拉新法",后改译为"代数学".

从算术到代数的第二次飞跃是通过代数符号的引进而实现

的. 人们在长期的实践中,认识到没有符号的数学理论的发展是缓慢的,数学(包含代数)符号是数学的特殊文字,数学的概念、运算、关系和推理,若全用文字叙述是不可思议的,若通过符号参与叙述,可使数学思维过程更加准确、概括、简明和更容易揭示研究对象的本质,这是代数学的特征之一. 因此,数学符号是很重要的,没有数学符号,数学就不能得到飞速发展.[①]

德国数学史家内塞尔曼(G. H. F. Nesselmann, 1811—1881)在《希腊代数学》中,把代数发展的历程分为三个时期:

(1)文字代数. 即完全用文字而不用符号叙述. 如在丢番图以前的代数都是文字(文词)叙述代数,花拉子米和我国古算等都是用语言文字叙述与解答问题的,使用起来很不方便.

(2)简字代数(亦称半符号代数). 它指用缩写文字. 如巴比伦用特殊的字 igi, igibi 来表示"互为倒数的两数". 丢番图和印度数学家也都使用过一些缩写文字和记号,如丢番图"ἴσ"它是"ἴσos"(相等)的缩写表示等号,12 世纪欧洲的代数文献中曾用 $\overline{P}$ 和 $\overline{M}$ 表示"加"和"减",到 15 世纪末,才用"＋"和"－"代替. 我国古代用"天"表示未知数或用"太"表示方程的常数. 但因这些简字代数不系统,没有被后人采用.

(3)符号代数. 经过千多年漫长、曲折的实践,到了 16 世纪,符号代数最终由法国数学家韦达完成,他的《分析入门》一书被西方数学史家推崇为第一部符号代数学. 他自觉地、系统地创用了一套抽象字母代替具体数字,如他用元音(又叫母音字母)$A, E, I, U,$ $Y(a, e, i, o, u, y)$ 表示未知数,用辅音(又叫子音)字母 $B, C,$ $D, \cdots(b, c, d \cdots)$ 代表已知数,把"A 的二次"写成 A^2;如用"$1C +$ $30Q + 40N$ quatur 1560"表示今天的 $x^3 + 30x^2 + 40x = 1560$. 后来经过生于比利时的斯蒂文(S. Stevin, 1548—1620)、英国的哈里奥特(T. Harriot, 1560—1621)等数学家的改进,最后由法国的笛

---

①详见徐品方、张红著,数学符号史,北京:科学出版社,2006 年.

卡儿(R. Descartes,1596—1650)等数学家完成了与现代写法一致的符号代数,这中间又经过几百年的演变.

后来的近现代数学的发展中则保持了这样一个特点:即引入一种新的数学概念和数学关系的同时,一定要引入表示它们的符号.

二、高等代数

初等代数的发展,研究对象进一步扩大,初等代数也由低级到高级,由初等代数发展到高等代数(如行列式、矩阵、多项式等)以及 20 世纪诞生的抽象代数(即近世代数).它研究具有某些性质的代数结构以及许多分支.这时的代数学的内容更加抽象了,引进了与通常的数很不相同的量,这些量具有和数相类似的运算特点,运算和研究的方法更加繁复了.它涉及内容有群、环、域、格等最基本的代数系.由于中学不讲,这里只简介上述一点.

三、算术与代数的区别

算术与代数是不同的,正如韦达明确指出,算术是"数的算术",它所研究的内容是具体的正整数、零和正分数相互间的四则运算,以及和这类计算有关的具体的简单应用题;而韦达说代数是"类的算术",即指施行于事物的类和形式的运算,换句话说,代数不但研究"数的算术"而且讨论如实数、复数等数系.因此,代数更带有普遍性,形式更加抽象,应用更加广泛的一门数学重要分支.

初等代数与高等代数也有区别,前者主要研究字母运算规律及其代数方程;后者主要研究多项式和代数方程根的性质等.

第四章　算术与代数

第三节　数系的发展史简介

数是数学的重要概念,是在生活和生产以及计数的需要产生发展起来的. 正如英国哲学家、数学家罗素(B. Russell,1872—1970)曾说过:"不知道要经过多少年,人类才发现一对锦鸡和两天同是数字 2 的例子". 这说明由具体量产生抽象的数的历史是多么漫长. 其实,我们人类认识数首先是自然数,是分数(小数)和零,然后是负数、无理数、虚数等数系. 新数的产生和数系的每次扩充,都有其难产的漫长历史和动人的故事. 本节就介绍数系发展的曲折历史.

一、自然数

远古人类长期分群居住在一起,共同的生活与生产以及长期的狩猎与分配过程中,逐渐产生了"有"和"无"的朦胧概念,再从"有"中分离出"多"与"少"的模糊量词. 因此,自然数就在千万次的实践中诞生.

有一首歌谣说:"一二三四五六七,世上无人不熟悉,再加一个便是八,如此下去永无涯". 的确,没有人不知道自然数,而且也知道它是无限(穷)的. 自然数是怎样产生呢?

一般人认为:原始人在用匹配法(今叫——对应法)计数及考察刻画一类事物的顺序时产生了自然数的概念. 在自然数概念产生的同时也逐渐产生了自然数的四则运算方法.

可是,严谨的自然数理论却到了 19 世纪才建立起来,并给出定义(略).[①]

---

①徐品方编著,初中数学定理多证,定义多解,北京:学苑出版社,1998 年,第 294—295 页.

最后谈谈约从 2000 年开始,初中代数课本为什么把 0 作为一个自然数,为什么呢?

从自然数的功能看:人类最早用来描述周围世界的"数量关系",一开始有三个基本功能:

一是用来刻画某一类"东西"有多少?用现代数学语言来说,即描述一个有限集的基数.

二是刻画一类事物的顺序.如第一、第二……,用现代数语言说,描述一个有限集合元素的"顺序"性质.

三是运算功能.自然数可以作加法和乘法运算,进而建立有理数、实数及其运算.

因此,把 0 加入传统的自然数集合,新自然数集,依然保持原来自然数集拥有的"顺序"性质以及特殊运算性质,对加法、乘法法则依旧保持,运算是封闭的.再说,"空集"表示没有元素,相当于基数是"零".但是空集与数 0 是不能等同,是两个不同的概念.

二、分数与小数

随着社会的发展,分配与更精确丈量土地和数学本身的需要,自然数已经不够用了,随之产生了分数.数的概念由自然数扩张到正有理数.

巴比伦的泥板书采用 60 进分数,古埃及的纸草书中采用繁难的单分子分数(指分子化为 1 的分数)如 $\frac{2}{13} = \frac{1}{8} + \frac{1}{52} + \frac{1}{104}$. 后来的阿默士(Ahmes,约公元前 1700)在自然数上加一点表示分数,如上例 $\frac{2}{13}$ 写成 $\overset{\cdot\cdot}{8}$、$\overset{\cdot}{52}$、$\overset{\cdot}{104}$. 惟有中国的《考工记》(约公元前 3 世纪)、《周髀算经》、《九章算术》等著作中,有最早、最系统、最完整的分数概念、运算法则及其记法,比欧洲大约早 1400 年,内容在前面几章已介绍了.

第四章 算术与代数

希腊人的分数用专门字母表示,如用"L"表示 $\frac{1}{2}$,按其记法 rL″表示 $3\frac{1}{2}$,……

在印度,系统地介绍分数的著作至迟在公元 7 世纪初才出现,如在巴哈沙利桦树皮残简中将 $\frac{1}{3}$ 写成 $1\frac{1}{3}$,$1\frac{1}{3}$ 写成 $1\,\underset{3}{1}$;而婆什迦罗将

$3+\dfrac{1}{5}+\dfrac{1}{3}$ 写作 $\begin{array}{ccc} 3 & 1 & 1 \\ 1 & 5 & 3 \end{array}$ 通分后变成 $\begin{array}{ccc} 45 & 3 & 5 \\ 15 & 15 & 15 \end{array}$,可能是承袭中国方法.

一般人认为,真正最早首次使用现代意义下的分数线的是 1175 年的阿拉伯数学家阿尔哈萨(Al-Hassˆar),又译为海塞尔,这名字是"计算者"之意,他在著作中将 $\dfrac{322}{589}$ 写成 $\dfrac{2+\dfrac{3+\dfrac{3}{5}}{8}}{9}$,这种分数后世称为繁分数.这里他最早首次创用分数线.

欧洲人由于长期使用笨拙、繁杂的记数符号(如罗马数字一个简单数用罗马数要写成一长串冗繁的符号)等,并将分数化为单分子分数,结果使欧洲人长期惧怕整数与分数的四则运算.在印度-阿拉伯数字传入的公元 12—16 世纪以前,阻碍了他们的算术四则运算的发展.如公元 7 世纪,俄国数学家阿拉尼在《算术习题课本》书中给出 8 个分数相加的习题,就被人们认为他们的知识达到最高水平.当时英国学者修士倍达说:"世界上有很多难做的事,但是,没有比算术四则再难了".当时能懂算术四则运算(含分数)便可称为学者了.

惧怕分数直到 18 世纪仍心有余悸,如 1735 年,英国一本算术教科书作者讲了这样一段话:"我们把通常称为分数的破碎数的运算规则单独叙述,部分学生看到这些分数时,灰心到不愿学习,他

们叫嚷说'不要再往下讲了！'".德文有一条谚语"掉到分数里去"形容一个人已陷入绝境,束手待毙之意.

欧洲在 15 世纪以后,一些数学家引用印度-阿拉伯数字以后,他们才从冗繁中得到简化,逐渐形成现代分数与算法,但仍有很大区别,如德国的路多尔夫(C. Rudolff,约 1500—1545)计算 $\frac{2}{3}+\frac{3}{4}$ 时,写成如下形式

$$\frac{\dfrac{8}{2}\ \ \dfrac{9}{3}}{\dfrac{3}{3}+\dfrac{3}{4}}\quad 得\quad \frac{17}{12}.$$

到了 18 世纪末,才完全与现代分数一致.

现代的小数,古称十进分数或十进小数,形式如 $26.753=26+\frac{7}{10}+\frac{5}{100}+\frac{3}{100}$.世界各民族都是先知道正整数和分数以后,很晚才发现十进小数和数零.

我国是世界上最早认识、应用小数的文明国家.如刘徽注《九章》(约 263 年)的"少广"章中"开方术"(见前面第三章).南宋秦九韶《数书九章》(1247 年)中用"寸"表示小数点,如 6.35 写成 〒三Ⅲ寸.元代刘瑾著《律吕成书》(约 1300 年)用低一格表示小数的记法,如 106368.6312 写成 ┃□⊥Ⅲ⊥ＴＴＴ⊥Ⅲ－Ⅱ 万千百十忽千百十分,这是世界上最早的小数表示法.

印度、阿拉伯受中国数学影响,也有类似情形.

阿拉伯数学家阿尔·卡西(Al-Kashi,？—1429)是世界上除中国外第一个系统应用十进分数的人,他在 1427 年《算术之钥》中使用了十进分数,并且给出小数的运算法则.

德国的路多尔夫于 1525 年成为欧洲最早使用十进小数的人,并且用一竖把整数和小数隔开(阿尔·卡西也做过),如 6.789 写

成 $\dfrac{\text{整数} \quad | \quad \text{小数}}{6 \quad | \quad 789}$.

半个世纪后的 1585 年,比利时工程师斯蒂文(S. Stevin, 1548—1620)在《十进小数》书中,第一次明确陈述小数理论和记号,提倡用十进小数来书写分数,并创用不很方便的记号表示小数,如 37.675 记作 37⓪6①7②5③或者 $3\dfrac{⓪①②③}{7\ 6\ 7\ 5}$.在他前后也有不少人有类似发明,但因不简便没有被广泛采用.

8 年后的 1593 年,现代意义的小数点诞生了,创立发明人是德国的克拉维斯(C. Clavins,1537—1612),在他的《星盘》(1593年)和《代数学》(1608 年)中用点".."作为整数部分与小数分界的记号,如 39.3651 中的点"."成为世界上一种小数点记号流传至今.

1617 年,对数创始人,英国著名数学家纳皮尔(J. Napier, 1550—1617)在《小数计算法》(1617 年)一书中,用撇(即逗号)","表示小数点,如 39.3651 记为 39,3651,也被一些国家采用.

到 16 世纪,小数理论、运算方法已和现代一致,但小数点的表示至今世界没有统一,被分为两大派:欧洲大陆派(德、法、俄等国)用逗号","作小数点,因为实心圆点用于乘号,而乘号"×"避免用×以防止与字母 x 相混淆.

另一派是英、美派用实心圆点"·"表示小数点,而逗号","用作分节号.

我国采用英美派,用"·".

人称循环小数是几何数列的乔装打扮.关于它与记号出现得比较晚,最早研究者是英国数学家沃里斯(J. Wallis,1616—1703).至于循环小数的一些理论,直到 18、19 世纪才被人加以研究.

三、零的父母

数学家卡鲁斯·保罗(Carus Paul)曾说:"无穷是数学魔术的王国,而零这个魔术师就是国王.当零除以任何数时,不论该数之值多么大,都把该数变成无穷小,反之,当零作为除数①,则又把任何数变成无穷大.在零的领地中,曲可变直,圆可成方.在这里,所有的等级都被废除了,因为零把一切都降到同等水平,在零的统治下,整个王国总是快乐无比"([美]莫里兹《数学家言行录》).

1. 早期的零号

表示零的符号"0",在数学历史上曾被公认为划时代的进步符号,这个符号的发现不仅创造了今日的算术,而且为数的概念的推广铺平了道路,可以说,文化史上,零的发展标志着人类最伟大的成就之一,有了它,人类方从算盘的束缚中解放出来.你曾想否?符号"0"的诞生却经历了漫长的、艰苦的岁月,它的传播曾付出了血的代价.

零作为一个数字并用一个独立的符号来表示,是在自然数和分数产生以后才出现.

零产生的最早国家有巴比伦、玛雅、印度和中国等,他们对零的发展都作出自己的贡献,详见第一章.

古希腊人发明的零号,有两种说法:一种说在公元前 3 世纪希腊草片纸手稿里已有零的记号,如 $\overline{0 \cdot 0}, \overline{0},$ 和 $\overline{0}$;另一种说法是公元二世纪希腊天文学家托勒密(C. Ptolemy,100—170)在《天文学大成》一书中,他用希腊文 ογδεγ(意为此处没有东西或空)的

---

① "零作为除数"是永远不准许的.这里应理解为在极限意义下的意思,即 $\lim\limits_{x \to 0} \dfrac{a}{x}$ 为无穷大$(a \neq 0)$.

字头"0"(小圆圈)表示,这就是世界上第一次用小圆圈来表示零的意思.在他的著作中看到一个数的中间或末尾都用小圆圈"0"表示零,有时也用于表示"空位",没有作为数参加运算,也没有单独使用的情况.

2. 印度和中国的零号

一般人认为,现在用的零号是印度人发明的,并且承认它是一个数,而不仅是空位或一无所有.把零作为数引入运算,这是印度人的一个伟大贡献.

聪明的印度人也曾用空表示零,后来约在公元3、4世纪之际,他们在两数之间加上小点"·"代替.公元876年,印度瓜廖尔的一块碑上出现用小圈"〇"表示零,这是否受了希腊人用小圈表示零的影响尚待考证.

印度人的零号由空演变到点,又由点演变到小圈,是经过漫长岁月的.与此同时,公元8世纪或9世纪印度的一种叫德温那格利数码中,破天荒地第一次出现了呈扁圆形的零号"0".一个伟大的零号从此诞生了,它屹立在印度数码中,后来冲破国界,成为全世界通用零号了.

中国是世界上最早使用十进位值制的国家,中国的零号与世界发展一致,在战国时期(约公元前5世纪)就用"空"表示零了.如6708写成"⊥ ∏ ∭",在"∏"(7)与"∭"(8)之间空一格表示零,个位零也能表示出来,如7630表示"⊥丁三",如唐朝和尚数学家一行《大衍历》(724年)用"空"字表示零,如75°0′写成"七十五度空"等.

我国古书缺字都用□来表示,中国数字的空位自然也选用□来表示.在书写的时候,字体常写成行书或用毛笔画方时,笔顺为

,书写速度快一点,则变成按顺时针方向画成一个圆溜溜的圆圈"〇".用圆圈表示零,最早出现在金朝大明历(公元1180年)

中,如 207 写作"二百〇七",到南宋伟大数学家秦九韶《数书九章》(1247 年)在数学书上首次大量使用〇,如 3076800 记作"||||〇П⊥ΠΠ〇〇".

印度扁圆"0"与中国圆"〇"是不同的. 我国零号绝不是由印度零号来的,中国零号是自己独立发明的. 印度零大约 13 世纪传入我国,那时我国的〇已经使用了一百年,我国并没有采用印度零号,就是在 17 世纪我国翻译西洋数学时,也将"印度-阿拉伯数字"1,2,3,…,9,0 全改为"中国数字"一,二,三,…,九,〇. 直到 19 世纪,印度-阿拉伯数码时,扁圆0才正式登上中国数字殿堂,被广泛采用.

这里值得一提的是,世界科学史巨匠,英国科学史家李约瑟(J. Needham,1900—1995)在《中国科学技术史》第三卷认为:考虑到东南亚各国文化曾受中、印两国重大影响,会不会把中国算盘上给零留着的空换成一个空圆圈呢? 又认为,书写记号"0"的最早发现可能在 7 世纪中、印两个文明古国的边界碑文上,他在书中风趣地说:"也许我们可以冒昧地把这个符号看作是汉代筹算盘的空位上摆上了一个印度花环". 我国有人更形象地比喻说:中国是 0 的父亲,印度是它的母亲.

3. 零的故事和意义

零号的创造和发展是件了不起的大事,它有许多动人故事,它是血和泪的产物. 如罗马法令中曾规定不准在银行、商业中使用 0 和印度-阿拉伯数码. 第一个发现 0 和传播的罗马学者,曾被处以残酷的拶(音搅 zǎn,旧时夹手指的工具)刑,随后入狱,害死于狱中,直到 10 世纪才准用 0.

我国有一位黄漱兰的江苏督学,在主持算学考试时,发现一考生试卷用 1,2,…,9,0,未用中国数字,勃然大怒,斥责他"用夷变夏,心术殊不可问",立即停发他的津贴,最后该生发狂而死.

在历史上,0 的哲学意义曾一度超过了它的数学意义. 恩格斯在《自然辩证法》一书中说,0 比任何一个数的内容都丰富! 究竟什么是 0 呢? 有种种说法,不胜枚举,最后他在该书中给 0 精辟定义,成为初等数学颠扑不破的真理:"0 既不是正数,又不是负数的唯一真正中性数".

0 的功能很多,德国莱布尼茨说:世界是由 0 和 1 组成的. 试看现代化的数字电视信号,脉码只用 0 和 1 来表示. 二进制运算时,0 可以顶半边天. 0 是介于正、负数之间的分界点,没有它,数轴和坐标系统便会黯然失色,数学也就无法跨入高等数学的广阔天地. 在许多领域里,到处都离不开 0,它可以用来观天、测地、标志电位、温度和物理的平衡与动静的状态,有无的分水岭. 在时间的变化中,它是新与旧的交替站,它记录着人们的心血和汗水.

四、负数不荒谬

前面介绍的数系,已从自然数扩充到分数(小数)和零,但生活、生产和数学本身需要,还要扩充到负数、无理数和虚数等. 后面依次介绍.

岁月的风尘淹没了许多科学历史的真相,使后人无从寻觅,负数就是其中一例. 负数的产生与使用、负数概念的形成和确立,经历了漫长的路程,回顾这段曲折的历程,是耐人回味的.

1. 负数的产生与使用并行

数的世界是一个充满神秘威严的"胡夫金字塔",最古老的负数的产生有两种途径:一是人类生活和生产实践的经验,如贸易中的盈利与亏损等;二是数学自身的发展,如 $3-5=-2$,因此,为了解决这些问题,人类不得不创造出一类数——负数. 因此,负数诞生的同时,人类便开始使用负数了.

世界上谁最早与认识负数? 是中国人. 战国时李悝(音魁 kuí,约公元前 455—前 395)在一部有关法律著作《法经》中已有应用负数的光辉实例,著作中出现了"不足"二字,今观之乃负数概念,当然李悝未必懂得这个意义,但却为负数概念的诞生提供了来源.

我国系统地揭示负数这颗璀璨明珠的精彩记载,是《九章算术》(公元前1世纪).正负数四则运算法则与今天一致(见第三章第一节).这是人类历史上最早记载(正负数乘除较晚,1200年才出现).

步中国之后尘,是印度数学家婆罗摩笈多在公元7世纪的著作中有正负数四则运算,但犯了一个错误,认为"零除以零得空无一物即零".500多年后的婆什迦罗在《算法本源》(12世纪)一书中,比较全面地讨论了负数.比我国《九章》迟1100多年.他首次提出了用记号表示负数,即在数码上加小点或小圆圈表示负数,如

$\overset{.}{2}$ 或 $\overset{\circ}{2}$ 表示 -2. 他还正确地使用了负数运算法则:"正数、负数的平方,常为正数;正数的平方根有两个,一正一负;负数无平方根,因为它不是一个平方数."但他在解方程出现负根时,他说:"这里不要第二个数值(负根),因为它不行,人们不赞成负数的解".

在古希腊,首先使用负数的是公元4世纪著名数学家丢番图,但都比我国晚.因此,负数的产生、认识和使用,包括定义和表示中国遥遥领先于世界.

2. 欧洲人的负数之争

尽管中国、印度在一千多年前认识了负数,使用了正负数四则运算法则,可是欧洲以及希腊对负数的认识远不如无理数那样深刻.从欧洲数学发展史来看,无理数概念被他们接受,而负数长期得不到他们的承认,产生犹豫.真理的火焰一直化不开压在他们心头上的冰块,负数被另眼相看.

希腊丢番图一方面应用负数,并给出负数的运算,另一方却拒绝方程的负根.这种两面性的矛盾代表了后来西方世界较为一致

的倾向,这就是说,实践上加以应用,理论上拒绝承认负数是数.

　　西方人不承认负数而且落后于中国一千多年.例如,1484年,法国数学家许凯(N. Chuquet,1445? —1500)在《算术三篇》中出现二次方程的一个负根,他不仅不承认它,而且说它是荒谬的.1544年,德国数学家斯蒂菲尔(M. Stifel,1487—1567)把负数也称为"荒谬",他说:自零减去零上实数所得到的是"无稽的零"如 $0-7=-7$.欧洲第一部圆满论述负数的著作是1545年,意大利数学家卡尔达诺(G. Cardano,1501—1576),在《大术》一书中,他一方面承认方程可以有负根,另一方面又认为它们不可能解,说负数是"假数",仅仅是一些记号,只有正数才是"真数".法国韦达在研究一元高次方程根与系数的关系时,只取方程的正根,若有负根,采取魔术变换令 $x=-y$ 加以清除,舍去负根,使负数消失在黑夜之中.法国笛卡儿也把负数叫"不合理的数".

　　有趣的是,法国阿纳德(A. Arnauld,1612—1694)还举出一个例子反对负数,他说:若承认 $\dfrac{-1}{1}=\dfrac{1}{-1}$,而 $-1<1$,那么较小数与较大数的比,怎能等于较大数与较小数之比呢?这个责难引起一些大数学家赞同,如德国的莱布尼茨.

　　欧洲一些数学家像躲避瘟疫传染般地否认负数存在,连与科学无关的教会也凑热闹地插足其间,横加干预.如18世纪英国教会加盟非难负数,不仅反对负数的存在性,而且还提出抗议,认为比0还小的数是荒谬的,是不可思议的,公开不予承认.需知,教会在当时权力很大,牢牢地统治信徒,包括数学家.

　　因此,从15世纪直到19世纪,他们对一个小小的负数争论达400多年之久,尤其在18世纪达到了高潮,如英国剑桥大学研究员、伦敦皇家学会会员马塞雷(F. B. Maseres,1731—1824)在1759年出版的《专论代数中使用负数》一书中,表明他对负数的认识是模糊的,他认为负数是"十分荒唐",主张把它"从代数里驱逐出去".后来,著名数学家德·摩根(A. De Morgan,1806—1871)在

1831 年《论数学的研究和困难》书中,仍坚持负数与虚数是同样荒谬的观点,而且还举了一个具有"说服力"的例子说:"父亲活 56 岁,他的儿子 29 岁.问什么时候,父亲的岁数将是儿子的 2 倍?"他设 x 时,父年为子年的 2 倍,并列出方程 $56+x=2(29+x)$,解得 $x=-2$.他说这个结果是荒唐的.今天看来,$x=-2$ 可理解为父、子年龄退后两年便是问题的解.

由上可知,至 19 世纪以前,欧洲一些数学家还无法撩开一扇透光的窗子,让负数阳光照射进来.

3. 人类智慧的最后胜利

负数这个幽灵,弄得欧洲一些有灵性的数学才子晕头转向,迷失方向,完全处在混沌之中,一时没有清醒过来,浪费了约 500 年时光,竟没有读懂灿若赤金的负数,实在可惜.当然,应该看到欧洲这片热土,也并不是清一色反对负数的声音,也有思想开放的数学家读懂了负数的美丽,对负数发生兴趣并且也发出了一种时代前进的强音,如第一个给出负数正确解释的是意大利的斐波那契,他在《算盘书》(1202 年)中认为负量是有意义的,可表负债,但也不承认负根.他说:"我将证明这个问题不可能有解,除非承认这个人可以负债".

到了 1572 年,意大利的邦别利(R. Bombelli,1526—1527)在《代数学》一书中正式给出了负数的明确定义,而另一位颇有远见的荷兰数学家基拉德(A. Girard,1595—1632)在《代数新发现》(1629 年)中,第一次提出了代数基本定理,最早指出一元 n 次方程有 n 个根,他用有向线段解释方程的负根,这是欧洲最早承认方程负根的数学家,旗帜鲜明地承认了负数和虚数,同时第一个提出用符号"—"表示负数.从此,负数符号"—"逐渐得到人们的公认,一直沿用至今.

到了 17 世纪,笛卡儿也纠正他过去称负数为"不合理的数"的错误.

最后,经过欧洲几位数学大师进一步研究,从基础上研究负数的存在性,建立了实数的理论基础,使笼罩在负数上的迷雾逐渐散去,俘虏了多少欧洲人心灵的负数,终于牢固地建立了它的逻辑地位.从此,欧洲天空升起了负数之星,永远地为数系天空点缀了一颗璀璨的明星.至此,欧洲人历经 2000 年之久的有关负数存在性、方程有负根的争论终于画上了句号.

五、无理数并非无理

在数学史上关于负数、无理数、虚数等存不存在的争论不少.无理数是 18 世纪以前争论最激烈的重大问题之一.

1. 漫长的认识路

在历史的跑道上,谬误可能有时和真理并驾齐驱甚至领先,但最终必将是陈迹一旦.公元前 5 世纪,毕达哥拉斯学派弟子希帕斯(Hippasus)首先点燃了无理数的认识火种,发现了无理数.可是无理数在当时和后来很长时期,还被一些人认识不清,使人类迟迟不能分享这甘美的"人类智慧之果".

毕氏学派没有给无理数下定义,也没有把无理数当数来处理.公元前 4 世纪希腊的欧克索斯(Eudoxus,约公元前 400—前 347)是一个不承认无理数的人,他引入具有连续性的量来代替它,巧妙地绕过去而避开了无理数,实际上是改头换面地引入了无理数.几何大师欧几里得也是如此.他们这种态度像对待新数"负数"一样,一方面在实践(运算)中使用,另一方面在理论上不承认它是一个数,这是数学史上关于无理数认识上的双重性表现.

中国和印度古代都承认无理数是数,并且大胆使用,如公元 3 世纪我国刘徽注《九章算术》时,认为开方术不是理想的方法,他用极限思想创立了无理数的十进分数表示法,指出 $a + \dfrac{r}{2a+1} <$

$\sqrt{a^2+r}<a+\dfrac{r}{2a}$($a$ 为整数,r 是余数)可求得不尽方根,这是中国很早认识与表示无理数例证.

印度的婆什迦罗和别的数学家,也承认无理数是数,并广泛应用.如婆氏给出誉为"婆什迦罗等式"的无理数运算法则,如 $\sqrt{a}\pm\sqrt{b}=\sqrt{a+b\pm\sqrt{2ab}}$,$\sqrt{a^2b}=a\sqrt{b}$,$\sqrt{ab}=\sqrt{a}\cdot\sqrt{b}$.

在 15 世纪以前,欧洲和希腊不承认无理数是数,到 16 世纪前半叶,欧洲才开始对无理数有所认识,如德国的斯蒂菲尔(M. Stifel,1487—1567)、卡尔达诺等.但有些数学家的认识是模糊的,如 1695 年英国的沃利斯曾把无理数与循环小数等同起来.事实上无理数是无限不循环小数,并不是循环小数.

最早明确无理数是数的是英国的哈里奥特(T. Harriot,1560—1621),他认为无理数只要能参与计算就是数.可是这种认识到 18 世纪还有人不放心,如英国大科学家牛顿等,他们认为无理数仅仅是记号,只能作连续的几何量来表示,否则是不存在的.

18 世纪,高等数学分支数学分析大发展,促使人们对分析基础的研究.分析基础问题最根本的就是实数理论的问题,实数理论本质上就是无理数的严格的逻辑定义.1821 年法国数学家柯西(A. L. Cauchy,1789—1857)用有理数序列的极限定义无理数,但依他的定义,该极限应是预先确定的数,只不过要求它与序列中的项之差趋于零而已,这实际上是一个循环定义.

无理数的逻辑定义和彻底被人们认识是在 19 世纪.1872 年,康托尔用有理数的"基本序列"定义无理数,同年,戴德金采用了对有理数进行划分方法定义无理数等.1886 年德国施图尔茨(O. Stolz,1842—1905)证明了每一个无理数可以用无限不循环小数表示,并可以以此作为无理数的逻辑定义.这种认识已成为近现代中学数学里的无理数的定义了.

19 世纪后期,数学家开始了无理数的理论基础的建立,这方面有突出贡献的外尔斯特拉斯、戴德金和康托尔等人,他们为无理数理论打下了坚实的逻辑基础,扫清了一切障碍.至此,结束了人们长期争论不休的漫长历史,无理数和负数一样屹立在数海之中,在数的大家庭里友好相处,成为数学里一项重要而不可缺少的对象.

2. 译名之争

在我国,关于"有理数"与"无理数"的译名,几十年来存在各种争议,概括起来,有以下意见.

(1)公元 1607 年徐光启与利玛窦合译《几何原本》前六卷,1857 年,我国李善兰与英国伟烈亚力又合译该书后九卷.其中译为"有理数"和"无理数",这就是这两个译名的来源,一直沿用至今.

(2)有人说"有理数"和"无理数"的名称来自 1864 年日本所使用的名称.这个说法从时间上讲,中国人早于日本使用这一名称,因此,外源之说不可靠.

(3)20 世纪 80 年代以来,一些人批评说:"有理数"与"无理数"的名称常给人误解,似乎是"有理数就是有道理的,无理数就是没有道理的数".很多人主张,根据拉丁文应将"有理数"译为"比数","无理数"译作"非比数".

(4)有人认为徐光启根据拉丁文译作"理"(合理的理)是正确的,没有错.这个词本身就具有"比"(或"比率")或"合理"二层意思;再说徐光启对待数学名词的译名素来很慎重,往往兼考虑词义、音译以及概念的各种因素,他的定名极有道理.因此"有理数"和"无理数"译文合理.

可是,对待科学名词是非常慎重.现在,我国数学名词术语审定委员会仍定名为"有理数"和"无理数".

六、虚数不虚

在人类科学发展史上,曾出现过发现真理容易、接受真理困难的情形.例如数学中诞生的新数:负数与无理数,还有下面所讲的虚数.

第一个遇到虚数的是印度数学家婆什迦罗,他认为 $x^2 = -1$ 这个式子没有意义,他说:"正数的平方是正数,负数的平方是正数,因此,一个正数的平方根有二:一正一负;负数没有平方根,因为它不是一个平方数."

在欧洲的 16 世纪,是一个认识扩充数系十分混乱的世纪,主要原因是这些新数尚未建立其理论基础和逻辑地位,他们常被负数、无理数所困扰.现在数海中又冒出了一个"两栖怪物"—— 虚数.新生事物不断涌现,令数学家心力交瘁,一筹莫展.

1. 两栖怪物的出现

公元 12 世纪印度婆什迦罗最早发现负数无平方根以后,世界数坛沉默了好几百年.又过了 300 多年后,生命之船驶进 1484 年,法国许凯在《算术三篇》中,解二次方程 $4 + x^2 = 3x$ 的过程中,得到根 $x = \frac{3}{2} \pm \sqrt{2\frac{1}{4} - 4}$,由于 $2\frac{1}{4} - 4$ 是负数,他认为这根是不可能的.

61 年后的 1545 年,第一个发现和认真讨论虚数的意大利卡尔达诺(G. Cardano,1501—1576),他在《大术》(Ars,Magna 1545)中提出了一个问题:"两数的和是 10,积是 40,求这两数".用今符号表示,设一数为 x,则另一数为 $10 - x$,得 $x(10 - x) = 40$.他解得两个奇怪的根:$x_1 = 5 + \sqrt{-15}$ 和 $x_2 = 5 - \sqrt{-15}$,他当时写成:$5 \cdot \widetilde{P} \cdot P_x \cdot \overline{m} \cdot 15 \cdot$ 和 $5 \cdot \overline{m} \cdot P_x \cdot \overline{m} \cdot 15 \cdot$.这里 $\widetilde{P}$ 表示加

号,$\overline{\text{m}}$ 是减号或负号,P_x 相当于根号,$P_x \cdot \overline{\text{m}} \cdot 15 \cdot$ 是 $\sqrt{-15}$. 这是最早的虚数表示法,也是世界上第一个虚数表达式,在一定意义上它宣告了虚数的诞生.

卡氏心知肚明,他无法解释,负数的平方根是不是"数",为难地在书上描述这个怪物说:"不管我的良心会受到多么大的责备,事实上 $5 + \sqrt{-15}$ 乘以 $5 - \sqrt{-15}$ 刚好是 40!"

卡氏给 $\sqrt{-15}$ 起了一个怪名字叫"诡辩量"或"虚构的根"(他称正根为真实根,虚根为虚构的)."诡辩"一词,古希腊文原意是使人智慧,也译作"哲人"或"智人". 后来变成贬义词"无理强辩",这表明他怀疑这种数的运算的合理性.

法国韦达和他的学生哈里奥特认为,既然这种数是"虚构的",便不能加入数系行列,应排斥在数系大门外,但是碰到需要进行虚数计算问题时,学生比老师"开通"一点,承认把它当数来对待,后来甚至认为虚数可以作为方程的一部分. 显然,这种承认的理"直"但气不"壮".

最理直气壮地承认虚数的是意大利数学家邦别利(R. Bombelli,1526—1572),他在 1572 年解三次方程 $x^3 = 7x + 6$ 时出现 $\sqrt{9 - 12\frac{19}{27}}$,他认为为了使解方程的根的矛盾得到统一,必须承认 $\sqrt{9 - 12\frac{19}{27}}$ 是一个实实在在的数(针对虚构的说法). 但他也摆脱不了欧洲人对新数认识的传统的精神枷锁和思想烙印,即承认虚数存在,但又认为虚数"无用",而且"玄". 邦别利还创用虚数记号,如 R[om9]表示虚数 $\sqrt{-9}$.

随着时间的推移,虚数的出现与被越来越多的数学家们重视和应用,但因没有"眼见为实"的实际意义,人们仍迟迟地不予承认.

1629 年,荷兰的基拉德(Girard Albert,1595—1632)在《代数

新发明》中说："复数有三方面的用处：能肯定一般法则；有用；除此之外没有别的解".他引入符号$\sqrt{-1}$表示虚数.他的观点较先进，承认虚数有用，但因自己没有真正认清，不能说服别人.

在中国古代，人们很早就可以求解二次方程，但因为中国古代数学家一直是应用数值解法，只求方程的正实根，所以没有产生引入虚数概念的需要.到了清代，我国翻译家华蘅芳在译《代数术》时，才首次采用"虚数"一词，并引用了它的记号"i".

2. 披上了神秘的面纱

从卡尔达诺开始，在足足有二百多年的时间里，虚数一直披着一层神秘莫测、不可思议的面纱.

1637年，法国数学家笛卡儿在《几何学》中说："负数开平方是不可思议的"，并且他创造了一名字"imaginary number"（虚数）意即"虚幻之数".后来他改变了看法，正确地认识了虚数的存在.于是站出来替虚数说了公道话，第一次把"虚幻之数"改为"虚数"，与"实数"相对应."虚数"因此而得名，沿用至今.

1685年，牛津大学教授沃利斯为了说明虚数的实际意义，大胆地给虚数做了一个巧妙的"解释"：假设某人失去10亩土地，就是他得到-10亩土地，又如果这块地是个正方形，那第它的一边长不就是$\sqrt{-10}$了吗？这样解释虚数实际意义，仍然没有拂去人们雾里看花的云雾.

1702年，德国的莱布尼茨对虚数的描述还颇带几分神秘色彩说："虚数是神灵与惊奇的避难所，它几乎是介于存在又不存在之间的两栖物"这是一种把虚数看成上不沾天、下不着地的"梁上君子"，虽然他曾应用了虚数概念解决了有理函数的积分，但他却认为"这是神奇的干预".

直到1768年，欧拉在《对代数的完整的介绍》一文中解释说："虚数既不比零大，也不比零小，又不等于零，因此它不能包括在数（实数）中……就虚数的本性来说，它是存在于想象之中"（今天已证明欧拉论点,虚数是不能比较大小的).同时,欧拉承认虚数的存在,如他早在 20 年前的 1748 年,给出流传世界的欧拉公式 $e^{\sqrt{-1}x}$ $= \cos x + \sqrt{-1}\sin x$,相当于今天的式子:$e^{ix} = \cos x + i\sin x$,表明复数存在,但他又看不见,这也是双重性的认识.

后来,1777 年 5 月 5 日,欧拉在递交给彼得堡科学院的论文"微分公式"中,一改过去的态度,首次创用符号"i"来表示 $\sqrt{-1}$(取"虚数"的第一个字母 i).尽管很少有人注意它,但它却是数学符号史上的一件大事,直到 1801 年,数学权威高斯使用这个符号,以后才被数学家使用,一直沿用至今.

后来,德国高斯研究后说:"迄至目前为止,人们对于虚数的考虑,依然在很大程度上把虚数归结为一个有毛病的概念,以致给虚数蒙上一层朦胧而神奇的色彩.我认为只要不把 $+1$、-1、$\sqrt{-1}$ 叫做正一、负一和虚一,而称之向前一、反向一和侧向一,那么这层朦胧而神奇的色彩即可消失."

显然,人们对科学的认识,受历史条件的限制,在当时还没有找到虚数的现实模型时,这层神秘面纱尚未完全揭开.

3. 揭去神秘面纱

伟大的科学发现,不一定马上给人们带来实际利益,但只要是真正的科学,不管被人视为"鬼火",或者被贬为"萤光",一旦接触到客观需要的干柴,就会燃成熊熊大火,蔚为壮观.

首先揭开虚数面纱的代表人物是英国沃利斯,他在 1685 年出版的《代数学》中,认为直线上找不到虚数的几何表示,必须转到平面上去找.他在书中说明了怎样几何地表示二次方程的复数根,但他没有引入虚数的概念,没有引起人们的注意,可是他的思想是复数发展史不可磨灭的功绩.后来,至少有 4 个人几乎同时发现了虚数的几何表示法.

第一位是出生于挪威的丹麦业余数学家、测绘员韦塞尔(C.

Wessel,1745—1818).他在 1797 年,向丹麦科学院递交了题为"方向的解析表示"论文,在复平面上引进了实轴和虚轴,他用"+1"表示正方向的单位,"+ε"表示与正方向垂直且与正方向具有共同原点的另一方向的单位(如图 4-1 中 a,b),并且把虚数 $\sqrt{-1}$ 记作 $ε$,这样一来,今天的复数 $a+bi$ 相当于 $a+bε$,与向量 $\overrightarrow{OM}$ 对应起来,从而建立了复数的几何表示.

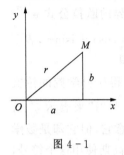

图 4-1

第二位是瑞士自学成才的业余数学家、巴黎会计员阿尔冈(J. R. Argand,1768—1822),他引入了复数的模(如图 4-1 中对应向量 $\overrightarrow{OM}$ 的长 r)使复数几何表示进一步简洁,同时成功地解释了复数运算的意义.

第三位是德国数学权威高斯.在 1799 年证明"代数基本定理"时,就假定了直角坐标平面上的点与复平面的点一一对应,首先给出了"复数"这个名称,更加清楚地表示了复数的几何形式,即将复数 $a+bi$ 表示成平面上的一个点 (a,b),从而明确了复平面的概念,才引起人们的注意与承认.后人为了纪念高斯的卓越贡献,称复平面为"高斯平面".

第四位是英国的比耶.他于 1806 年在剑桥发表《论虚数》的论文,也给出了虚数的几何表示法,成为最后一个揭开虚数神秘面纱的数学家.

复数在几何上找到了"立足地"以后,"眼见为实"的人们对它刮目相看了.从 18 世纪末起,以欧拉为首的一些数学家如柯西、黎曼和魏尔斯特拉斯等的艰辛努力,最终发展成一门新的、独立数学分支,叫做复变函数论.

恩格斯曾在《反杜林论》中指出,虚数是"正确数学运算的必然结果".虚数是从求解方程的实践过程中产生的,而求解方程又是人类在生产实践和科学实验过程中经常要遇到数学问题.因此虚数不"虚",它是来源于实践的一种新数.

至此,人类经过坚忍不拔的努力,经历曲折,终于初步完成了认识数的发展过程,其顺序是:自然数→有理数→无理数(实数)→复数.

数系发展到复数以后,数学家仍在继续复数的扩充.英国数学家哈米顿(W. R. Hamilton,1805—1865)于 1843 年把复数扩充到四元数和八元数(统称超复数),如果舍去更多的运算性质,超复数还可扩充到十六元数、三十二元数等等.但因超复数不属中学研究内容,我们就不讲了,再说四元数、八元数已被矩阵等代替不用了.

至此,数由自然数扩充到了实数,成为中学数学主要内容.

第四节 方　　程

随着社会进步和科学技术的发展,更多地需要数学的计算,许多自然现象和社会实践常常归结成各种代数方程,要求数学求出方程的解(或根),代数方程的解法成了古典代数的中心问题.就方程本身而言,它向两个方向发展,一个方向是一元高次方程;另一个方向是多元一次(或高次)方程组.前者的发展成后来的方程论(或多项式论)的研究,方程的扩展便是高等代数;到了 19 世纪,后者发展形成了线性代数.本节依次介绍.

众所周知,方程的基本支柱是已知数、未知数,在前面符号代数中已做了介绍.下面依次介绍.

一、一元一次方程

早在公元前 2000—前 1800 年的古埃及僧人阿默士所著纸草书中,就有一元一次方程,如第 11 题:"一个数的 $\frac{2}{3}$,加上这个数的 $\frac{1}{2}$,再加上它的 $\frac{1}{7}$,再加上这个数本身等于 37,求这个数". 相当于

现代方程:

$$\frac{2}{3}x + \frac{1}{2}x + \frac{1}{7} + x = 37.$$

不过他的写法和解法是用一大串"象形文字符号来表示上述一元一次方程(略)"[①]

希腊代数学鼻祖丢番图,有一首叙述他生平的墓志铭诗题(原题见前面第二章第六节或文[②])也表达了一元一次方程: $\frac{1}{6}x + \frac{1}{12}x + \frac{1}{7}x + 5 + \frac{1}{2}x + 4 = x$,解之, $x = 84$.故知他活了84岁.

一元一次方程的写法经过三千多年的变化,到16、17世纪的韦达、笛卡儿时期,才形成相当现代写法与解法.欧洲人解形如 $ax + b = 0$ 的方程,采用"试位法",源于我国《九章算术》的"盈不足术".

二、一元二次方程

在第一章我们已介绍了巴比伦、欧氏《几何原本》、《周髀算经》和印度古代出现的一元二次方程及其求根公式,但都取一个正根.关于完全的一元二次方程 $ax^2 + bx + c = 0 (a \neq 0)$ 的一般求根公式是9世纪阿拉伯数学家阿尔·花拉子米发现的:

$$x = \frac{-b \pm \sqrt{b^2 - 4ac}}{2a}.$$

在欧洲,最早承认一元二次方程有负根的是17世纪的基拉德(见上节"负数不荒谬").

最早承认一元二次方程有虚根的是16世纪的卡尔达诺(见上节"虚数不虚").

---

①梁宗巨,世界数学史简编,沈阳:辽宁人民出版社,1981年,第134页.
②徐品方编著,数学诗歌题解,北京:中国青年出版社,1997年,第63—66页.

因此,到 17 世纪,欧洲人才彻底解决一元二次方程有负根与虚根的问题.

三、根与系数的关系问题

定理 1　设一元二次方程 $ax^2 + bx + c = 0(a \neq 0)$ 的根为 x_1 和 x_2,则

$$\begin{cases} x_1 + x_2 = -\dfrac{b}{a}, \\ x_1 \cdot x_2 = \dfrac{c}{a}. \end{cases}$$

长期来我国教材或课外书刊称定理 1 为"韦达定理",说是法国数学家韦达(1540—1603)发现的. 其实是错误的. 直到 20 世纪 70 年代我国教材才改正为"一元二次方程的根与系数的关系". 为什么呢? 因为在数学史上这类定理有四个. 除定理 1 外,还有

定理 2　一元三次方程 $x^3 + px^2 + qx + r = 0$ 的三个根是 x_1、x_2 和 x_3,则

$$\begin{cases} x_1 + x_2 + x_3 = -p, \\ x_1 x_2 + x_1 x_3 + x_2 x_3 = q, \\ x_1 x_2 x_3 = -r. \end{cases}$$

定理 3　一元 n 次方程 $x^n + p_1 x^{n-1} + p_2 x^{n-2} + \cdots + p_n = 0$ 的 n 个正根为 $x_1, x_2, \cdots, x_n$,则

$$\begin{cases} x_1 + x_2 + \cdots + x_n = -p_1, \\ x_1 x_2 + x_1 x_3 + \cdots + x_{n-1} x_n = p_2, \\ \cdots\cdots \\ x_1 x_2 \cdots x_n = (-1)^n p_n. \end{cases}$$

定理 4　仅把定理 3 中唯一的一个"正"字去掉.

从数学史书看到,定理 2 是意大利数学家卡尔达诺《大术》一书记载的,未说定理 1 是韦达发现的. 定理 3 是韦达于 1615 年出

版《论方程的识别与订正》一书中,讨论了上面定理 1、2、3,但他只承认正根,对定理 3 未给出证明.定理 4 是 1629 年基拉德出版《代数新发现》一书中,把定理 3 中的"正"字删掉.这时韦达已去世 26 年了.

因此,从上述定理出现时间排序看,定理 1 的问世显然会远远地在定理 2 之前.退一步说,纵使定理 1、2 同时诞生,韦达这时才 4 岁.

所以,定理 1 绝不是韦达发现的,故不能叫"韦达定理".究竟是谁发现定理 1,已无法追溯,至今是个谜.当然,因错名已久,已成"约定俗成"无法改叫了.至今仍有书刊为了简便仍称一元二次方程根与系数系为"韦达定理",但读者应知晓,它非韦达发现.

韦达(拉丁文 Vieta,法文 Viete 韦叶特)(图 4-2)轶事多,举二例:

轶事一,1593 年,比利时的大使向法国国王享利夸口说:法国没有一个数学家能解决他们荷兰数学家罗曼斯(A. Romanus, 1561—1615)在《数学思想》书中提出一道 45 次方程的难题:

$$45x - 3795x^3 + 95634x^5 - 1138500x^7 \cdots$$
$$+ 740259x^{35} + 111150x^{37} - 12300x^{39} + 945x^{41} - 45x^{43}$$
$$+ x^{45} = A.$$

这一挑战国王想到了韦达.韦达被召,让他解此难题.韦达用三角方法将方程分成一个五次方程和两个三次方程,很快给出了 23 个正根.反过来韦达回敬罗曼斯一题,即阿波罗尼奥斯提出的"切三定圆可作一圆"的几何题.因罗氏长于代数,不长几何未解出.罗氏知道韦达才智,长途跋涉到法国,拜访韦达,两人成为科学挚友.

图 4-2 韦达

轶事二,在法兰西与西班牙的战争

中,西班牙依仗着密码在法国秘密地自由通讯.韦达受国王之邀破译密码.韦达借助数学知识和才能,效忠法国,破译了密码.法国打败了西班牙.但是西班牙宗教裁判所,以韦达背叛上帝的罪名,缺席判处韦达以焚烧致死的极刑.

当然,远隔异国,鞭长莫及,无法得逞.

四、一元三、四次方程(自学材料)

中学数学只遇见特殊的一元三次、四次方程及其特殊解法.一般三次方程的解法,因公式复杂,中学不介绍.但作为方程论的发展史有必要接上延续简介,因它可帮助和启发我们怎样进行科学研究,怎样去探索发现规律.这里涉及知识不超过中学范围.

一元二次方程求根公式被阿尔·花拉子米发现后,数学家自然联想到一元三次方程 $ax^3 + bx^2 + cx + d = 0 (a \neq 0)$ 以及一元四次方程有没有求根公式问题.于是,一场惊心动魄、离奇曲折、富有传奇色彩的寻觅求根公式的序幕静悄悄地在世界各个角落拉开了.

1. 漫长的发现之路

关于探索三、四次方程求根公式的萌芽历史,要从公元前一二千年巴比伦的楔形文字的泥板说起.聪慧的巴比伦人是通过查立方根表求根的.公元前 3 世纪,古希腊的阿基米德曾用图象法解出特殊的数字三次方程,谈不上发现其一般公式.

公元 3 世纪,希腊的"代数鼻祖"丢番都遇到一个几何问题,他用一种十分特殊的方法,把几何问题归结为求代数方程 $x^3 + x = 4x^2 + 4$ 的根(x 为一直角边),他只获得一根 $x = 4$,而遗漏了两个根,连求根公式的影子都未看见.

后来,阿拉伯数学家如奥马·海亚姆(Omar Khayyam,约1048—约1131)在 1079 年的《代数》著作中,较系统地研究了一、

二、三次方程,特别三次方程几何作图解,取得一定贡献.婆什迦罗也研究过三次方程.但他们未能发现其求根公式.

中国是解方程能手云集的大国,《九章算术》中已出现 $x^3 = 1860867$ 的解法;唐朝数学家王孝通,在 625 年左右最早提出过解三次方程代数解法,可惜也没有觅到一般解法公式后来的数学家秦九韶、李冶、朱世杰等也未发现一般公式.

总之,我国在内的世界数学家,经过刻苦钻研,都没有发现求根公式的一点蛛丝马迹.

2. 数学竞赛赛出了公式

意大利数学家帕巧利(L. Pacioli,1445？—1517)曾悲观地宣布" $x^3 + mx = n, x^3 + n = mx$ 之不可解".顿时,引起了不少数学家们的研究.

到了 1500 年,意大利波伦大学教授费罗(S. d. Ferro,1465—1526)最先取得了突破性进展,他解出了形如 $x^3 + mx = n$ 一类的三次方程,但未发表.约 1510 年,只私下秘传给了他的学生菲俄(A. M. Fior)和自己的女婿与继承人那发(A. D. Nave,1500？—1558),因受当时欧洲保密风气的影响,他们也未公布于世.

1530 年,意大利一位数学教师科伊(Coi)向当地一位自学成才且有口吃残疾的数学家塔尔塔利亚(N. Tartaglia,1499？—1557)提出两个三次方程,塔氏经研究,求出两方程的正实根,但对其解法秘而不宣.几年后,菲俄听说塔氏解出了科伊的三次方程,心中不服,深表怀疑,就向塔氏提出挑战.双方约定于 1535 年 2 月 22 日在意大利米兰大教堂进行公开竞赛,这是数学史上最早的竞赛.因为,当时欧洲盛行摆"数学擂台",数学家每有发现,一般深藏私囊,秘而不宣,待机向人提出挑战.其方法是双方请出公证人,代管双方提出相当金额的款项.比赛时双方互相提出相同数量的数学问题,要求对方解答,在规定的时间解出并且成绩好者获得奖金.

第四章　算术与代数

当塔氏知道菲俄确实掌握三次方程的一些方法,而自己的方法尚欠完善,为了获胜,他埋头潜心研究,常常彻夜不眠,却一无所得.竞赛日期一天天迫近,塔氏心急如焚,惶惶不安.2月12日夜,他又伏案工作直到黎明,仍然一无所得,他带着昏沉沉的头脑步出户外,伸出双臂,呼吸新鲜空气.突然间,头脑为之一新,豁然开朗,他找到了较好的方法,焦虑与疲劳一扫而光.塔氏回忆说:"我运用了自己的一切努力、勤勉和技巧,以便取得解这些方法的法则.结果很好,我在规定的期限前10天即2月12日就做到了这点".

2月22日,米兰大教堂热闹非常,拥满了观看竞赛的人群.两人各给对方30个题目,都是三次方程的难题,观看的人对难题无不摇头咋舌,困惑不解.可是,塔氏在两小时之内解完所有的题,而菲俄一题也解不出来,塔氏大获全胜.

塔氏虽然获胜,但他心知肚明,自己的解法仍然不完善,他又继续工作6年,直到1541年才真正找到三次方程的一般解法公式,打开了绵延700多年的僵局,这是后话.

话又说回来,当塔氏获胜的消息不胫而走,传遍世界,崭露头角的他,成为当时新闻人物.人们要求公布解法,他守口如瓶,一概拒绝,表示在未来撰写他的专著时公布.然而这一美好计划被本国同胞卡尔达诺打乱了.

卡尔达诺当时正在写一本《大术》的代数专著,到处收集资料,因此便在1539年1月托人向塔氏讨教三次方程的解法,遭到塔氏的拒绝,此后卡氏又数次写信恳求,还邀请塔氏来米兰做客,假托说一位名流想要见他.1539年3月塔氏被骗到米兰,没有见到这位名流,却被卡氏留在家中住了三天,在卡氏花言巧语,百般乞求,并发誓保密的甜言蜜语地哄弄下,塔氏的封锁开始崩溃,受其"至诚所感",取得了拙嘴笨舌的塔氏信任,于是将自己解法用语句晦涩的口诀,即暗语般的25行诗歌形式告诉了卡氏,其中没有任何证明.

1545年,卡氏《大术》出版了,书中介绍了三次方程的解法.

　　1546 年,塔氏出版一部《各种问题和发明》的书,其中以对话和书信纪实方式陈述了他与科伊、菲俄和卡氏等人的交往经历和三次方程解法的发现过程,认为卡氏背信弃义,对他进行了斥责.卡氏对此保持沉默,愤怒的塔氏于 1546 年向卡氏宣战,要求作公开竞赛,解决谁是谁非,这样,导致了第二次数学竞赛.

　　第二次竞赛方法是,双方各拟 31 题,限期 15 天以书信形式向对方交卷.这次卡氏没有参加,派他的仆人、学生和后来的东床快婿费拉里(L. Ferrari, 1522—1565)应战.塔氏善于解题,7 天之内解出了大部分题目,对方经过 5 个月,才交出答案来.从 1547 年 2 月到 1546 年 7 月,他俩先后通信 12 封向对方提出解答.后来又互相指责对方的解答有误,这些问题涉及算术、代数、几何、天文、地理、建筑和光学等许多知识,已成为科学史珍贵文献.

　　但因双方指责对方解法有错,费拉里与塔氏约定,于 1548 年 8 月 10 日,两人在米兰大教堂附近举行数学竞赛的公开辩论.塔氏因伤残口吃,最初不愿进行公开辩论,但为了指出对方解答中的错误,还是接受了挑战.

　　这一天,欲目睹盛况的人,包括著名学者、社会名流,涌至现场.首先塔氏批驳费拉里解答中的错误,但他的发言常被聚集在那里的费拉里的追随者打断.费拉里抓住塔氏有一个不能解答的四次方程进行全盘否定.争论从上午 10 点钟持续到晚饭时间,双方各持一端,听众一哄而散,结果不了了之.有一种说法,塔氏因听众和裁判不公正,第二天便离开米兰回到自己工作地;也有材料说,塔氏是败北而去,并因此而失去讲师职位;还有人说,双方各自宣布获胜.但在 8 年后塔氏才在他的名著《论数字与度量》(又译《数量概论》1556—1560)中的一篇插文里叙述了整个论战过程.

　　这就是历史上著名的寻求三次方程求根公式的一桩公案,它在意大利数学家之间,从 1500 到 1548 年约 50 年的争论和竞赛中,最终诞生了一元三次方程的求根公式——卡尔达诺公式.

　　三次方程 $x^3 + px + q = 0$　　　　　　　　　　　　　(1)

的求根公式是：

$$x = \sqrt{-\frac{q}{2} + \sqrt{D}} + \sqrt{-\frac{q}{2} - \sqrt{D}}$$

这里 $D = \left(\frac{q}{2}\right)^2 + \left(\frac{p}{3}\right)^3$ 是三次方程的判别式.

三次方程[①]应有三个根,上面只是一个实数根. 200 年后,到 1732 年才由欧拉找到三次方程(1)的完整求根公式(略).

因公式比较繁杂,计算量大,上述内容未列入中学数学.

可是这个公式的冠名问题,又引起了古今一些争论.

3. 冠名权之争

关于三次方程的解法,费罗与塔氏等人从未公之于世,卡尔达诺首先在《大术》中公布了,长期来数学史上都称为"卡尔达诺公式". 于是至今存在冠名权之争. 对卡氏誉者、毁者或不明真相以讹传讹者至今犹存.

关于卡氏向塔氏乞求三次方程的解法,根据卡氏《大术》等书记载说:1539 年 1 月,卡氏为了写好他的代数《大术》著作,托人打听塔氏方法,又亲自写信讨教,又假托名人求见,把他从工作地邀请到米兰,当面恳求解法,在卡氏一而再再而三地保证不泄密的情况下,终于获得了塔氏关于 $x^3 + px = q$ 和 $x^3 + q = px$ 类型方程的暗语解法,没有证明,也不全面. 卡氏在塔氏解法启发下,以此为线索,研究得出了各种类型三次方程的解法,并补充了各种方法的证明,后来他收集在《大术》(1545 年) 一书中发表了.

卡氏在《大术》第十一章中写道:"费罗约在 30 多年前发现了这一法则并传授给菲俄,塔尔塔利亚宣称也发现了该法,于是两人

---

①实系数一元三次方程一般式为 $ax^3 + bx^2 + cx + d = 0 (a \neq 0)$ 用变量替换 $x = y - \frac{b}{3a}$,可化为 $y^3 + py + q = 0$.

进行竞赛.在菲俄与塔氏竞赛的时候,塔氏有机会发现这一法则.塔氏在我的恳求下将方法告诉了我,但没有给出证明,我在获得这种帮助的情况下,克服了很大困难,找到了几种证明,现陈述如下……".由此可以看出,卡氏从塔氏一种类型的解法启发下,研究出了各种类型解法,并经过自己独立地、困难地研究,补充了各种证明,找到了三次方程求根公式.

又在同一著作中,卡氏又写道:"我的朋友塔尔塔利亚具有如此优异的、绝妙的、超人的聪明和智慧,他的全部才能应该享有这样一种发现的荣誉.这一发现实在是天赋,这样卓越的发现是他天赋的智慧的力量,对于他来说,真是任何目标都不能认为是不可能到达的."显然,卡氏高度赞扬,充分肯定塔氏享有发现的荣誉.

在第二次竞赛前,卡氏的学生费拉里说,塔氏的方法和费罗解法完全一样,没有必要保密,并且卡氏在《大术》书中已讲得仁至义尽.

从上可知,三次方程的求根公式是时代的产物,塔氏的成功,是继承前人不断进取的结果;卡氏在塔氏的启发下,"百尺竿头,更进一步"也是正当的,并且卡氏首先发表一般解法,对促进代数方程论的发展的积极作用,是应当予以肯定的,可他们只求出实根,则是不完全的.

因此,塔氏与卡氏两人应同享发明权、冠名权,三次方程求根公式应叫"塔尔塔利亚-卡尔达诺公式".目前,这种认识逐渐被人接受.

知识产权在现代来讲是受法律保护的,依照我国法律和世界公约,应归直接参加创作、发明人拥有,剽

图 4-3 塔尔塔利亚

窃者要受到法律的制裁.

第四章 算术与代数

关于塔氏和卡氏的身世鲜为人知,在此简记一笔小传.

塔尔塔利亚(图 4-3)生于意大利布雷西亚的一个贫困家庭,原名丰坦那(T. Fontana, 1500—1557),13 岁(又说 6 岁)赶上意、法战争,当时兵荒马乱,烽火连年.一天他父亲带他在大教室内躲避战乱时,父亲被杀死,他被法军将头、嘴舌砍伤多处.母亲在尸骸丛中救出了他,因战时缺医少药,母亲每天坚持用舌头舔愈儿子的伤口,但儿子最终还是留下了口吃的病根.从此丰坦那语言失灵,吐字不清,所以得了塔尔塔利亚(意大利语是"口吃"或"结巴"之意)的绰号.

塔氏 14 岁多开始上学,只读了两个星期的书,因无钱交纳学费而辍学,此后在母亲指导下自学,他母亲教学有方,无钱买笔墨纸砚,就把丈夫坟前的青石碑当作石板,教儿子画画写写,认字学算.他对数学产生特别浓厚的兴趣.经过长期刻苦自学,约 17 岁(又说 22 岁)就当上了当地的算盘教师.后来还负责一个小学的事务.成家后经济每况愈下,1534 年移居威尼斯,成为那里的数学教师,教学之余,还在教堂讲授公开课,仍继续钻研高深数学.1546年获讲师资格.1548—1549 年回到家乡布雷西亚,在中学任教,以后回威尼斯教书,直到去世.

塔氏一生著述宏丰,出版了不少关于军事、代数、筑域术、火药制法、商业算术等著作.但他希望完成一部包含他的三次方程在内的新算法巨著,因忙于译欧几里得与阿基米德著作而未实现.在参加两次竞赛风波心情平静下来后,也准备完成挂在心头已久的这部代数学,可是没有来得及实现其愿望便与世长辞了.

他培养了许多学生.他们在数学、力学等方面继承并发扬了老师的理论.

卡尔达诺(G. Cardano, 1501—1576)是意大利一个法官和一个寡妇的私生子.他自幼体弱多病,常被父母虐待、训斥和被旁人奚落、歧视,性格冷漠倔强.学习过古典文学、数学和星占学,上大学又学医,获医学博士学位,行医近 6 年.

卡氏行医收入微薄,后谋得米兰专科学校一名数学教师,讲授几何学,兼任贫民院的医生.由于成绩显著,转到米兰医学院任教,不久升为院长,后又在另一所大学任医学教授,此时是名医、外科圣手,曾为达官显贵治病.

卡氏一生坎坷,他的性格奇怪,常被描写为科学史上的怪人或怪杰.他在数学、哲学、物理和医学中都有很高造诣和一定成绩,同时醉心于占星术和赌博的研究.1570年(约70岁)因给耶稣算命(又说因债务)而被捕入狱.几个月后,宣誓放弃异端学说出狱.从此失去了教学职位和学术出版权.1571年移居罗马,又因星占学研究得到教皇赏识,提供终身年薪,留在皇宫任宫廷御医.曾写了自传体著作《我的生平》,1576年出版.该书诉说了自己的生平经历,誉毁兼有.

卡氏是一位传奇人物,但他有一些与科学不相容的不良行为.关于他的生平,少数人的赞扬声被淹没在一大片谴责声中,因他是一个天才与愚蠢的混合物,也是一个蒙有传奇色彩的怪杰,集学者与无赖于一身走完了光怪陆离的一生.他性格古怪,脾气暴躁,1560年,他居然亲自提刀割下亲生儿子的两只耳朵,引起社会公愤,致使大学解聘了他.他好赌如命,给人算命,爱说假话等.他曾预测自己于1576年9月21日死去,但到了这一天,他健壮如牛,为了表明自己推测的准确性,他自杀身亡了.

卡氏一生共写了各种类型的文章、书籍200种,约有7000页.著作鱼龙混杂,被誉为百科全书式的学者,但因卡氏作为赌徒和占星卜卦术士,再加上求教塔氏解三次方法被误解等,留下的名声不太好,至今一些不了解情况的科普作品中时有贬词.

4. 四次方程解法的诞生

卡氏的学生费拉里成功地发现了最早的解一元四次方程的一般解法.

卡氏在《大术》第39章记载其代数方程的解法.卡氏还给出主

要步骤的几何证明.

第五节　中学生的发现——
五次以上方程(自学材料)

在数学史上,四次以上方程的求根公式,像迷宫一般,吸引无数的人,企图找到一把闪光的金钥匙,打开这座迷宫的大门,了解数学的一个真谛.

一、向人类的智慧挑战

人类经过700年的探索,三次和四次方程的求根公式终于在16世纪中叶被意大利数学家所攻克,画上了一个圆满的句号.人们迅速把眼光投入下一个目标——五次和五次以上的方程的求根公式(或根式解).从16世纪中叶到19世纪初的200多年中,许多数学家和数学爱好者,都把它作为检验自己才能的试金石,耗尽心血,在这条崎岖曲折的道路上寻觅,但毫无进展.如18世纪后半叶,著名的法国数学家拉格朗日(J. L. Lagrange,1736—1813)参与了代数方程的研究.他面对严峻的现实,冷静分析前人失败的原因,拨开浓雾,另辟蹊径,提出了与前人不同的解法思路.几经曲折,几多失败,最后这位大数学家面对四次以上方程的困境无限感慨地说:"它好像是向人类智慧挑战".1799年,拉格朗日的弟子,意大利数学家鲁菲尼(P. Ruffini,1756—1822)提出并给出了一个不严格的方法证明:次数 $n \geqslant 5$ 时,方程不可能用系数的根式求解.

人类的智慧迎接着挑战,不同国家、不同年龄、不同民族的有志之士,摩拳擦掌准备去攻克这道数学难题,不断有人欣喜若狂地宣称:"我发现了五次方程的求根公式",但都是错误的.一批人败下阵来,另一批人又冲上前去,科学接力棒一代一代往下传.

二、穷人孩子多奇志

19世纪初,正在北欧小国挪威上中学的阿贝尔(N. H. Abel, 1802—1829)(图4-4),在课堂上听到数学老师霍尔姆伯(B. M. Holmboe,1795—1850)讲述了困扰数学家二百多年来五次方程根式以后,有的同学摇头,有的叹气,独有出身贫苦乡村牧师家庭的阿贝尔表示要解决这个难题的决心.尽管招来同学的讽刺、嘲笑、

图4-4　阿贝尔

挖苦:"中学还未毕业,太自不量力了","数学殿堂还没有跨进,就想攻难题了."阿贝尔不予理睬,痴迷这个难题,在霍尔姆伯老师的肯定、赞扬和指导下,他借来欧拉、拉格朗日、拉普拉斯等大师们的高等数学著作,潜心研读,了解当时数学的前沿课题,并从大师们的著作中寻找攻克这个难题的思想和方法.霍氏老师在校长和同事们面前常常夸耀阿贝尔"将成为世界上最大的数学家".

阿贝尔在中学的最后一年,宣布发现了五次方程的求根公式.他把自己的观点写成论文交给老师,老师看不懂,转送给大学的数学教授,教授也看不懂.又将论文转交给丹麦著名数学家戴根(Deger).戴根也挑不出什么毛病,他认为这个数学家长期解决不了的问题,不可能这么简单就获得解决.于是写信给阿贝尔,希望他用实际例子来验证结果是否正确,信中最后说:"即使你得到的结果最后被证明是错误的,也显示出你是一个有数学才能的人".并建议他:"把注意力放在一门对于分析和力学会有大影响的数学……一个用功和有才能的研究者不会局限在具有美丽性质的函数,而且会从海峡进入广阔无限的分析海

洋".

阿贝尔遵照戴根的启示,用实例证实自己发现的求根公式,结果是错误的.但他不气馁,也不灰心,因为戴根的鼓励给了他很大力量.

1821 年秋,身无分文的穷孩子阿贝尔,在几个教授资助下,进入了大学.在学好其他功课的前提下,继续研究一般四次以上方程的根式解.

屡遭失败后的阿贝尔从失败中悟出了其中原因:人们长期以来为什么连连失手,难道预示着鲁菲尼他那个用不严格的方法"证明"的"次数 $n \geqslant 5$ 时,方程不可能用系数的根式求解"的命题吗?他迅速地调整了自己的思路,寻找严格证明"不存在性"的途径.

经过 5 年的努力,1824 年,22 岁的阿贝尔证明了一般的五次和五次以上的代数方程不可能有根式解(某些特殊方程除外),后来被命名为"鲁菲尼-阿贝尔定理".

阿贝尔写成以题名为《一般五次代数方程不可解性的证明》的论文的消息传出后,像一声春雷震惊世界,他回答困扰数学界约 300 年的难题,五次和五次以上方程没有像二次、三次方程那样的求根公式,不少人目瞪口呆,不相信他的眼睛和耳朵,这么难的题被一位无名小卒解决了,都想读读这篇论文.阿贝尔的论文没有杂志愿意发表,只好自费出版.他家里很穷,为了减少印刷费用,他把论文压缩成 6 页.1824 年小册子出版,他把它寄给包括高斯在内的许多大数学家,可是一直没有得到这些数学大师们的反应.

此后,为了继续深造和求职,阿贝尔得到一些出国经费,他来到欧洲大陆拜见著名数学家和科学院院士.他的论文没有人看懂,据说寄给高斯的小册子,高斯看了题目觉得这个世界难题,用这么少的篇幅就解决,不可置信,并说:"太可怕了,竟然写出这样的东西来!"连内容未看就搁在他的其他书堆里,把论文打入了冷宫.这一系列的冷遇使阿贝尔受到极大的伤害,这篇论文直到两年后被一位重视人才的德国人克雷尔在他创办的《纯粹与应用数学杂志》

创刊号上详细地发表了,后来的第二、三卷又共专门发表他 22 篇高深数学论文.

"鲁菲尼-阿贝尔"虽然证明了不存在求根公式,但是,能用根式解或不能用根式解的代数方程到底用什么方法来判断? 这就是说,上面这个世界难题还没有彻底解决. 令人遗憾,阿贝尔还没有来得及再深入研究,1829 年,因过度劳累得了肺病,不久便在贫穷和疾病的折磨下离开了人间,他只活了 26 岁.

阿贝尔在故乡去世 3 天后,他收到慧眼识才的克雷尔的一封信,附有一份德国柏林大学聘他为数学教授的聘书. 可惜克氏为他争来的迟到聘书,已无法解决他生前失业求职的奔波了.

三、珍贵的科学遗书

阿贝尔未竟的事业,由一位比他小 9 岁、经历比他更坎坷、更悲惨、极富传奇的法国青年伽罗瓦(E. Galois,1811—1832)(图 4-5)担当起来.

图 4-5 伽罗瓦

伽罗瓦的父亲是镇长,母亲是一个法官的女儿,受过正统的教育,她是儿子的启蒙老师. 伽罗华自幼受到良好的教育,渐渐地显露出他才华横溢、思维敏捷、喜爱数学的才能. 在 15 岁(1826 年)的时候,伽罗瓦自学了勒让德、拉格朗日、柯西、欧拉和高斯等名师的数学经典著作,老师说他"被数学的鬼魅迷住了心窍". 从 16 岁起,在数学教师理查德(Richard,1795—1849)帮助下,致力于代数方程理论的研究. 理查德老师发现别人认为乖僻"古怪"的伽罗瓦是一个难得的数学天才,认为他"只宜在数学的尖端领域工作".

伽罗瓦从 1828 年开始的几年里引进了"群"的概念,获得现在称之为伽罗瓦理论的许多重要结果,其中之一是五次和五次以上代数方程可解性的判别准则,彻底解决了阿贝尔遗留下的问题.

伽罗瓦的理论是极富创造性的伟大发现.1829 年 5 月,17 岁的他把自己的论文呈交法国科学院,由著名数学家柯西审稿,因论文引用了许多新概念,又过于简略,柯西希望伽罗瓦重写一篇详细的论文.1830 年 2 月伽罗瓦第二次将论文呈交法国科学院,不久柯西出国,改由 62 岁的傅立叶审查,傅立叶把论文带到家中,不久他去世了,这篇论文杳无音信.两次挫折,伽罗瓦愤怒地写信质问科学院的权威们:"第一因为我叫伽罗瓦,第二因为我是大学生",而"预先决定我对这个问题的无能为力".这封咄咄逼人的信,批评他们轻慢"小人物".后来法国科学院劝他再写一份.1831 年 1 月伽罗瓦又将重抄论文第三次呈交科学院.热心的泊松教授审查了这篇遭遇两次失稿的论文.审查了近半年之久,泊松怎么也看不懂这篇具有创新、超时代思想的不朽论文,便批上"完全不能理解",把论文给否定枪毙了,并且在退回稿时建议伽罗瓦把论文写得通俗详尽一些.

正在读大学一年级的伽罗瓦,此时碰上"法国七月革命",由于他积极投身于政治,为此曾两次坐牢.在监狱里,冰冷的石墙铁窗,阴暗潮湿的牢房,非人的政治犯待遇,再加上传染病流行,年轻的伽罗瓦身体受到了严重的摧残,尽管环境如此恶劣,他仍在思考怎样把论文修改得通俗详尽一些.他在幽暗如豆的蜡烛下,以双膝为桌,继续完善关于五次方程的研究成果.

1832 年 4 月,监狱传染病流行,当局又审问不出什么来,经狱外战友强烈要求放人的情况下,伽罗瓦被释放了.1832 年 5 月 31 日,伽罗瓦与一个军官因爱情纠葛(又说是政治陷害)决斗时饮弹身亡,死时他才 21 岁."壮志未酬身先死,常使英雄泪满襟".临死前他对守在旁边的弟弟说:"不要忘了我,因为命运不让我活到祖国知道我的名字的时候."

在决斗前夜,他给忠实朋友舍瓦烈写了著名的"科学遗嘱",其中充满自信地说:"我一生中不止一次敢于提出我没有把握的命题……你可以公开请求雅可比或者高斯,不是对于这些定理的正确性而是对于它重要性发表意见.以后,我希望有一些人将发现,把这些东西注释出来对他们是有益的".

数学历史的一片天空上一颗光芒耀眼的灿烂彗星,划破长空,一闪而过,瞬间无影无踪,可它对现代数学及自然科学的影响,整整持续了一个多世纪,直到现在,乃至将来……命运的厄难不是摧垮而是造就了一个真正的数学奇才,鲲鹏展翅惜早逝,千古文章未竟才!

四、数学史上一座丰碑

伽罗瓦死后的信和论文当时没有交给数学权威雅可比和高斯,而是由他弟弟转给了舍瓦烈.伽罗瓦的名字长期被人遗忘,舍瓦烈多次找地方出版"科学遗嘱",也未果,经过努力,他的遗书发表在《百科评论》上,但也没有引起人们的注意.

伽罗瓦去世后的11年,他的数学手稿辗转到了著名数学家刘维尔的手里.睿智的刘维尔惊奇地发现了这些著作的巨大价值,经过3年的整理,正式向法国科学院报告这位年轻数学家已经彻底解决了方程用根式求解的问题.1846年10—11月,伽罗瓦的主要论文《关于用根式解方程的可解性条件》重新发表在刘维尔主办的数学杂志上,刘维尔还写了序言向数学界推荐,这时伽罗瓦已逝后14年了.从此,伽罗瓦的思想才逐渐引起人们的注意和理解.他的不长的论文,从很简洁而又深刻的思想出发,解开了许多著名数学家为之奋斗几百年而没有解决的困难症结.

24年后的1870年,法国数学家约当(M. B. C. Jordan)在他的著作《置换和代数方程论》中对伽罗瓦的理论做了详尽介绍.从此,伽罗瓦理论才逐渐为世人所了解.为了纪念创始人的功绩,伽罗瓦理论称作"伽罗瓦群"或"群论".

群论不仅完全解决了代数方程的根式可解与否问题,而且群论为现代数学提供了新奇的武器,使数学皇冠发出奇光异彩.群论成为抽象代数中最精湛的部分,是代数学的一次大革命,使代数学一跃而进入新时期——近世代数或抽象代数的时期,表现出了它的巨大作用.

群论的应用很广泛,如可以证明古代"三等分任意角"、"立方倍"和"化圆为方"不可解性.群论在数学各领域,在物理、化学、现代生物学、通讯编码等自然科学中都有着广泛的应用,并且在量子力学、量子化学、高等物理中,越来越显示出它的强大的生命力,甚至在社会科学方面也有重要作用……

人们狂呼"伟大",但又十分惋惜,一方面创造者在人间仅仅度过 21 个春秋,英才早逝,生命太短促了;另一方面,燧石射出灿烂的光辉太晚了,使现代数学的发展迟缓了好几十年.

阿贝尔和伽罗瓦这两个都是 20 多岁的青年,人生坎坷,道路曲折,多灾多难,厄运相似,如此年轻早逝的伟大数学家,在中外数学史上实属罕见.今天,他们生前那孜孜以求的事业成功的宏愿,他们艰辛坎坷的人生旅程,他们那备受创伤的创造型人格,给我们留下了多么深刻的启示.

阿贝尔和伽罗瓦对代数学的贡献是伟大的,概括起来至少有二:第一,他们把群的思想方法用到代数方程的研究中去,开辟了研究方程式的新途径,并借助群论解决了方程论中的难题;第二,他们的工作结束了代数学中以解方程为中心的时代,促使人们采用一种更加抽象的观点来研究代数学.

他们开创了代数学的一个新时代,是数学史上一座丰碑!

第六节　对数简史

17世纪，对数的发明以及它在简化计算中的作用，震动了世界，极大地引起了人们的兴趣．人们把它同笛卡儿的解析几何、牛顿和莱布尼茨的微积分并列为"最重要的数学方法"．法国大数学家拉普拉斯赞美说："一个人的寿命如果不拿他活在世界上的时间长短来计算，而拿他一生中所做的工作的多少来衡量，那么可以说，对数的发现不仅避免了它冗长的计算与可以的误差，而且实际上倍延了天文学家的寿命．"

对数是怎样诞生呢？又有什么曲折、动人故事？

一、发明对数的先驱

早在公元前3世纪，古希腊数学家阿基米德曾在他的著作《数沙者》中，研究过两个数列：

$$1,\quad 10,\quad 10^2,\quad 10^3,\quad 10^4,\quad 10^5,\quad 10^6,\quad 10^7,\quad \cdots\cdots (1)$$
$$0,\quad 1,\quad 2,\quad 3,\quad 4,\quad 5,\quad 6,\quad 7,\quad \cdots\cdots (2)$$

阿基米德比较数列(1)、(2)，得出一个有趣的结论：数列(1)是首项为1，公比为10的等比数列，其中两项的积也一定是(1)中的项，数列(2)是(1)的指数．由此可见，阿基米德已经完全掌握了幂的概念和幂的运算同指数间的联系，因此，他对(1)、(2)的比较已经孕育着色彩斑斓的对数思想．

最早擦燃对数思想火花的是德国数学家斯蒂菲尔(M. Stifel, 1487—1567)，他在《整数的算术》(1544年)中指出："关于整数的这些奇妙的性质，可以写成整本书．"这里斯蒂菲尔所指的奇妙性质是他发现如下两行数：

第一行：$-3,-2,-1,0,1,2,3,4,5,6,7,8,\quad 9,\quad 10,\quad 11,\quad 12,\cdots$

第二行：$\frac{1}{8}$, $\frac{1}{4}$, $\frac{1}{2}$, 1, 2, 4, 8, 16, 32, 64, 128, 256, 512, 1024, 2048, 4096, …

之间有一种关系，第一行是等差数列，第二行是等比数列. 他发现第一行数之间的加、减运算的结果与第二行相对的数之间的乘、除运算的结果一一对应，如计算 16×128，只要在第二行找出 16 对应第一行数 4，128 对应的第一行数 7，将 4+7=11，则第一行数 11 对应的第二行数 2048，就是 16×128=2048 所得的结果. 对除法也可类似进行（对应数改为相减）. 斯蒂菲尔称上行数为"指数"，意思是"代表者"，实际上是"原数"以 2 为底的对数，如 $\log_2 8 = 3$，$\log_2 128 = 7$ 等等. 这里，尽管斯蒂菲尔还没有建立一般的对数概念，但可以看出他已经发现了对数的如下运算法则：

$$\log_2 (a \cdot b) = \log_2 a + \log_2 b, \log_2 \left(\frac{a}{b}\right) = \log_2 a - \log_2 b.$$

由于当时，人们没有建立指数概念，历史上是先发现对数，后发现指数（人称反常现象）. 因此，对分数指数、无理指数等均不知道，故对于像 27×35,637÷13 等情况，他无法确立其对数的"指数"，在数列中怎么也找不到 27,35,637,13 等. 对这个问题他伤透了脑筋. 后来竟放弃了这一个伟大问题研究，斯蒂菲尔只好说："这个问题太狭窄了，所以不值得研究". 太遗憾了，他把可贵的发现"对数"思想的火花熄灭了，把本来已经走到发明对数边缘的脚又缩了回去，延缓了对数发明的时间，真是可惜！

二、脱离繁杂运算的苦海

对数是天文学与三角学相结合的产物. 16 世纪科学技术的发展，尤其天文、测绘等的异常迅猛发展，令科学家头疼的是巨大繁杂的数字运算，浪费了他们有限的时间. 为了减轻人的计算劳动和提高运算速度，英国数学家纳皮尔（J. Napier, 1550—1617）（图 4-6），用了 20 年的时间研究，终于在 1594 年掌握了对数的

图 4-6 纳皮尔

基本原理,他在 1614 年出版的《奇妙的对数表的描述》,给出了对数的性质、定义和应用,并且创造了"对数"这一术语.正如纳皮尔常说:"我总是尽我的一切力量,来减轻人们繁重单调的计算.这样令人厌烦的计算,往往吓倒了许多学习数学的人."

纳皮尔是苏格兰爱尔丁保贵族,他多才多艺,除对数外,在天文学、数学计算、球面三角和"纳皮尔算筹"(乘除速算的计算机)等方面卓有成就,球面三角学有他发现的公式.

纳皮尔在当时没有指数概念情况下,从纯几何角度出发,利用线段的比,发现了对数,纳皮尔对数记为 Nap. $\log x$. 他发明的对数可以推出相当于以 $\frac{1}{e}$ 为底的对数(e=2.718…),当时他称为"人造对数".

同一种理论像春天的花卉一样会在各地开放,对数这朵花在异地开放了.瑞士有一位钟表匠,他是天文学家开普勒的助手,名叫比尔吉(J. Bürgi,1552—1632),约在 1600 年,在不知道纳皮尔工作的情况下,从代数的途径,独立地发现了对数,由于他的《进数表》延误到 1620 年才发现,比纳皮尔晚 6 年,这时纳皮尔对数已闻名全欧洲了,比吉尔的名字被淹没了,鲜为人知.

当然,纳皮尔的对数发表后,并没有立刻引起轰动效果,但却震惊了远在英国的一位数学家布里格斯(H. Briggs,1561—1631).布里格斯是一位几何教授,后为牛津大学天文学教授,他"慧眼识英雄",一眼就读懂了纳皮尔对数的重大价值,1616 年他在一篇文章中高度评价道:"纳皮尔用他新颖而奇妙的对数使我能够用脑和手来工作.我从未读过一本能使我这样惊异和喜爱的书

第四章　算术与代数

了.我希望今年夏天能见到他".

1616 年夏天,布里格斯千里迢迢,从伦敦到爱丁堡拜望纳皮尔.两位知音拥抱在一起,喜悦的热泪流了出来,成为数学史上"高山流水识知音"的千古佳话.布氏先开口说:"我长途跋涉惟一的目的就是想见见你本人,并且想知道,你是靠什么的一种天才武器第一次发现这个对天文学真是妙不可言的方法——对数.为什么没有人早些把它找到呢?"

纳皮尔讲述了他发明对数的经过和具体计算方法之后认为:一种新理论的诞生,好比产妇分娩前巨大阵痛一样,只有正确的概念,才能成为一贴灵丹妙药,使剧痛得以减轻.

布氏也交流了自己的发现,并向纳皮尔的对数提出了用幂指数表示对数的改革建议,如取 1 的对数为 0,10 的对数为 1,100 的对数为 2 等,这正好是以 10 为底的常用对数.纳皮尔完全赞同他建议,并订出了改进计划.但天有不测风云,人有旦夕祸福,第二年(1617 年)纳皮尔还未开始改进便与世长辞了.于是,56 岁的布里格斯承担了这项重任,经过夜以继日的勤奋研究,终于发明了"常用对数".人们为了纪念他的发现,把常用对数也称为"布里格斯对数".1624 年,布氏出版《对数算术》,根据常用对数理论造出了 14 位的"常用对数表".

1619 年,英国教师斯彼德尔(J. Speidell)也在研究对数,他在《新对数表》中提出接近以 e 为底的自然对数.又有资料说,自然对数是英国奥特雷德(W. Oughtred,1574—1660)发现的.

从 1614 年到 1624 年的短短 10 年,人们发现了四种形式的对数:相当于以 $\frac{1}{e}$ 为底的纳皮尔对数;以 e 为底的自然对数;比尔吉对数和以 10 为底的常用对数.这些对数是不同的.现在有的数学书将前二者混为一谈,这是不对的.

17 世纪末,上述对数早已诞生的情况下,才有人认识到可用指数概念定义对数.首先做这项工作的是威廉斯(J. Williams,

1675—1749),在 1742 年给威廉(G. William)的《对数表》所写的序言中,他第一次把对数定义用幂指数系统进行论述,扭转了先有对数后有指数概念的反常现象的历史,成为后来用指数定义对数的先驱.

对数理论建立以后又向前发展,1702 年,瑞士数学家约翰·贝努利(B. Johann,1667—1748)最先引用复数的对数,大数学家欧拉在他的名著《无穷小分析导论》(1748 年)指出复数有无限多个对数,同时又明确提出对数函数是指数函数的逆函数.欧拉的"对数源于指数"公布以后,学校数学课本正式先讲"指数",后讲"对数",改正了颠倒的历史.

17 世纪中叶,对数通过西方传教士传入中国,1648 年波兰传教士穆尼阁带了各类算书来到中国.1653 年我国薛凤祚与他合编《比例与对数表》,这是传入我国的最早的对数著作.当时,在 lg2＝0.3010 中,"2"叫"真数"(流传至今未变),"0.3010"叫做"假数","真数与假数对列成表",所以叫对数表,后来改"假数"为"对数".

清代不少数学家研究对数很有成就,如戴煦(1805—1860)将旧有求对数的方法加以改进发现多种求对数的捷法.这里还有一段佳话,1854 年英国艾约瑟(J. Edkins,1825—1905)看见戴煦的著述,大为叹服.这年他专程前往杭州拜访戴煦,虽然遭到戴煦的拒绝,但艾约瑟并不因此而不悦,仍推崇戴煦,并将他的《求表捷术》一书译成英文寄回英国,成为中西数学交流的例证之一.

三、对数表的诞生

对数概念建立以后,为了方便与提高计算速度,数学家又创造了各种对数表,不用计算,查表即得.

如纳皮尔大约用了 20 年的时间,造出了世界上第一个长达200 页的八位正弦对数表,人们称它为"珍奇的对数表".几乎同时,比尔吉从 1603 年到 1611 年,花 8 年时间造出了第一张以 e＝2.718……为底的四位自然对数表.

1617 年,数学家布里格斯造成了 1—1000 的 14 位以 10 为底的常用对数表.

由于首数与尾数的应用,节约了篇幅,加快了制表与计算速度.1624 年布里格斯著作中,首先引进"首数"一词,而"尾数"一词则是在 1693 年英国沃利斯(J. Wallis)的《代数》中最先出现的.过去纳皮尔的表不分"首数"与"尾数",致使对数表篇幅很长.

与此同时,人们根据需要还造出多种适应不同用途的对数表.有人统计过,各类表已超过 500 种了,成为用表计算的一道风景线.

对数的发现,为社会的发展提供了十分得力的工具,正如当时最优秀的科学家伽利略(G. Galilei,1564—1642)说过:"给我时间、空间和对数,我可以创造出一个宇宙".足见对数的巨大作用.

有趣的是,1971 年,尼加拉瓜发行了一套邮票,尊崇世界上"十个最重要的数学公式",每张邮票以显著位置标出一个特殊公式,并在其反面,以西班牙文对该公式的重要性作简要说明.有一张邮票是显示纳皮尔发明对数的,再次表明,对数是永远不会在数学中消失的.

最后,讲讲纳皮尔小故事.纳普尔曾把一些精力用在当时政治和宗教的论争中,1593 年的一本书中对罗马教会进行深刻广泛的攻击,书中他努力证明:教皇是反基督的.此书重印 21 版.他在书中曾预言:将来有许多穷凶极恶的军事机械,如想象中的坦克等……,他当时这些超时代的、引人注目的天才和想象力被一些人认为他有精神病,或者是一个妖术贩子.因此,对他的传说故事很多.举二例:

故事一,一次,他宣称他家的黑毛公鸡能鉴别他的仆人之中谁偷了他的东西.仆人被一个接一个的叫进暗室,要他们拍公鸡的背.仆人不知纳皮尔用烟墨涂了公鸡的背.做贼心虚的一个仆人怕挨着那支公鸡,回来时手是干净的,纳皮尔立刻查出是他偷的.

故事二,有一次纳皮尔的邻居养的鸽子吃了他的粮食,他向邻居抗议说,要是不管好鸽子,他要没收它们.邻居认为纳皮尔根本捉不住鸽子,便对他说:尽管捉好了.第二天邻居看见他的鸽子在纳皮尔草坪上蹒跚地走着,十分惊讶,眼巴巴看着纳皮尔把鸽子装进一只大口袋.因纳皮尔在草坪上撒了用白兰地酒泡过的豌豆,鸽子醉了.

第七节　行列式与矩阵

在前面第三节我们介绍了由方程发展起来的一个分支:古典代数(即初等代数)亦即一元高次方程的解法问题.本节介绍方程发展的另一分支线性代数学.

线性代数学的兴起与发展是随着 17、18 世纪生产和科学技术的发展与要求而发展的,亦即从线性方程论、行列式论和矩阵论中产生与发展起来的.

行列式和矩阵是线性代数学的基础,又是解线性方程组(由一次多元方程所组成的方程组,叫做线性方程组)的重要工具.

从逻辑上,矩阵概念先于行列式概念,而数学史上它们出现先后正相反.矩阵的基本性质是在行列式的发展过程中建立起来的.行列式和矩阵是 18、19 世纪高度有用的工具,是数学器具的一部分.

一、行列式简史

在中学里我们学习过二阶、三阶行列式,但却不知行列式的产生与发展历史.

早在 17 世纪和 18 世纪初,行列式在解线性方程组中就得到了发展. 如最早引入行列式概念的是日本数学家关孝和（Seki Takakazu, 约 1642—1708）（图 4 – 7）于 1683 年在《解伏题之法》（即解行列式问题的方法）首先提出来的. 他发现行列式多半受惠和借鉴《九章算术》的影响.

图 4 - 7　关孝和

在欧洲的 18、19 世纪, 行列式广泛出现在解线性方程组中, 以下数学家曾作出了较大贡献.

1693 年, 微积分创始人之一的莱布尼茨在研究方程组解法时, 得到现今被称为结式的一个行列式, 从而成为行列式发明者之一. 他在给法国数学家洛比达（L' Hospital, 1661—1704）的信中提出三条相异不平行直线（用今式表示）:

$$\begin{cases} a_1 + a_2 x + a_3 y = 0, \\ b_1 + b_2 x + b_3 y = 0, \\ c_1 + c_2 x + c_3 y = 0. \end{cases} \quad 今称系数行列式, 相当于今式 \ D = \begin{vmatrix} a_1 & a_2 & a_3 \\ b_1 & b_2 & b_3 \\ c_1 & c_2 & c_3 \end{vmatrix}$$

共点的条件是 $a_1 b_2 c_3 + a_2 b_3 c_1 + a_3 b_1 c_2 = a_3 b_2 c_1 + b_3 c_2 a_1 + c_3 b_1 a_2$, 用现在的话说, 即系数行列式 D 为零.

1729 年, 英国数学家马克劳林（C. Maclaurin, 1693—1746）在其遗著《代数论著》中曾用行列式的方法解含有两个、三个和四个未知数的线性方程组, 还使用了所谓的"克莱姆法则". 瑞士数学家克莱姆（G. Cramer, 1704—1752）于 1750 年把这个法则记载在《线性代数分析导言》中, 但他没有把行列式作为一个单独理论加以研究和阐述.

1764 年, 法国的贝祖（E. Bezout, 1730—1783）研究齐次方程组, 证明了系数行列式等于零是方程组有非零解的条件.

以上都是行列式的早期工作（还可举出一些）, 大都来源于解线性方程组以求得紧凑简单的表达式.

正式把行列式理论作为专门研究,而不单纯作为工具的第一个人是法国数学家范得蒙德(A. T. Van Dermonde,1735—1796).1772年他建立了用阶子式和它们的余子式展开行列式的法则,成为行列式理论奠基人.同年,法国数学家拉普拉斯(P. S. M. Laplace,1749—1827)证明并推广了这个法则.

19世纪是行列式理论形成和发展的大丰收时期."行列式"这个词是法国数学家柯西在1812年首先使用的.在他的论文中首先使用 a_{ij} 等双重脚标记法把元素排列成方阵.1815年,他建立了行列式的乘法定理,并得到一些性质,对后来矩阵的运算有很大的影响.

用两条竖线画在一个方阵的左右两侧来表示行列式的是1841年英国数学家凯莱(A. Cayley,1821—1895)创用的.

后来,英国的西尔维斯特(J. J. Sylvester,1814—1897)坚持五十多年始终不渝的学者和凯莱共同发展了行列式理论.此外,1832年,德国的雅可比(C. G. J. Jacobi,1804—1851)研究了关于函数行列式(被誉为雅可比行列式).1841年他发表了《论行列式的形式与性质》一文,标志着行列式系统理论的建立.至此,到19世纪末行列式基本面貌已经勾画清楚了.

我国古代虽然没有行列式概念,但在《九章算术》中解线性方程组的方法与行列式的运算十分相似.

清代华蘅芳(1833—1902年)翻译的《算式解法》(1899年出版)第十三卷专讲行列式,当时译为"定准数",书中是这样表示一个三阶行列式及其展开式:

$$\begin{vmatrix} 甲 & 乙 & 丙 \\ 丁 & 戊 & 巳 \\ 庚 & 辛 & 壬 \end{vmatrix} = 甲戊壬⊥丁辛丙⊥庚乙巳丅庚戊丙丅辛巳甲丅壬丁乙$$

这里"⊥"表示加号,"丅"表示减号.

第四章　算术与代数

附录(自学材料):拉普拉斯、雅可比趣轶

1. 拉普拉斯

出身农民的拉普拉斯(P. S. M. Laplace, 1749—1827)(图 4-8)是法国著名数学家. 16 岁入大学,18 岁只身去巴黎找工作,身带知名人士介绍信去见当时著名的数学家达朗贝尔(J. L. R. D' Alembert, 1717—1783),被拒之门外. 回到住处,就力学的一般原理写成一篇论文,并附一封信给达朗贝尔. 达氏从文章中发现其才能,很快复信说:"你用不着别人介绍,你自己就是很好的推荐书". 几天后在伯乐识马的帮助下,拉氏当上了巴黎军事学校数学教

图 4-8　拉普拉斯

授,并在行列式、概率论等领域作出显著成绩. 拉氏轶事很多,如:

轶事一,1773 年,法国青年都想考入拉氏任职的军事学校,当年 24 岁的拉氏是一名考官,应考者有 180 名,大多是巴黎有钱人家子弟.考试中突然进来一位矮小青年农民,穿破皮鞋,手里拿着一根木棒当扁担."朋友,您找谁? 是不是搞错了!"拉氏惊异地问.来人脸上绯红,喃喃低语:"我是来应考的".一个乡下佬来考试,考场哗然,考生与考官哄堂大笑起来.

拉氏并不歧视地向他提问,出乎意料,这位考生,聪明伶俐,对答如流.拉氏又提出更难问题,都没有难倒该考生.拉氏大喜,当场宣布这个农民青年获得第一名,并上前拥抱他.后来知道该考生是一个面包铺老板儿子,名叫鲁奥,并在拿破仑军中屡建奇功,后被升为将军.

轶事二,拉氏对科学新秀无私提携,真挚关怀. 如法国几何学家比奥(J. B. Biot,1774—1862)谈到他年轻时,在一次科学院会议

上宣读论文的情形;拉氏院士出席了那次报告会,会议结束后,拉氏把他拉到一边,给他看一份发黄的手稿.这是拉氏与他完全相同的发现论文,拉氏一直没有发表,因拉氏知道他在研究这个问题,并把手稿送给他,鼓励他继续研究,后来帮他发表,但拒绝在论文上署上拉氏的名字.

拉氏平常喜欢说:"数学研究中的新兵都是自己的义子,要像对待自己亲儿子那样扶植自己".

轶事三,拉氏的著作写得简练,有时省略一些证明,用"显然可知"表示.美国数学家鲍迪奇(C. N. Bowditch,1773—1838)译拉氏著作为英文时说:"每当我遇到拉氏说'显然可知'时,我就要花好多小时冥思苦想,去补充其脱节之处,并确定证明它是多么的显然可知".

轶事四,1785年,拉氏又主持考试,要从16名考生中录取1人.被他选中的不是别人,正是后来当皇帝的拿破仑.拿破仑重用拉氏,封为帝国伯爵,授予荣誉军团大十字勋章等,并让他担任了半年的内务大臣,后因工作平庸被免职.后来,拿破仑被推翻,拉氏便抛弃了昔日的"恩人",在是否流放拿破仑的意见书上签了同意的名字,换来新上台者任命他为梦寐以求的巴黎理工大学委员会主席.后来拿破仑再次上台,又遭再次流放.

拿破仑对拉氏评价说:"拉普拉斯是第一流的数学家,但事实很快表明他不过是一位平庸的执政官(指内务大臣),……他从不认真对待任何事情,而是到处寻找可乘之机.他没有可以信赖的思想,并终于把无限小人物的精神带进了政府之中".这是拉氏政治生涯的真实写照.

2. 雅可比的故事

德国数学家雅可比(C. G. J. Jacobi,1804—1851)教授在行列式理论、椭圆函数论及创用数学符号等成就较大,是位著名的教育家和卓越的数学家.

他为人师表,激励并影响了众多有才干的学生.他对理论与应用数学的关系正确认识. 当时有人抵制应用科学的研究时,他说:"科学的真实目的是发扬人类精神的光荣",认为两者的研究都重要. 他引用柏拉图说过"上帝永远几何化",并仿效地说"上帝永远算术化". 表明他认为应用科学研究也很重要的.

雅可比的数学思想,常常是慷慨激昂地向同辈们讲述关于阿贝尔的一篇杰作,他说:"由于他的工作比我高明,我对他赞美不绝". 显示他追求真理,不贬低同行.

二、矩阵简史

把数排成横的叫做行,排成纵的叫做列,把几行几列的排在一起组成长方形的表如 $\begin{pmatrix} -1 & 6 & 0 \\ 3 & 1 & -2 \end{pmatrix}$,$\begin{pmatrix} 3 & 1 \\ 2 & 0 \end{pmatrix}$ 就叫做矩阵. 行和列相同的矩阵叫做方阵.

矩阵概念直接从行列式概念而来,是从解线性方程组中产生的. 矩阵概念最早出现在我国的《九章算术》方程章. 该书所说的"方程"实际是"矩阵". 所说的"方程术"的中心内容就是对方程(即矩阵)施行"遍乘"与"直除"两种运算."遍乘"的实质就是以不为零的数同乘行,"直除"的实质则是将某行的同一倍数加于另一行. 也就是今天说的矩阵的初等变换.《九章算术》里用矩阵形式解线性方程组方面已经发展得相当成熟了,但是中国数学中矩阵始终只被利用来解线性方程组,而没有作为一个专门理论加以研究,因而没有建立起独立的矩阵的理论.

在欧洲,由于有行列式的成果作为基础,1850 年前后矩阵理论的发展是非常迅速的."矩阵"这个词是英国的西尔维斯特(J. J. Sylvester,1814—1897)在 1850 年首先提出并使用的. 他在碰到线性方程组的方程个数与未知量个数不等,无法运用行列式概念时提出这个词的. 1855 年凯莱(A. C'ayley)也引出了矩阵概念. 他发现这一概念的思想时说:"我绝不是通过四元数而获得矩阵概念

的,它或是直接从行列式的概念而来,或是作为表达线性变换
$\begin{cases} x'=ax+by, \\ y'=cx+dy. \end{cases}$ 的一个简便的方法而来的".并且他随之把矩阵作
为一个独立内容加以研究.他定义了两个矩阵相等的概念,又
定义了矩阵的运算、零矩阵和单位矩阵、逆矩阵等.此时他还
发现了著名的哈尔顿-凯莱定理等.一般认为他是矩阵理论的
创始人.

现代矩阵的很多结果是在 19 世纪下半叶取得的.矩阵分支很
多,还有许多数学家做了工作,如 1854 年法国的埃尔米特
(C. Hermite,1822—1901)提出了正交矩阵的概念;1870 年法国的
约当(M. E. C. Jordan,1838—1922)用相似矩阵和特征方程的概
念,证明了矩阵可以化为标准形(今称约当标准形);德国的弗罗贝
尼乌斯(G. Frobenius,1849—1917)于 1878 年提出了最小多项式
的概念,于 1879 年引入了矩阵的秩的概念;1892 年,梅茨勒
(Metzlet,1863—?)引进了矩阵的超越函数,对 e^x、$\log A$、$\sin A$ 及
$\sin^{-1} A$(即 $\arcsin A$) 等建立了级数,矩阵论从矩阵代数走向矩
阵分析.

进入 20 世纪以后,矩阵理论、线性代数及其应用、线性代数计
算方法等又有了长足的发展.

第五章　三角学的产生(补充自学材料)[*]

三角学是以研究平面三角形和球面三角形的边和角的关系为基础,达到测量上的应用的一门学科,同时还研究三角函数.

本章只介绍分散在中学数学的三角学内容,如概念、解三角形的一些公式、三角函数等的产生与发展史.

第一节　三角学的起源

三角学起源于天文、测量、航海等实际需要,与古希腊几何学有着不可分割联系.

"三角学"一词最早来自拉丁文"trigonometria",使用英文一词"trigonometry"(三角学)的是一位偏爱数学的德国牧师皮蒂斯楚斯(B. Pitiscus,1561—1613)他在 1595 年出版的《三角学:解三角形的简明处理》,1600 年再版时改名为《三角学,或三角形测量》5 卷被多次重版. 这是一部以"三角学"为标题的著作.

过去,一些数学史书都把"三角学"一词解释为"来自希腊文三角形与测量"二词合并构成的,原意是"三角形测量,也就是解三角形". 这是不正确的,因为古希腊文里没有这个字,原因是当时三角学尚未形成一门独立的学科,它依附于天文学.

三角学的发展大体可分为三个时期.

第一时期是远古到 11 世纪以前. 当时只用于测量三角学范围内的一些问题. 这时期只能从埃及、中国、印度、阿拉伯等数学著作中发现有关三角学知识,但看不到角的函数的概念.

---

[*]　新课标没有此专题,但因内容重要,特作"补充自学材料"处理,仅 5 千字.

第二时期从 11 世纪到 18 世纪.平面三角学(含球面三角学)脱离天文学而独立成为数学的一个分支.如 13 世纪阿拉伯纳西尔丁(Nasir al-Din al-Tūsi,1202—1274)在《论完全四边形》中第一次把三角学作为独立学科论述.继艾布瓦法(Abŭl-Wafá,940—997?)首次证明了正弦定理 $\frac{a}{\sin A}=\frac{b}{\sin B}=\frac{c}{\sin C}$($a,b,c$ 为三角形三边,A、B、C 为三内角).同时他给出了三角函数定义,编制了大量三角函数表和发现一些三角公式.

第三个时期是 18 世纪以后.随着研究范围的扩大,三角学已成为研究三角函数的主要对象的学科,一度属于分析学的一个分支.现在已将三角学归为几何学的一个分支.

三角学最早出现在测量上,如早在公元前 3000 年的古埃及建造金字塔、丈量耕地等;公元前 600 年左右希腊数学鼻祖泰勒斯利用相似三角形原理测量金字塔的高,成为西方三角测量的肇始.

我国《周髀算经》中商高(公元前 1100)用矩测高望远,比泰勒斯早 500 年.其方法后来被称为"重差术".

第二节　三角函数的定义与著作

一、三角函数的定义

德国数学、天文学家雷蒂库斯(G. J. Rheticus,1514—1576)是波兰哥白尼的学生和好友,他使用直角三角形的边与边的比定义相当于今正弦、余弦等六种三角函数的第一个人,他之前的人是用圆的弧与弦来讨论的.有趣的是他雇用了一批计算人员,花 12 年首次编出间隔 $10'$ 的六种三角函数表.1562 年又接编更精密的正弦、正切、正割表,可惜生前未完成,1596 年由他的学生完成刊行.

第五章 三角学的产生(补充自学材料)

近代三角学始于瑞士大数学家欧拉,他于 1748 年出版《无穷分析引论》,这是一部划时代三角学著作.他第一次在单位圆(半径为 1)内以函数线段与半径比来定义三角函数.它的定义成为现代中学数学课本的三角函数定义了.这是三角学第三个时期的代表作.第一次用解析方法叙述三角学理论.并且欧拉创用 a、b、c 表示三角形三边,A、B、C 表示对应三个角,大大简化了三角公式.这标志着三角学从研究三角形的解法进一步转向研究三角函数及其应用的一个数学分支.

二、关于三角学的著作

最早的第一本三角著作是希腊天文学家托勒密(Ptolemy,约公元 100—170)继公元前 2 世纪帕霍斯(Hipparchus,约公元前 180—前 125)的天文学书,加以整理发展著成《天文学大成》13 卷.被认为是西方第一本系统论述三角学理论的著作或为三角学创始人.

托勒密书中,在希帕霍斯编制从 0°到 180°之间各角正弦函数表(他叫"弦表")的基础上,加以研究,编制出 0°到 90°每隔半度更精确的弦表.这是世界上最早的正弦函数表.

德国数学家缪勒(J. Müller)于 1464 年写成的《论各种三角形》(他去世 69 年后才出版),这是一部欧洲人把三角学脱离天文学的独立的系统的三角学著作,其中有 33 个定理属于今天解三形的范畴.

1597 年,韦达也编制出精确到 5 位和 10 位的六种三角函数表及其造表方法.他发现正切定理与和差化积公式.

正如前述,近代三角学著作是欧拉《无穷分析引论》(1748 年).

第三节 三角函数名称与符号

中学六种三角函数名称、符号是怎样产生呢?

一、正弦名称与符号

正弦是最重要也是最古老的一种三角函数,托勒密以后,三角学经过几个世纪的不景气,当希腊数学传入印度以后,印度数学家阿耶波多(Āryabhata,公元 476—550?)进行了重大改革,获得了近似于现代的正弦概念. 为了区别希腊人的"弦表",他称为"半弦",用词"Jiva"(意为猎人之弓弦)表示正弦名称. 后来辗转传抄字形字意变了,未被流行.

1150 年,意大利翻译家杰拉德(Gerard of Cremona,1114—1187)译正弦为拉丁文 Sinus(弯曲、穴之意),这就是现代"正弦"一词的来源.

Sinus 当时没有很快使用. 直到 474 年后的 1624 年,英国的冈特(E. Gunter,1581—1626)正式使用了缩写 Sin,(还有许多创用缩写号)但未被采用.

直到 18 世纪中叶以后,数学家才渐渐趋于统一缩写"sin"表示正弦. 可知,今日正弦符号的形成,前后经历千多年的历史.

二、余弦名称与符号

余弦名称与符号的产生很慢,曾出现过 10 多个名称、记号,很不统一. 如约 1120 年意大利数学家普拉托(Plato)称为"剩余的弦";15 世纪德国的缪勒称为"余角的正弦";约 1624 年英国的冈特记余弦为 Co. Sinus;三十余年后的 1658 年英国的 J·牛顿(J. Newton,1622—1678)在《不列颠三角术》最先改为 cosinus. 从此,余弦这一名称才固定下来. 1764 年英国的穆尔(J. Moore,1617—1679)创用"cos。". 表示余弦,但未被人广泛采用. 直到 18 世纪变成现在的"cos".

三、正切、余切名称与符号

这两个函数由日影的测量而引起的. 世界上第一部正切函数表的作者是我国唐代和尚数学家僧一行(683—727 年). 不过当时尚未产生正切函数概念.

在我国一百年后,阿拉伯海拜什哈西卜(Habashal-Hǎsib, 764？—864 与 874 之间)在 850 年首先提出正切概念.

阿拉伯人树一竿于地上,测其日影长度,把"余切"叫做"直阴影",叫"反阴影"为"正切",这是早期名称.

正切、余切现代名称、符号出现很晚. 丹麦自学成才的数学家芬克(T. Finck,1561—1656)在《圆的几何》(1583 年)中创用"tangent"一词代替"反阴影"一直沿用至今. 1620 年英国的冈特创用"cotangent"代替"直阴影". 1583 年芬克曾用缩写符号"tan."(或tang)表示正切,用 tan. com(或 tan. comp)表示余切. 正切符号"tan"于 1626 年也出现在荷兰翻译家基拉德 A.(Girard,1595—1632)的《三角学》一书中.

1658 年英国的 J·牛顿创用缩写号"ctg"表示"余切". 1674 年英国的穆尔(J. Moore,1617—1679)用缩写"Cot."表示余切[①].

至今正切、余切符号各国没有统一. 现代的英美多用 tan 和cot(或 tn),而欧洲大陆(含前苏联)多用 tg(或 tang)和 ctg. 我国大陆教材 1949 年前采用英美记号,1949 年后改用欧洲大陆记号,近年又恢复用英美记号.

四、正割、余割名称与符号

约 860 年后,正割、余割也是由阿拉伯数学家海拜什哈西卜首

[①]以上见梁巨数学历史典故,沈阳,辽宁教育出版社,1992 年,第 121 页.

先提出的. 直到 1551 年, 德国的雷蒂库斯在《三角学说准则》书中完全收入正弦、余弦、正切、余切、正割、余割等 6 种函数并附正割表.

正割术语"Secan"的缩写符号"Sec", 最早由丹麦的芬克(1583 年后)和荷兰的基拉德(1626 年)正式使用. 而"余割"(Cosencane)的缩写至今没有统一, 有 CSC、Cosec 等写. 谁先创用, 说法很多, 无法肯定. 我国目前采用 csc.

五、关于反三角函数符号

首先创用人的说法多, 如有书说[①]反三角函数是 1729 年丹尼尔(B. Daniel, 1700—1782)采用"As"表示反正弦; 1736 年欧拉"Ar"表示反正切; 1776 年瑞士的兰伯特(J. H. Lambert, 1728—1777)则用"arc·sin"表示反正弦. 后来去掉中间的"·"便成"arcsin"沿用下来.

又有书说[②]"arcsin"是法国数学家拉格朗日于 1772 年引进的.

又有书说, 1813 年英国的赫谢尔(W. Herschel, 1792—1871)创用 $\sin^{-1}x$, $\tan^{-1}x$ 等另一符号表示三角函数, 后被英美派所采用. 这种符号优点是将三角函数与反三角函数统一起来.

我国当前教科书上采用 arcsin, 但在课外书中也看到 $\sin^{-1}x$ 的形式.

最后还要指出六个三角函数符号的性质问题. 本来三角函数如 sin 与对数函数 log 是运算符号, 可是"好些数学书上或公开宣称或多方暗示, 说 sin、log 等是没有意义的符号, 必须后面跟以一

---

①骆祖英, 数学史教学导论, 杭州: 浙江教育出版社, 1996 年, 第 409—410 页.
②张奠宙等, 近代数学教育史话, 北京: 人民教育出版社, 1990 年, 第 22 页.

个数或一个变元 x 才有意义. 这等于否认运算,只承认依变元了."[1]所以,三角函数符号 sin,cos,……,对数函数符号 log 等是表示运算性质符号,是有意义的.

第四节　三角学一些公式、定理的产生

(1)公元前 2 世纪托勒密《天文学大成》中,从希帕霍斯成果中总结出了一个今称的托勒密定理:"在圆内接四边形中,两对角线之积等于两对对边乘积之和". 由这个定理,托勒密推导出了下列三角公式,用今式表示:

$$\sin^2\alpha + \cos^2\alpha = 1(同角三角函数)$$
$$\cos(\alpha + \beta) = \cos\alpha\cos\beta - \sin\alpha\sin\beta(两角和公式)$$
$$\sin(\alpha - \beta) = \sin\alpha\cos\beta - \cos\alpha\sin\beta(两角差公式)$$
$$\sin^2\frac{\alpha}{2} = \frac{1}{2}(1 - \cos\alpha)(半角公式)$$

(2)阿拉伯天文、数学家阿尔·巴塔尼(Al. Batani,约公元858—929)积 41 年的天文观测数据,在著《星星科学》一书中,用代数方法,从三角出发,得其同角三角函数:

$$\frac{\tan\alpha}{r} = \frac{\sin\alpha}{\cos\alpha}, \frac{\cot\alpha}{r} = \frac{\cos\alpha}{\sin\alpha}$$
$$\frac{\sin\alpha}{r} = \frac{1}{\csc\alpha}, \frac{\cos\alpha}{r} = \frac{1}{\sec\alpha}$$

当取 r=1(即单位圆),与现代同用三角函数公式一样.

同时,他也发现余弦定理,但仅作一个习题,未能普及与广泛应用,直到约 500 年后,他的同胞阿尔·卡西才给出了如下余弦定理,用今公式表

$$a^2 = (b - c\cos A)^2 + c^2\sin^2 A$$

化简后与今一样. 但我们现在见到的余弦定理是韦达书中首

---

①莫绍揆,数理逻辑漫谈,济南:山东科技出版社,1980 年,第 45 页.

次给出.

(3)德国数学家韦内尔(J. Werner,1468—1528)是欧洲最先独立发现积化和差公式.当时被誉为韦内尔公式:

$$2\sin A\cos B = \sin(A+B)+\sin(A-B)$$
$$2\cos A\cos B = \cos(A+B)+\cos(A-B)$$
$$2\sin A\sin B = \cos(A-B)-\cos(A+B)$$

(4)韦达曾将三角知识系统化,给出了沿用至今的一些三角公式.他在《应用三角形的数学定律》(1579年)中,给出积化和差等公式、定理,用今公式表示:

$$\sin A \pm \sin B = 2\cos\frac{A\mp B}{2}\sin\frac{A\pm B}{2}(\text{与今一致})$$

积化和差:

$$2\sin A\cos B = \sin(A+B)+\sin(A-B),$$
$$2\cos A\sin B = \sin(A+B)-\sin(A-B),$$

半角公式:$\tan\dfrac{\alpha}{2}=\csc\alpha-\cot\alpha$,$\cot\dfrac{\alpha}{2}=\csc\alpha+\cot\alpha$

(注:将上公式中,把 $\csc\alpha$、$\cot\alpha$ 化为 $\sin\alpha$、$\cos\alpha$ 后,与今一致).

正切定理:

$$\frac{a-b}{a+b}=\frac{\tan\dfrac{A-B}{2}}{\tan\dfrac{A+B}{2}}(\text{与今一致})$$

三角恒等式:

$$\sin\alpha = \sin(60°+\alpha)-\sin(60°-\alpha)$$

此外,韦达在1615年出版《截角术》一书中,发表他在20年前研究的用 $\sin\theta$ 和 $\cos\theta$ 表示 $\sin n\theta$、$\cos n\theta$ 的恒等式是:

$$\cos n\theta = \cos^n\theta-\frac{n(n-1)}{2}\cos^{n-2}\theta\sin^2\theta$$
$$+\frac{n(n-1)(n-2)(n-3)}{1\cdot 2\cdot 3}\cos^{n-4}\theta\cdot\sin^4\theta\cdots\cdots$$

$$\sin n\,\theta = n\cos^{n-1}\theta\sin\theta - \frac{n(n-1)(n-2)}{1\cdot 2\cdot 3\cdot 4}\mathrm{con}^{n-3}\theta\sin^3\theta + \cdots\cdots$$

(5)棣莫弗公式. 法国数学家棣莫弗(A. De Moivrz,1667—1754)于 1707 年研究三角学时,于 1772 年正式,发表"棣莫弗公式(或定理)"

$$(\cos x \pm i\sin x)^n = \cos nx \pm i\sin nx$$

并证明了 n 为正有理数公式成立. 此公式已成为解析三角学之基本原理.

(6)欧拉公式. 欧拉在《无穷分析引论》(1748 年)中,证明了"棣莫弗公式"当 n 等于实数时该公式成立.

同时,得到下列被称为的欧拉公式:

$$\cos x = \frac{\mathrm{e}^{\mathrm{i}x} + \mathrm{e}^{-\mathrm{i}x}}{2},\sin x = \frac{\mathrm{e}^{\mathrm{i}x} - \mathrm{e}^{-\mathrm{i}x}}{2\mathrm{i}}$$

$$\mathrm{e}^{\mathrm{i}x} = \cos x + i\sin x$$

这些工作大大地丰富了三角学的内容,特别是欧拉还在最后一个等式中令 $x = \pi$,便得到一个绝妙的等式:$\mathrm{e}^{\mathrm{i}x}+1=0$.

这样,欧拉把数中最重要、最常用和最基本的五个常数 $1,0,i$,π,e(有人称为数学上的"五朵金花"),用一个漂亮的、简单的等式联系在一起,令人叫绝.

第五节 三角学输入中国

中国古代没有出现角的函数概念,但在古算中有解决三角学范围内的实际问题. 后来,随着欧洲传教士的到来,也把三角学传入中国. 传入中国的第一部三角学出现在明代崇祯四年(1631年),徐光启、德国传教士邓玉函与汤若望合编《大测》,该书主要讲述三角函数的性质和三角函数表的制作及其用法. 书中还用到五个公式:$\sin^2 A + \cos^2 A = 1$,正弦的二倍角、半角、两角和差公式. 同年,徐光启等人还编写了《测量全义》. 把三角函数表叫《测圆八线表》等. "八线"指正弦、余弦、正切、余切、正割、余割、正矢和余矢.

1653 年,我国薛凤祚与外国传教士穆尼阁合著《三角算法》,以"三角"取代"大测"、"八线",确立了"三角"名称.

公元 1887 年,华蘅芳等人合译《三角数理》废弃正矢、余矢,剩下今天的六种三角函数. 这是外国三角学第二次系统传入我国.

1935 年,中国数学会编制《数学名词》,正式确定名称为三角学(或三角法、三角术).

当然,当时编或译欧洲三角学时,使用符号五花八门,有点光怪陆离,如正弦用 $\dfrac{勾}{弦}$ 表示,正切用 $\dfrac{勾}{股}$ ……. 至于三角式不直接引用,而用一种混合字,如 1894 年《八线备旨》一书中一个算式写成

$$\begin{array}{c}=\\2\\+\\\sqrt{3}\end{array}\left|\begin{array}{c}余\\弦\\1°\\5\end{array}\right|\begin{array}{c}正\\弦\\1°\\5\end{array}\begin{array}{c}正\\切\\1°\\\underline{5}\end{array}\text{相当于公式 }\tan 15°=\dfrac{\sin 15°}{\cos 15°}=2+\sqrt{3}$$

直到 20 世纪初,才与今一致.

由此可知,三角学经历千年才形成独立数学分支,可见其发展是多么曲折.

第六章 平面解析几何的诞生

解析几何又叫坐标几何,它是通过建立坐标系,用代数方法研究几何图形性质的几何学.

第一节 解析几何产生的背景

解析几何产生于 17 世纪的欧洲.这不是偶然的,它正如恩格斯说的是"那个伟大时代"的产物.

17 世纪欧洲资本主义幼芽苗壮成长.航海、天文、力学、军事、生产等科学技术,给数学提供了一系列亟待解决的问题:如何进一步掌握行星运动规律;确定地球的经纬度;准确分析物体受力情况,准备计算炮弹运动轨迹以及研究机械运动特性等.上述这些问题,都难以在常量数学的范围内获得解决,于是促进人们寻求解决变量问题的数学方法.这就是解析几何产生的外部条件.

从数学内部本身的发展,也具备两个极为重要的条件:第一是初等数学日臻成熟.第二是数学观(希腊数学)和数学方法重大变化.导致数学从常量到变量的发展,作为数学的有力工具,为数学的方法论开辟了一条广阔的途径.

解析几何是 17 世纪由法国的笛卡儿和费马建立起来的.它的思想萌芽要追溯到二千多年前.早在公元前 2 世纪,阿波罗尼奥斯在研究圆锥曲线时,就曾引用两条正交曲线,借助这两条直交直线阐述了圆锥曲线的某些性质.这已是坐标思想的萌芽.公元前 2 世纪,希帕霍斯(Hipparchus,公元前 190—125)在解决天文、地理中的几何问题时曾明确指出,地面上一点的位置可由两个坐标来确定.14 世纪法国的奥雷姆(N. Oresme,1323—1382)在他 1360 年的著作中也曾陈述过用两个坐标来确定点的位置.至关重要的是天体运动和物体运动,如德国的开普勒发现行星围绕太阳运动的轨迹是椭圆;伽利略指出各抛射物体的运动轨迹是抛物线等,提出了用运动的观点来研究圆锥曲线和其他曲线的问题.由于几何图形表示了运动,启迪了人们反过来把静止不变的几何图形,视为变量运动的轨迹.这一来,就把变量引入了数学,从此,数学发生了质的变化——由研究常量的初等数学,进入了研究变量的高等数学.在初等几何和初等代数基本定型和成熟的基础上,人们试图用代数方法研究几何问题,于是产生了一门崭新的数学分支——解析几何.

第二节　笛卡儿的解析几何

图 6-1　笛卡儿

笛卡儿(D. Descartes,1596—1650)(图 6-1)是第一个杰出的近代哲学家、近代生理学的奠基人、第一流的物理学家、数学家[1].他出身法国一个富有的律师家庭.襁褓丧母,差点夭折,因而起名雷勒(Rene,再生,重生之意).在教会学校上学时,因身体弱,校方准许他早晨想起来为止,他利用此时养成在床上"晨思"的习惯,保持到老.

20 岁毕业于普瓦界大学,到巴黎当了律师.笛卡儿投身数学,完全出于一个偶然的机会.1617 年他参军到法国驻守在荷兰的军队中服役.有一次在街上看到一张数学难题征解招贴,但由于招贴是用当地佛来米语写的,他

---

[1]徐品方,中外著名科学家的故事(第三辑),笛卡尔,成都:四川少年儿童出版社,1997 年.

一点也看不懂,一位中年人热心地给他做了翻译,第二天他把解答交给那个中年人.中年人对笛卡儿的解答十分吃惊:巧妙的解题方法,准确无误的计算,说明这位年轻的士兵的数学造诣不浅.原来这位中年人就是当时有名的荷兰数学家别克曼(L. Beckman,1588—1637)教授.1621年笛卡儿回到巴黎,闭门研究光学仪器的理论与构造.1628年他移居荷兰,在较为安静、自由的学术环境里住了近20年,写出了他著名的作品,为科学文库留下丰富宝藏.1647年,由于他在著作中宣扬科学,触犯了神权,被天主教会审判,受到教会的野蛮迫害.1649年他应邀去瑞典做女皇的教师,1650年在那里患肺病逝世.

笛卡儿去世时,由于教会的干预,给他送葬的只有几个友人.教会不准为他致悼词,其著作1663年列为教会"禁书目录".但由于他的数学思想日益影响,他长眠17年后,法国政府才将他的骨灰运回国安葬,1799骨灰又被安放在历史博物馆;1819年移入圣日耳曼圣心堂中,得到最高崇敬葬地待遇.墓碑上刻着:笛卡儿,欧洲文艺复兴以来,第一个为人类争取保证理性权利的人.

1619年,在多瑙河的军营中,笛卡儿开始用大部分时间来思考他在数学中的新想法(一些书称为"梦中的发现故事"):是否可以用代数中的计算过程来代替几何中的证明呢?要这样就必须找到一座能连接几何与代数的桥梁——使几何图形数值化,从而能用数值的方法去解决,亦即简称"数形结合"的思想.

1637年笛卡儿出版了《科学中正确运用理性和追求真理的方法论》,一般简称《方法论》.

该书主要是哲学著作,但包括了3个著名的附录:《几何学》、《折光》和《气象》.

笛卡儿的《几何学》分卷内容,简述如下:

第一卷讨论尺规作图.将几何问题化为代

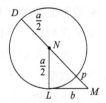

图 6-2

数问题,提出"仅用圆与直线的作图问题".例如,把一个几何作图归结为求线段 x,经过运算得出 $x^2 = ax + b^2$,a、b 是已知线段的长度. 于是 $x=\dfrac{a}{2}+\sqrt{\dfrac{a^2}{4}+b^2}$（他不考虑负根）. 笛卡儿指明了由 a、b 得出 x 的方法. 具体是：如图 6-2，他作 $\text{Rt}\triangle NLM$，其中 $LM=b$（即 b^2 的平方根），$NL=\dfrac{a}{2}$，延长 MN 到 O，使 $NO=NL=\dfrac{a}{2}$，于是 OM 长度就是所求 x 值.

第二卷讨论曲线的性质. 给出解析几何的基本思想，将点与一种斜坐标系下的数对 (x,y) 联系起来. 因此这卷是关于解析几何的创始.

第三卷是代数问题. 表述笛卡儿在代数上两个著名的结果，即讨论代数方程论中"代数方程根的个数"和给出"笛卡儿符号法则". 如他改进了符号系统，用 a、b、c 等表示已知量（常量），用 x、y、z 等表示未知量（变量）等等.

因此，笛卡儿解析几何的中心思想，首先建立一种普遍的数学，使算术、代数和几何统一起来，指出平面上建立一种坐标系之后，几何点和实数对 (x,y) 之间建立一一对应关系，从而可以用实数对 (x,y) 描写每个几何点；笛卡儿把曲线看成动点的轨迹，从而动点坐标 (x,y) 就成了变量，且它们之间存在着一定关系，这个关系就是以 x,y 为变元的代数方程的每一组解 (x,y) 都对应于一个点，不同的解对应于不同的点，这些点的全体构成一条曲线，从而形成了笛卡儿关于几何问题与代数问题可以互相表达的，亦今称函数与曲线的互相对应思想. 因此，研究几何问题，可以归结成相应的代数问题，可以完全运用代数的方法.

笛卡儿把以往对立着的两个研究对象"数"与"形"统一起来，并在数学中引入了变量的思想，从而开拓了变量数学领域，是数学史上一项划时代的变革.

恩格斯高度评价了笛卡儿的变革新思想. 他说："数学中的转折点是笛卡儿的变数. 有了变数，运动进入了数学；有了变数，辩证法进入了数学；有了变数，微分和积分也就立刻成为必要的了，而它们也就会产生,……".(《自然辩证法》1971 年,第 236 页.)

在欧洲文艺复兴以后,逐渐开创了理论和应用相结合的数学方法论.意大利的伽利略(G. Galilei,1564—1642)提出了用数学公式表达科学知识尤其是自然规律的新的方法论原则,他还第一次把数学方法和实验方法相结合用于科学研究.笛卡儿对数学方法论做了重要的发展,提出数学——演绎法,他把数学看作方法科学并把数学方法当作演绎推理的工具.他把代数推理方法和逻辑相结合,使之成为普遍的科学工具,利用它,他把代数和几何互相取长补短,而创建了解析几何.

笛卡儿 1637 年的《方法论》中说:"所谓方法就是把我们应该注意的事物进行适当地整理和排列".他认为,数学方法是一个知识工具,比任何由于人的作用而得来的知识工具更为有力,因而它是所有其他知识工具的源泉.

《方法论》的第一部分主要叙述了演绎法的分析.他主张在科研中把困难分成若干小的困难,要由简到繁,依次进行;最后列举并审查推理的步骤,要做得彻底,使之无遗漏的可能.他还用数学方法去解决哲学、物理学、天文学和各科技问题.可以说,这是笛卡儿赐给了那个时代及其后的一切数学家一种富有启发性的新方法.

笛卡儿在《方法论》中还提出了解数学题的通用方法,其过程表为:

任何问题→数学问题→代数问题→方程求解.

当然,笛卡儿解数学题的方法不能应用于一切场合,但确实有许多场合能应用他的想法.为了解决一个数学问题,他曾设计过不少通用方法,一般是行不通的,因他在方法论中没有告诉人们,在将任何问题划归为代数问题后如何继续.但他解数学题时的一些想法至今仍有意义.他曾说过:"当一个问题出现时,我们应当能及时地看一下,是否首先去考查某些别的问题会带来好处,并想一下哪些别的问题,以及按什么顺序去考查它们."

第三节　费马的解析几何

法国数学家费马（P. De Fermat, 1601—1665）（图 6 - 3）被誉为"业余数学家之王". 他的成就在 17 世纪数学史上非常突出. 他是牛顿、莱布尼茨大体完成微积分之前，为微积分作出贡献者之一. 他和荷兰的惠更斯（C. Huygens, 1629—1695）、法国的帕斯卡（B. Pascal, 1623—1662）一起被誉为概率论的创始人. 在数论上贡献很多，特别是 1621 年提出的著名的费马大定理（即"费马猜想"）：方程 $x^n + y^n = z^n (n > 2)$ 没有整数解（到 372 年后的 1993 年获得解决，见后面第八章第六节）.

图 6 - 3　费马

费马与笛卡儿同时独立发现解析几何原理，他在《平面与立体轨迹引论》（写于 1629 年，1679 年出版），是著名的解析几何著作. 书中有了解析几何的两个基本概念：坐标概念和通过坐标把代数方程同曲线相联系的概念.

费马的坐标法与我们现在不同，实际上是倾斜坐标. 如图 6 - 4，只取一条轴（横轴 AZ）及其上一原点 O. 他考虑任何曲线 $J'J''$ 和它上面的一般点 J 的位置，用两个字母 A、E 定出：A 是原点 O 到 Z 的距离，E 是从 Z 到 J 的距离，而且不是负数. 这里 A、E 就是我们现在所用的 x 与 y. 和笛卡儿一样，他提出用方程来表示曲线，并通过方程的研究来推断曲线的性

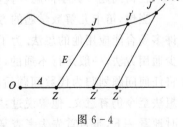

图 6 - 4

质. x, y 实际上为主变量, 曲线看作动点运动之轨迹, 因此便可得到一个方程. 费马说: "只要在最后的方程里出现了两个未知量, 我们就得到一个轨迹, 这两个量之一, 其末端就绘出一条直线或曲线".

根据这个原理, 费马得到了一些直线、曲线的方程: 通过原点的直线方程为 $ax = by$; 圆的方程: $r^2 - x^2 = y^2$; 抛物线方程: $x^2 = ay$; 椭圆方程: $\dfrac{a^2 - x^2}{y^2} = k$; 双曲线方程 (一支): $a^2 - x^2 = y^2$ 和 $xy = a$.

但因费马没有采用负坐标, 他的方程不能像他说的那样代表整个曲线.

第四节　优先权问题

当笛卡儿的《几何学》出版时, 两位解析几何发现者之间展开过一场有趣的争论.

笛卡儿当时知道费马的许多发现, 但否认自己的解析几何思想是从费马那里来的. 当笛卡儿《几何学》出版之际, 费马批评说笛卡儿书中没有极大值、极小值、曲线的切线, 以及立体轨迹作图法. 笛卡儿回答说: "费马几乎没有做什么, 至少作出了一些不费气力、不需要预备知识就能得的东西, 而自己的《几何学》第三卷中用了关于方程性质的全部知识. 而他 (费马) 的说法使人认为他是我们的极大极小大臣".

两人论战中都有支持自己者, 支持费马的有帕斯卡等数学家, 而追随笛卡儿的有德扎格 (G. Desargues, 1593—1662) 等.

但冷静下来以后, 争论有所缓和, 这两位法国著名数学家仍是好朋友. 费马虽然批评过笛卡儿, 但他又诚挚地说, 他佩服笛卡儿的天才, 但笛卡儿没有像费马那样宽宏大量.

事实上, 费马于 1629 年发现了解析几何的基本原理比笛卡儿的发现早 8 年,但其著作直到他死后 14 年的 1679 年才正式出版,比笛卡儿出版晚 42 年.因此使笛卡儿在解析几何发明优先权方面占了上风.人们认为,笛卡儿与费马研究解析几何的方法大不相同,表达形式也迥然不同;费马主要着眼于继承希腊人的思想,他认为自己只是重新表达了阿波罗尼奥斯工作;笛卡儿则从批判希腊的传统出发,认为自己是在革新古代的方法.笛卡儿方法更是一般性,也适用于更广泛的超越曲线.简言地说两人不同点:笛卡儿的解析几何是从一轨迹开始建立它的方程即从图形(曲线)→方程;而费马是从方程出发来研究它的轨迹,即从方程→图形(曲线).因此谁先发现解析几何的问题,历史公正的评价是:他们分别用不同的方法,各自独立地、差不多同时创立了解析几何,他们应该共享有创建解析几何的荣誉.

我国解析几何第一本中译本是由清代的李善兰(1811—1882)和传教士、汉学家伟烈亚力等人于 1852 至 1859 年间合译的,但不是单行本,而是记载在《代微积分拾级》(关于解析几何与微积分方面的译著)书中.当时把"解析几何"译为"代数几何",后来又有"代形合参"、"经纬几何"、"狄嘉尔形学"等译名.直到 1935 年,我国《数学名词》中正式审定为"解析几何".

第五节　解析几何的发展

任何一门学科的诞生,并非日臻完美,笛卡儿与费马的解析几何也是一样.在他们之后,这棵变量数学之始的树苗,经许多名家好手浇灌,终成一棵参天大树.

一、大众化译文

笛卡儿唯一的数学著作《几何学》,约 110 多页,写得精练,却词简理深,难以被更多人读懂,加上又不是用官方科技常用的拉丁文.1649年,法国数学家范斯柯登(Frans Vansch Coten,1615—
1660),为方便读者,用拉丁文通俗译出,阐发笛卡儿的思想方法,
克服和改进解析几何思想不明显的缺点,使之大众化,让解析几何
走近广大莘莘学子,这样才被更多人了解.

二、坐标法的日臻完善

坐标法是解析几何的关键词,也是解析几何的重要标志之一.
笛卡儿与费马的坐标没有负的纵横坐标,1655年英国数学家沃利
斯(J. Wallis,1616—1703)引进了负坐标,使解析几何所考虑的范
围扩大到整个平面.

在坐标系的建立上,笛卡儿的坐标系只有一根 x 轴,费马的
坐标系没有明确 y 轴.1691年,瑞士数学家雅各布·伯努利(Ja-
cob Bernoulli,1654—1705)曾对坐标系做了改进,得到类似于极
坐标,但效果不大,很快烟消灰灭.

"坐标"一词是莱布尼茨于1692年首先创用,"纵坐标"(今称
y 轴)是他两年后正式使用(另有资料说是瑞士的克莱姆);而"横
坐标"(今称 x 轴)到18世纪由德国的沃尔夫(B. C. V. Wolff,
1679—1754)引用的.

"解析几何"名称直到19世纪才由法国数学家拉克鲁瓦
(S. F. Lacroix,1765—1843)正式使用.

二次曲线也称圆锥曲线或圆锥截线,是解几重要内容之一.圆
锥曲线中的圆、椭圆、双曲线和抛物线,最早是公元前5世纪古希
腊人研究倍立方体问题引起的,经过希腊若干代人的研究,直到公
元前3世纪末才由希腊的阿波罗尼奥斯《圆锥曲线论》将其性质网
罗殆尽.

1665年英国沃利斯在《论圆锥曲线》中第一个将圆锥曲线定
义为含 x 和 y 的"二次曲线".并推导出各种圆锥曲线的方程.

1748年,欧拉在他的名著《无穷分析引论》中,给出了现代形

式的解析几何的系统叙述,可把欧拉之书看作现代意义下的第一本解析几何教程.该书从一般二次方程 $ax^2+bxy+cy^2+dx+ey+f=0$ 出发,引进参数方程和极坐标,系统地研究了圆锥曲线的各种情形,并证明经过适当坐标变换,任何带两个变量的二次方程总可以写成下列标准形中的一个,如

① $\dfrac{x^2}{a^2}+\dfrac{y^2}{b^2}-1=0$(椭圆);② $\dfrac{x^2}{a^2}-\dfrac{y^2}{b^2}-1=0$(双曲线);

③ $y^2-2px=0$(抛物线)……使二次曲线理论得到完善,成为近代解析几何学的重要组成部分.

三、极坐标的产生

1635 年意大利数学家卡瓦列里(B. Cavalieri,1598—1647)最先使用极坐标来求阿基米德螺线的面积.

1671 年牛顿在《流数法》中,把极坐标看成是确定平面上点的位置的一种方法.

1691 年,瑞士的雅各布·伯努利在《教师学报》上发表了一篇极坐标的文章,所以通常认为他们是极坐标的发明者之一.他还发现双扭线、对数螺线、悬链线、旋轮线等各种特殊曲线,这些内容对曲线概念扩充,极大地丰富了解析几何内容.

1729 年,德国数学家赫尔曼(J. Hermann,1678—1733)完善极坐标概念,明确地提出极坐标.

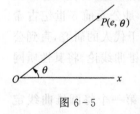

图 6-5

1748 年,欧拉给出了现代形式 (ρ,θ) 的极坐标,如图 6-5,并且还引出了曲线的参数表示.至此极坐标沿用至今.

关于直角坐标与极坐标互换公式,首先是赫尔曼于 1729 年给出,而欧拉在 1748 年第一个极坐标中明确使用了三角函数,产生了今天使用的公式:

$$\begin{cases} x = \rho\cos\theta, \\ y = \rho\sin\theta, \end{cases} \rho^2 = x^2 + y^2, \theta = n\pi + \arctan\frac{y}{x}.$$

四、从平面推广到空间

解析几何的一个重要发展是由平面推广到空间.

1715年瑞士的约翰·伯努利(B. Johann,1667—1748)引进了我们现在通用的三个平面,即空间解析几何.

到了19世纪,德国数学家格拉斯曼(H. G. Grassmann, 1809—1877)于1844年首先提出了多维空间概念.

解析几何的发展,推动了微积分学的发展,也促进了几何本身的进步,它的直接推广还产生了其他近世几何、现代的代数几何等分支学科(后面第七节讲).

总之,解析几何的创立,开始了用代数方法解决几何问题的新时代,这在数学思想史上可以看作是一次飞跃.法国著名的拉格朗日(J. L. Lagrange,1736—1813)曾说过:"只要代数同几何分道扬镳,它们的进度就缓慢,它们的应用就狭窄.但当这两门科学结合成伴侣时,它们就互相吸取新鲜的活力,从而加快速度的步伐走向完善."这段话无疑表达了解析几何的产生对数学发展的影响是深刻的.

第六节 函数概念的产生与发展

初等或高等数学中,函数概念是一个至关重要的概念,麦克阔马克说:"函数概念是近代数学思想之花."中学数学可以说是以函数为中心的一门科学.函数概念是怎样起源和发展呢?

一、函数概念的产生

从常量数学进入变量数学时期,随之产生了函数的概念.1637年出版的笛卡儿《几何学》中,第一次涉及到变量.同时也引入函数的思想,他指出 y 和 x 是变量的时候,也注意到 y 依赖于 x 变而变的思想.马克思说,法国的笛卡儿发明的解析几何,是函数概念从萌芽到产生,并且开始新的发展和重要意义的标志或里程碑.函数概念产生于 17 世纪.

二、解析的函数定义(第一次扩张函数概念)

1667 年英国数学家格列哥里(J. Gregory,1638—1675)第一次扩张了函数概念,认为"它是从其他的一些量经过一系列代数运算而得到的,或者经过其他可以想象的运算而得到的."这里的运算指五种代数运算以及求开方运算.这一定义被认为是解析的函数定义之始,但因该定义有很大的局限性,很快被人遗忘了.

1698 年,莱布尼兹的学生约翰·贝努利在研究中要反映刻画运动过程和各种变化量间的相依关系,他定义:"变量的函数是由这些变量与常量所组成的一个解析表达式",并把函数符号记作 x 或者 ξ.1718 年他又用 φx 表示 x 的函数."变量"一词也是这时引进的.这个定义较前有进步,但仍是用解析式定义,是不确切的.

1748 年,约翰的学生欧拉给出了他的第一个函数定义:"一个变量的函数是由该变量和一些数或常量以任何一种方式构成的解析表达式."这也是解析式表示法.关于函数符号 $f(x)$,欧拉早在14 年前(1734 年)便引入了,一直沿用至今.

用函数的解析式定义函数也有很大的局限性,比如某些变量之间的对应关系不能用解析式表达,那么根据这种定义就不能称为函数关系.当时,由于科技发展的需要,正确规定函数概念的紧迫感引起了数学家的注意,用函数的解析式定义函数概念既然不正确,那么怎样定义呢?数学家们在思考、寻觅.

三、图象表示的函数概念(第二次扩张)

一般公认最早给出函数定义的是德国数学家莱布尼茨,他在 1673 年的一篇手稿里指出:像曲线上的点变动而变动的几何量,如点的横、纵坐标,切线的长度,法线的长度等都称为函数.并且他强调这条曲线是一方程式给出的.这种用函数表示几何量,被后人称为"函数概念的几何起源".其实,是函数图象表示法定义之始.莱布尼茨在这里第一次把"函数"(function)一词作为专门的数学术语.但是,他有时又用"函数"一词表示幂 x,x^2,x^3 等.可见莱氏的函数的含义也是模糊的.于是,怎样规定函数概念,数学家们开始了一场争鸣.如法国数学家达朗贝尔和欧拉在研究弦振动问题时,各自提出了不同的函数概念.两人发生了争论.约翰的学生达朗贝尔支持他的老师的定义,并解释说任意函数定义是指:"任意的解析式."欧拉不同意他们的说法,他又给出他的第二个定义:"在 xoy 平面上徒手画出来的曲线所表示的 y 与 x 间的关系",把函数定义为"任意画出的一条曲线".两人争论很久,谁也没有说服谁.后来,约翰的儿子丹尼尔(B. Daniel,1700—1782)也参加争论,他提出一个企图调解折中的意见:正像复杂的振动是由简单的正弦曲线振动合成一样,欧拉所说的任意曲线可以写成级数形式.后来傅立叶(J. Fourier,1768—1830)同意此说,但两位长者不同意丹尼尔的观点,并狠狠地反驳.初生牛犊不怕虎,丹尼尔仍坚持自己的理论,后被傅立叶证明他是对的.现在看来,欧拉与达朗贝尔的定义都是函数的图象法,也是不正确的定义.

四、科学函数定义的雏形(第三次扩张)

1775 年,欧拉在《微分学》中第三次扩张了函数概念,他又给出了第三个函数定义:"如果某些变量,以这样一种方式依赖于另一些变量,即当后面这些变量变化时,前面这些变量也随之而变化,则将前面的变量称为后面变量的函数."这个定义可叫用"依赖变化"定义,朴素地反映了函数中辩证因素,体现了"自变"到"因变"的过程.因此被认为科学函数概念的雏形.

这里附带指出,欧拉前后给出了三个不同的定义(都有局限性),说明函数正处在不断的发展之中.今天来看,欧拉的第一、第三定义易理解,但过窄,因有许多函数是没有解析表达式(不规则曲线);也有的函数并不随自变量 x 的变化而变化(如当今平信邮资 y 是信件重量的函数,但是不超过 20 克仍为 $y = 120$ 分).第二个定义虽然属函数的图象法,颇接近现代函数定义的思想,但嫌不够明确.尽管如此,欧拉的三种定义对后世影响是很大的.

以后到 19 世纪初出现的函数定义,基本上为上面几种,仍没有重大的突破.如 1797 年,拉格朗日用幂级数表示的关系来定义函数;1807 年傅立叶用"任何函数可以表示成三角级数".

五、现代初中函数定义的来源(第四次扩张)

随着生产的发展,科技的进步,19 世纪函数概念经过罗巴切夫斯基(Н. И. Лобачевскцй,1792—1856)、柯西(A. L. Cauchy,1789—1857)和狄利克雷(P. G. L. Dirichlet,1805—1859)等的逐步改造,诞生了现代初中课本上的函数定义,如 1834 年俄国的罗巴切夫斯基定义:"这个一般的概念,要求把那个对于每个 x 而给予的并随着 x 而逐渐变动的数,称为 x 的函数.函数值则可能由解析表达式给出,也可能由一个条件给出,这条件提供检验全部数并从其中选出一个数的方法.最后,函数的依赖关系可以存在但仍然是未知的."这个定义又拓广了函数概念,有点"对应"思想味,但味淡而言繁.

1821—1823 年,柯西先后给出两个函数定义:"若当 x 的每一个值,都有完全确定的 y 值与之对应,则称 y 是 x 的函数."这个定义把昔日关于函数概念的解析式、图象法(曲线、连续)等纠缠不清的关系给予了澄清,也绕开欠严格的"变化"一词.柯西的函数定义十分重要,但对函数的本质 —— 对应思想强调不够,它离现代中学教材中的函数定义只有一步之遥,走完这最后一步的是黎曼和狄利克雷.他们第四次扩张了函数概念,向精确化前进,如 1837 年狄利克雷定义:"如果对于某一区间 $[a,b]$ 上 x 的每一个值,有完全确定的 y 值与之对应,不管这一对应是用什么方式建立的,总可以把 y 称作是 x 的函数."这个定义与现行初中《代数》课本定义相当接近(除多值函数外),可视为科学的函数定义,因为这个定义抓住了函数定义域和对应关系这一本质,比柯西的定义明确,彻底地抛弃了把函数视为解析式、图象法的束缚.按此定义,由狄利克雷给出

$$D(x) = \begin{cases} 1, x \text{ 为有理数} \\ 0, x \text{ 为无理数} \end{cases}$$

就是一个函数了,后人命名为"狄利克雷函数".

从 1637 年起算到 1837 年,初中这个函数概念的建立,应用了 200 年的历史.所以,现行初中课本上的函数概念是严密的,它的每字、每句是经过千锤百炼的,它是群体劳动的结晶.

当然,"对应"的意义在当时并不明确,如 1908 年英国数学家哈代(G. H. Hardy,1877—1947)定义为"函数的本质在于:x 和 y 之间存在某种关系,使得 y 的值总对应着 x 的某些值."就连黎曼也对"对应"有过不同的理解(略).显然,这些大数学家在较长时间里关于"对应"理解欠清楚,就是当代的初中生在接受函数概念时,也难于理解"定义域"和"对应",这也许有其历史渊源.因此,

初中函数教学应始终不渝地抓住构成函数的两个要素,揭示其内涵.

六、取消函数定义域限制(第五次扩张)

函数概念随着生产的发展和科学技术的需要,又进行了第五次扩张,这次扩张取消了黎氏、狄氏函数定义域的限制于全体实数或连续实数区间上取值,而不能既允许取连续值,也不许取不连续的,使函数概念适应广泛且进一步严谨了.例如 $y = f(x) = \dfrac{1}{x!}$ 的 x 取值范围只取正整数,也可看作函数,这是一个典型范例.于是,数学家们又给出了如下函数定义:"函数 $y = f(x)$ 的自变量 x 可以不必取 $[a, b]$ 中的一切值,而可以仅取其任一部分." 换言之, x 的定义域可以是一个数集(有限或无限数集),于是,此次扩张的函数概念较前既严格又广泛了.

七、近代定义(第六次扩张)

科学无止境,聪明的数学家们发现,上面的函数概念的定义域宽松、灵活多了,可是仍限制在数的范围,并且也没有意识到"函数"一词应当包括对应关系本身.经过努力,第六次扩张函数概念的出现了.美国数学家维布伦(O. Veblen, 1880—1960)在重新定义变量和常量的基础上,根据 1874 年德国数学家康托尔(G. Cantor, 1845—1918)创立的集合论给出了近代函数定义:"若在变量 y 的集合与另一变量 x 的集合之间,有这样关系成立,即对 x 的每一个值,有完全确定的 y 值与之对应,则称变量 y 是变量 x 的函数." 这个定义打破了"变量是数"的限制,变量可以是数,也可以是点、线、面、体、向量、矩阵等,甚至可以泛指任何一种研究的对象.

近代函数定义开辟了通向数学各个分支和其他科学应用的康庄大道,在集合论的基础上,现代函数的定义诞生了.

八、现代函数的定义(第七次扩张)

历史的车轮进入 20 世纪,人们对函数的认识又继续深化,不断完善,进行了第七次扩张函数概念,集合函数的概念出现了,形成现代函数的概念.

定义现代函数概念的方式很多,语言表达各不相同,但都建立在集合论的基础上,如用"对立"、"映射"、"规则"或"规律"、"关系"、"直积"、"有序元偶"或"序偶"、"特殊关系"等,其实质是一样的.

1. 高中函数的定义

在现代函数定义中,有一个被认为是公认的现代函数定义:"设 M 和 F 是任意集合,如果每一 $x \in M$,都有 F 中惟一元素与之对应,则说在 M 上定义了一个(取值于 F) 函数 f". 这里,若将"函数"改为"映射",就是现行高中《代数》上的函数定义:"当集合 A、B 都是非空的数的集合,且 B 的每一个元素都有原象时,这样的映射 $f:A \rightarrow B$ 就是定义域 A 到值域 B 上的函数." 因此,现行高中《代数》课本的函数定义源于此. 这是一种用特殊的映射来定义的,而映射可看作为一种"对应",故此函数概念是用"对应" 定义的.

显然,高中函数概念比初中更严格,它包括了三个要素:定义域、值域和对应法则. 因此对初中函数的两个要素来讲,高中阶段除深一层研究定义域、对应法则外,还要研究值域,无疑,难度比初中大得多. 这是定义本身要求的.

2. 集合函数定义

集合论的阳光把数学照得灿烂辉煌,在深化改革定义中,出现了集合函数,这是现代数学的定义了.例如 1911 年皮亚诺(G. Peano,1858—1932)、1917 年卡雷(F. S. Carey)、1939 年布尔巴基(N. Bourbaki)学派等,给出了类似定义:"对于以集合为元素而构成的集合 P 的每一个元素 A,如果在另一个以集合为元素而构成的集合 Q 中有完全确定的元素 B 与之对应,那么集合 Q 叫做集合 P 的集合函数".显然,当集 P、Q 中的元素 A、B 是由惟一的元素构成时,那么这个定义与维布伦的近代函数定义相一致.图形的面积、曲线的长等都是集合函数.

1940 年德国的豪斯多夫(F. Hausdorff)用"序偶"来定义函数.其优点是避开了意义不明的"变量"."对应"概念;其不足是又引入不明确的"序偶"概念.1921 年,波兰的库拉托夫斯基(K. Kuratowski)用集合概念定义了"序偶",克服了上述不足.

在 20 世纪 60 年代以后,又出现了用集合的直积(即常称有序元偶)来定义函数,如"设 X 和 Y 是两个集合,f 是直积 $X \times Y = \{(x,y) \mid x \in X, y \in Y\}$ 的子集,如果当 $(x,y) \in f$,且 $(x,z) \in f$ 时,总有 $y = z$,则 f 称为一个函数.如果 y 是实数值,f 是直积 $X \times Y$ 的子集合,则依上面的定义就确定了一个实值函数".

综上所述,自 18 世纪以来,函数概念是不断明确、完善,它的发展经历了七次扩张,寻觅精确定义函数的接力棒一代代往下传,至今三百多年了,其中最关键的转折可归结为以下三个阶段:

(1)约翰·伯努利和欧拉时期,提出了函数完整概念,把它理解为相依变量或解析式.

(2)柯西、黎曼、狄利克雷时期,第一次明确提出"对应"的概念,并利用它定义函数,奠定了近现代函数概念的基础,出现了现在初中函数定义.

(3)从皮亚诺开始,广泛使用集合概念,提出严格的现代函数概念,纠正了以前的各种函数定义含糊之处,出现了高中、大学以及现代数学中函数的精确化概念.

函数概念的产生、发展,实质上反映了近现代数学的迅速发展,同时也与函数论、解析数学的发展相辅相成.

第七节　近代几何与几何学家、名题

前面介绍了欧氏几何、解析几何,作为几何学的发展,在此扼要简介其他近代几何.

一、几何学的发展

欧氏几何的历史功绩不可磨灭,但随着社会的进步,科学的发展,许多国家早已开始或成功地对欧氏几何体系大动手术,将其体系通俗化、大众化、推理简洁化,甚至在电脑证明欧氏几何题方面,已经有了经验,一些不简单的几何定理用电脑证明也已梦想成真了.

欧氏几何统治人类2000多年,到17世纪,一些数学家发现了许多新的几何学,19世纪被誉为新几何发现的世纪,或几何非欧化的世纪.如法国的笛卡儿和费马先后创立了"解析几何";法国的蒙日和他的学生庞赛列等创立了"射影几何";俄国的罗巴切夫斯基等创立了"非欧几何";接着数学家又创立"微分几何学"、"射影几何"、"黎曼几何"、"几何基础"……从此,结束了唯我独尊一统天下的欧氏几何的统治.

令人高兴地看到,虽然有各种各样的几何学,克莱因(F. Klein,1849—1925)用群论完成了欧氏几何与各种非欧几何学的统一,成为19世纪科学史上最伟大的成就之一(详见本节二的末尾).

二、几何学家的故事(自学材料)

1. 非欧几何三个创始人的故事

不是欧氏几何的几何学统称非欧几何(又叫双曲几何).

众所周知,欧氏几何第五公设用等价公理说:"过一直线外一点,只能作一直线与已知直线平行"(简称第五公设或平行线理论),许多人认为欧氏把它当作公设,也许找不到这个命题的证明,被认为这是欧氏几何的污点.从公元前 3 世纪到公元 19 世纪初二千多年间,许多数学家呕心沥血,付出了宝贵的年华,都试图证明第五公设,企图把它变为定理,均以失败告终.

图 6-6　波尔约

到了 19 世纪 20 年代,德国的高斯、俄国的罗巴切夫斯基和匈牙利的波尔约几乎同时提出了非欧几何的思想,创立了非欧几何.

下面介绍这三位数学家发现非欧几何的故事①.高斯故事在第七章讲,这里介绍后两位.

(1)波尔约小故事.波尔约(J. Bolyai,1802—1860)(图 6-6)是匈牙利数学家.在读大学期间就研究欧氏几何第五公设(平行线理论),很快发现将此公设证明为定理是不可能的.在大学任数学教授的父亲是保守的,其父终身研究第五公设失败未果.父亲便写信劝阻儿子波尔约不要研究此问题,在一封信中说:"老天爷啊! 希望你放弃这个问题……

---

①传奇故事详见徐品方著,数学王子——高斯,沈阳:山东教育出版社.

因为它会剥夺你的生活的一切时间、健康、休息,一切幸福."儿子未理睬父亲,继续研究.后来他把研究成果写成论文,要求在他父亲的著作《附录》上出版.

出版前,他父亲将论文寄给大学同窗学友高斯,征求意见.高斯收到论文后非常吃惊,因为高斯在 30 年以前研究过,因保守怕指责,不敢发表.1832 年回信中说,对波尔约工作十分赞许,并说:"称赞他等于称赞自己在 30 年前开始的工作."高斯权威的回信不但没有给波尔约带来宽慰,反而伤害了他满怀希望的心.他怀疑高斯在利用自己权威争夺优先权.

后来,当波尔约看到罗巴契夫斯基的著作与自己工作很相似时,就更加生气了.从此,性情变得孤僻了,身体变坏了,再也不去研究数学.

年轻的波尔约的成果得不到父亲、老师和高斯支持,至于政府更不用说是不支持的.

后来因翻车受伤,被军队当作残废军官处理回家,社会上也不知他是一位非欧几何创立者之一的数学家,也遭冷遇.

回家后,贫穷和疾病,加上学术上与父亲观点不合,被父亲驱逐到偏僻地方独居.在这里又受到各种各样的社会欺凌和打击,与女友要结婚,因没有钱,教堂不办理登记手续,独身一人,消沉地生活.

1860 年,在贫病中去世,在安葬时只有三个人.

一位追求真理的年轻人消失了,但他敢于发表与欧氏几何不同的几何,并在向科学高峰攀登,披荆斩棘,不畏艰险的精神永远令人佩服.

波尔约死后 34 年的 1894 年,匈牙利数学会崇敬这位非欧几何创始人的功绩,在他墓前树立了石像;1960 年,世界和平理事会举办他去世百年纪念活动,建议设立波尔约数学奖,并把他的《附录》上的论文列入世界第一流科学经典.

(2)罗巴契夫斯基小故事.罗巴契夫斯基(Nikolai Lobatchev-

sky,1792—1856)(图 6 - 7)生于俄国高尔基城.1807 年考入喀山大学,毕业后留校任教.很早就从事欧氏几何第五公设的证明,后来认识到用欧氏其他公理证明第五公设是不可能的.但保留欧氏其他公理公设,而换以与第五公设相反的命题"过平面上直线外一点,至少可以作两条直线与原直线不相交"(等价地说,过平面上直线外一点,至少可以作两条或无数条平行线).推导出一系列与欧氏几何完全不同的命题,得到一个全新的几何体系.他在 1826 年 2 月 23 日[旧俄历 11 日]的喀山大学数学

图 6 - 7 罗巴切夫斯基

物理系大会上宣读了划时代的论文《几何原理概述及平行线定理的严格证明》.为了纪念罗氏的功绩,后人把这一天定为非欧几何的诞生日,并称这种几何为罗氏非欧几何.罗氏的新几何思想不但没有受人重视,相反却招惹人讥笑.罗氏为了捍卫真理,到 1855 年止,先后发表了《论几何基础》、《具有平行的完全理论的几何新基础》及《泛几何学》等著作阐述他的新几何.特别是最后一著作是在他双目失明情况下完成的,著作出版一年后(1856 年)便与世长辞.

罗氏的非欧几何,被誉为"几何学上的哥白尼",动摇了欧氏"神圣不可侵犯"的基础,大主教宣布为邪说,杂志上骂他是疯子.连不懂此几何的德国大诗人哥德,在其名著"浮士德"诗中嘲笑:"有几何兮,名曰'非欧',自己嘲笑,莫名其妙"(苏步青译).

历史是面镜子,本来三位都发现了非欧几何,对比之下,高斯的保守,波尔约的消沉,惟有罗氏坚持宣传新几何的精神实令人敬佩.

2. 黎曼几何

德国数学家黎曼(G. F. B. Riemann，1826—1860)把欧氏三维空间推到 n 维空间从而得到新几何学，人称"黎曼几何".

黎曼兄弟姐妹 6 人，家虽清贫却十分和睦. 他 6 岁读小学，数学天才开始崭露头角，解题能力比老师强，教师围着他转了.

14 岁读大学预科，19 岁入哥廷根大学，一年后去柏林学习，认识了当时许多著名数学家，如雅可比、狄利克雷等，三年后的 1850 年回到哥廷根大学，在高斯指导下研究数论.

1854 年(28 岁)为了评得哥廷根大学无国家报酬、由听课学生付酬的讲师职称，向学校递交了一篇《在几何学基础上的假设》论文，开始陈述他的黎曼几何思想. 此论文除高斯(指导教师)外，没有第二个人看得懂. 高斯评价极高.

黎曼数学上留下的论文，只够出一卷书，但其博大思想是后人取之不尽的源泉，在他涉猎的一切领域都提出了一些独创性见解.

爱因斯坦后来的广义相对论就是以黎曼几何学为基础的.

黎曼成就很大，但生活贫困，全家 8 口人，靠他一人挣钱养活. 他是一名编外讲师，经济收入不稳定，当上副教授那年，仍担负着 4 个妹妹的生活费用.

黎曼 36 岁才结婚，有了一个可爱的女儿，但因生活困难，工作劳累，身体更差，婚后不到一个月便得胸膜炎(又说肺结核)，被迫停止工作去意大利疗养，由于手头拮据，没有痊愈就返回哥廷根上课，挣钱养家糊口. 结果旧病复发，病情加重，当他第三次到意大利疗养时，他终于败在当时无法治好的病魔手下. 他带着对妻儿和妹妹的眷恋，带着对未尽事业的遗憾，走完了人生 39 个春秋而过早地离开人间.

至今，以他命名的数学术语有 10 多条，如"黎曼曲面"、"黎曼映射定理"、"黎曼函数"、"黎曼几何"等.

附录:欧氏几何、罗氏几何、黎曼几何比较.

这三种不同的几何:(1)有它们相同部分,这部分叫绝对几何.如等腰三角形两底角相等,全等三角形三个判定理,三角形三内角平分线交于一点;三中线交于一点等为公有定理.

(2)不同部分,主要是引进了不同的平行公理以后,导出很多不同结论,举例如下表:

	欧氏几何	罗氏几何	黎曼几何
平行公理	过已知直线外一个已知点,可以且只可以作一条直线与已知直线平行	过已知直线外的一个已知点,至少可作两条直线与已知直线平行	同一平面内任意两条直线相交.故没有平行线
三角形内角和定理	等于两直角	小于两直角	大于两直角
平行线间的距离	平行线间的距离处处相等	在平行线方向上无限接近而在相反方向上无限远离	
相似图形	存在相似图形	不存在相似图形	不存在相似图形
过三点作圆	过不共线的三点,可作且只可作一个圆	过不共线的三点不一定可画一个圆	
三角形的面积	与内角和无关	与角欠(二直角减去三内角和)成正比	与余角(三内角和减去二直角)成正比

非欧几何例子,后人找到一些,如 1989 年 4 期《国外科技动态》报道:沃里克大学戴维·爱泼斯坦教授给出小于 180°的三角形,在树叶卷曲部位表面上的三角形轨迹的内角和小于 180°,因为曲线相交的三个点是位于双曲平面上,用计算机才能绘出.

又如在赤道和两条经线取出的一个球形三角形的轨迹内角和

大于 180°.

3. 几何基础的创立者希尔伯特小传[①]

集现代公理化思想大成的是德国数学家希尔伯特（D. Hilbert，1862—1943）（图 6-8），他于 1899 年出版的划时代著作《几何基础》. 特别是 1900 年在第二届世界数学家大会上，向未来数学的研究方向提出了著名的 23 个问题，在一定程度上影响了 20 世纪数学的发展，至今还有一些问题未被解决.

希尔伯特的数学兴趣是靠他的母亲培养起来的. 他的母亲是一个着迷的素数研究者，又是一位家庭主妇. 她为了培养希尔伯特的数学能力，推迟了两年才让他上小学.

希尔伯特开始读书成绩并不很好，他自己回忆说："是一个蠢蛋". 后来读书非常勤奋，1879 年

图 6-8　希尔伯特

（17 岁）数学考试得了满分，学校评语是"热爱数学，学习得法".

希氏对文科的记忆力不强，理解力迟钝，因此中学时代，他用了比同学多出很多时间，去死记语言课的考试内容，但只有数学善于理解. 他觉得数学用不着死记. 各种公式都能自己重新推导出来，做到了对基础知识彻底了解，掌握了数学的思想方法，导致他后来选择了数学作为终生职业，在不变式论、几何基础、代数数论等贡献很大，成为伟大数学家.

[①] 详见徐品方编著，女数学家传奇，第四章，北京：科学出版社，2005 年初版，2006 年重版.

有一次,希尔伯特接受一位记者的访问,记者要让他谈谈他与数学有关的经历,他回答说:"实际上,我什么也不记得,记忆只会把思想搞乱,也许,人们从来认为我忘性方面有特殊的天赋.确实,就因为这个缘故,我才研究数学".

希氏的反应速度也很慢,是一个典型的"慢班"学生,但他却能不断提出问题,直到真正理解为止.他自己常说:"我之所以能搞出一点东西,就是我老有不明白的地方".

大学时与闵可夫斯基同学和年轻老师胡尔维茨三人,每天下午 5 时准时到校园的苹果树下会面,自由讨论数学难题,对他后来研究大有助益.

希氏 26 岁获博士学位,33 岁为哥廷根大学教授,一直工作到81 岁去世.

德裔美国著名数学家库朗(R. Courant,1888—1972)评价希氏说:"是他那个时代真正伟大的数学家之一,他的工作和他从事科学事业的那种感人的品格,一直深深地影响着数学科学的发展,今天也依然如此.作为一个数学思想家,他眼力深邃,精力充沛,富于独创,他多才多艺,兴趣广泛.这一切使他成为许多数学领域的开拓者.他确是一个出类拔萃的人物,深深地埋头于他的工作,把一切献给他的科学.他又是最好的教师和领头人,待人豁达开朗,诲人不倦,有一股不达目的终不罢休的劲头".

他死后,哥廷根在他的墓碑上刻上他生前一句豪言壮语:"我们必须知道,我们必将知道".

4. 射影几何的发明者:蒙日和庞赛列小传

法国数学家蒙日(G. Monge,1746—1818)(图 6 - 9)不仅是教育家、科学家,还是行政家.

蒙日出身卑贱,属于当时社会二等公民家庭.14 岁时研制成一台消防用水泵.18 岁毕业留校任物理教师,他在测绘上有成就,被推荐他去皇家工程学院学习,因不是贵族出身,没有资格入学,

第六章　平面解析几何的诞生

只准在附设土木班旁听课.

他 19 岁设计出一个防御工事,又发明了用平面图形表示立体形状.20 岁潜心学习数学名家的著作,开始发表第一篇数学论文.后来,由于成绩出众,才摘去被歧视的帽子.29 岁获"皇家数学和物理学教授",34 岁成为巴黎科学院几何学副研究员.

蒙日参加了 1792 年巴黎人民起义,推翻君主专制,出任海军部长,结识了拿破仑.拿破仑约他远征埃及,出任埃及研究院院长.拿破仑失败,王朝复

图 6-9　蒙日

辟,革除了蒙日一切职务、头衔.为此抑郁消沉,72 岁含愤殁于巴黎.

图 6-10　庞赛列

近世几何学的奠基人,法国数学家庞赛列(J. V. Poncelet,1788—1867)(图 6-10),巴黎理工大学毕业后,于 1812 年参加了拿破仑远征俄罗斯的战役.在冰天雪地、天寒地冻下,俄军设下空城计,使不适应严寒的拿破仑军队惨败,庞赛列受伤,被当作死尸丢弃在战场上.一支俄国打扫战场的小分队中一位士兵,发现这个身穿军官制服的"死尸"一息尚存,并救活了他,使他在严寒冰雪死里逃生.1813 年被关进俄国后方监狱.

在冰冷的石墙铁窗,阴暗潮湿的牢房里,他为了度过严酷单调的铁窗生活,他开始回忆在大学学过的数学知识,在极端艰苦条件下思考回忆射影几何.监狱里找不到笔和纸,他从火盆里偷偷留下

一些木炭条,在墙上画图研究,后来弄到了一些纸,便将三个多月的研究零乱地记在纸上.

1814年获得释放,他携带着七大本在狱中缭乱的笔记,他命名为"狱中笔记"回国.

回国后,经过几年功夫,把在铁窗下的笔记,研究整理成一书,被誉为"铁窗下诞生的射影几何",成为奠定近代射影几何学者之一.

最后交代一下,19世纪在几何非欧化的发展史上,诞生了以上五花八门的几种重要的,表面上互不相干的几何学,被德国数学家克莱因(F. Klein,1849—1925)用一根红线统一串联起来了.1872年他在德国爱尔朗根大学被聘为数学教授的任职演讲中,史称著名的"爱尔朗纲领"中,他曾用群论,把几种不同的几何学统一起来了.所谓几何学,就是研究几何图形对于某类变换群保持不变的性质的学问,换言说,任何一种几何学只是研究与特定的变换群有关的不变量.克莱因统一几何学的思想与内容,中学不讲,大学里要讲到.

三、中学几何名题选(自学材料)

五千年人类文明给我们留下一片浩瀚无边的数学文化知识大海,其中许多经久不衰的数学名题,犹如颗颗珍珠,闪耀着数学前辈智慧光彩.有的名题从相异国度产生,很快吸引各种肤色的人,成为磨炼历代数学爱好者的智力和毅力;各种变形、延伸和推广题目及其解法,像雨后春笋破土而出,衍生繁殖,争奇斗胜,拨响热爱数学的人的思维琴弦,引导一些人以数学为终生伴侣.

作为数学的历史名题,应该用浓浓的墨彩抹下它那颇具魅力、耐人寻味的不朽,任何时候想起数学家设喻生动、奇特巧妙、发人深思的名题,它会永驻心间,激励后辈攀登科学前进.

下面选介11道中学几何名题及其发现者(数学家)的趣事,启

第六章 平面解析几何的诞生

发你聪慧的大脑,触及你的数学灵魂.有的名题背后还珍藏着许多动人故事哩.至于下列名题的解法,一般数学书都有(此略).

1. 沃利斯问题

问题:证明周长相等的矩形中,正方形的面积最大(可用代数方法和几何方法证明).

沃利斯(J. Wallis,1616—1703)英国数学家.一生写了很多数学著作,其中《无穷算术》(1655 年)、《代数》(1685 年)、《论圆锥曲线》(1655 年)等为名著.这个问题就是在名著中提出来的.他对中学数学贡献不少,有许多第一,如较早肯定负数、无理数是数;第一个用几何方法解释"虚数";最早创用无穷大符号"∞",沿用至今,最早引进负的纵、横坐标;在微积分方面也有贡献.

他是一位精力旺盛、智慧超群的人,曾为议会党人破译被捕获的密码字母,也是首创聋哑教育方法的人.平时总是津津乐道鼓吹自己的成就,却不承认前辈给他的好处.多次卷入狂烈争辩.他经常发脾气,容不下批评他的人,采取还击别人的批评.沃利斯虽有瑕疵,但瑕不掩瑜,仍是一位伟大数学家.

2. 蝴蝶定理

定理:过圆中 AB 弦的中点 M 引任意两弦 CD 和 EF,连接 CF 和 ED 分别交 AB 于 P、Q,则 $PM = MQ$(如图 6-11).

定理背景故事:这个定理是在 1815 年西欧一本通俗杂志《男士日记》上的一个征求证明的几何问题.因图形像一只蝴蝶,后人取名"蝴蝶定理".当年,该题被英国一个自学成才的中学数学教师霍纳(W. G. Horner,1786—1837)给出了第一个证明.

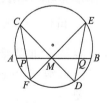

图 6-11

由于蝴蝶定理,后来的多种证法较繁,使用知识较深.在 1972年前没有用中学数学方法证明的,因此,1973 年一位艾维斯在他的《几何概观》中写道:"如果限用高中几何知识的话,这的确是一个棘手的问题".艾氏话音绕樑的第二年的 1974 年,一位中学数学教师斯特温(Steven)利用中学三角形面积关系,给出了一个漂亮而简捷的证明.从此以后,这个定理可用初等数学,甚至用初中数学来证明了.于是众多证法,像雨后春笋脱颖而出,证法多得不胜枚举,还出现一些变形、引申与推广题目①.

3. 雷麦斯-施坦纳定理

定理　两条内角平分线相等的三角形为等腰三角形.

定理背景故事:1840 年,德国柏林数学家雷麦斯(G. Lehmus)在研究高深数学的休息间隙,看到欧氏几何一个简单定理"等腰三角形的两个底角的内角平分线相等"(现行初中几何上有此定理),善于思考的他忽然逆向思维,提出它的上述逆命题是否成立.雷麦斯一天、二天都没有证明出来,他坚信这个命题是真的,可却一筹莫展.他毫不掩饰地写信给巴黎一个大学当教授的朋友斯图姆(J. C. F. Sturm,1803—1855),斯图姆不长于几何,也束手无策,并向周围老师介绍此题,希望得到求解.这个问题即便在今天,对一个没有经验和借鉴的读者来说,仍然是个

图 6 - 12　施坦纳

不容易的"世界难题".后来,雷麦斯写信给当时著名的瑞士几何学家施坦纳(J. Steiner,1796—1863)(图 6 - 12),希望证明这个命题.

施坦纳出生于瑞士的一个贫苦农民家庭,他幼年是一个牧童,

①徐品方,"蝴蝶定理史话",中学生数学,1989 年,第 1 期,第 13、14 页.

父亲没钱送他上学,14 岁还是一个文盲,18 岁时幸运地遇到一位善良的教师斯塔罗齐(J. H. Pestalozzi,1746—1827)把他吸收到小学校,让他半耕半读.

出身微贱的施坦纳,天资聪颖,穷人孩子多奇志. 在这位老师的循循善诱下,顽强地勤奋自学,对数学产生了强烈的爱好,不久,被这位教导有方的恩师发现了.1818 年,年方 22 岁的施坦纳,经过 4 年苦读寒窗夜,挑灯黎明前的学习,他跨越了小学、中学 10 多年的高栏,考上了德国的海德堡大学,毕业后在数学界跃居重要地位,1834 年成为柏林大学教授跻身于数学家之列. 他主要研究几何,被后人称为"欧几里得以来最伟大的几何学家."

1840 年的当年,施坦纳出手不凡,很快给出第一个证明,引起世界强烈反响,这个定理被命名为"雷麦斯-施坦纳定理".

1980 年,美国《数学教师》杂志第 12 期,在"读者述评"一栏介绍了这个定理的证明和现状.这个杂志的传播面很广泛,不到一年功夫,便收到包括我国在内的许多国家和地区的 2000 多封来信,提出 80 多种不同证法,人们归纳出发现,新颖不同证法 20 多种,至今还有别的证法,可谓"一道几何题,牵动万人心".此题还有一些变形、引申和推广定理①.

4. 维维安尼定理

定理　等边三角形内任一点到三边的距离之和等于定值(三角形的高).

维氏发现的这个定理,与我国现行教材上大家熟知的一个命题有密切联系:"等腰三角形底边上任一点到两腰的距离之和等于一腰上的高;等腰三角形底边延长线上任一点到两腰距离之差的绝对值等于一腰上的高".

维维安尼(V. Viviani,1622—1703)是意大利著名的数学家、物

---

①徐品方编著,数学趣话,福州:福建人民出版社,2001 年,第 183—191 页.

理学家.有一段趣事说,美国著名几何学家匹多(D. Pedoe)曾介绍过:"有一次一位经济学家打电询问他,说维维安尼定理在经济学上有重要的意义,但不知该定理是如何证明的,特向匹多教授请教".

其实,这个定理证明很简单,证法很多,而且也有引申与推广定理(略).

5. 卡特兰问题

问题:求作由圆外一点 M 引割线,使割线恰被圆周平分.

这个问题是比利时裔法国数学家卡特兰(E. C. Catalan, 1814—1894)的著作《初等几何理论与习题》中的一个问题.卡特兰在初等数学和高等数学研究上有不少成果.其中最著名的是卡特兰提出的世界著名猜想,被誉为"卡塔兰猜想".1842 年卡特兰提出:①8 和 9 仅是有两个大于 1 的连续整数,它们都是正整数的乘幂(如 $8=2^3$,$9=3^2$).是否有两个连续整数,它们都是正整数的乘幂? ② 方程 $x^z = y^n + 1(n > 3, xy \neq 0)$ 是否有正整数解.

这两个猜想,一百多年来世界数学家都没有解决,1962 年,四川大学教授柯召(1910—2002)以精湛的方法解决了这两个难度很大的猜想,柯召证明了"不存在三个连续整数都是正整数的乘幂".并且证明,不定方程 $x^z = y^n + 1$ 在 $n > 3$ 时无 $xy \neq 0$ 的正整数解,它只有唯一的解 $x = 3, z = 2, n = 3$.

柯召的证明震惊世界,人们把方程 $x^z - 1 = y^n$ 的结果称为"柯召定理".

6. 斯特瓦特定理

定理　设 D 为 $\triangle ABC$ 边 BC 上的任意一点,则 $AB^2 \cdot DC + AC^2 \cdot BD - AD^2 \cdot BC = BC \cdot CD \cdot DB$

斯特瓦特(Stewart,1717—1785)是英国数学家,对近世初等几何研究成果甚多.这个定理中涉及 6 条线段 AB、BC、CA、AD、AE、DC,故可以用它推到出三角形主要线段 —— 中线、高线和内外角平分线的计算公式[①].

7. 拿破仑定理

定理　以三角形各边为边分别向外侧作等边三角形,则它们的中心构成一等边三角形.

拿破仑(Napoleon,1769—1821)是法国历史上杰出的政治家、军事家和皇帝.他读炮兵学校时喜欢数学.在他当皇帝前后,常与本国著名数学家拉普拉斯和拉格朗日以及物理学家等交朋友,并且常与数学家讨论数学问题.他曾说:"一个国家只有数学蓬勃发展,才能表现它的国力强大".他在执政期间,身边云集一大批世界第一流的数学家.

数学史书上已习惯把上面定理称为"拿破仑定理",特别把他所得的正三角形称为拿破仑三角形.

有趣的是,以三角形每边为边向外作正三角形,则这三个三角形的外接圆共点,这点常被称为原三角形的费马点.

8. 西姆松定理

定理　过三角形外接圆上任意一点作三边的垂线,则三垂足共线(这条直线被誉为"西姆松线").

西姆松(R. Simson,1687—1768)是英国数学家,在算术和几何方面做了一些贡献.据马开(Maohay)考证,这个定理实际是1797年由华拉斯(W. Wallaco)发现的,但却归于西姆松,因习惯称呼较久,沿袭至今.

9. 德扎格定理(旧译笛沙格定理)

定理　若两个三角形对应顶点的连线共点,则其对应边的交

---

①徐品方参编,初等几何研究,重庆:西南师范大学出版社,1990 年,第 223—227页.

点共线.

图 6-13 德扎格

德扎格（G. Desargues，1591—1661）（图 6-13）是法国自学成才的数学家，当过陆军军官，后为工程师和建筑师. 在巴黎常为下层人讲数学课，普及科学知识，受到同行称赞.

1639 年，他出版了一本译为《圆锥曲线论》的专著，被誉为近代射影几何的书（只印了 50 本），受到笛卡儿、帕斯卡等的极端推崇，但因当时笛卡儿的《几何学》（即解析几何）已经出版，其轰动效应淹没了德扎格这本新书的内容，加上书中引用了许多古怪的新术语（来源于植物学），使人不易理解. 这本书就有著名的上述定理.

德扎格死后 200 多年后的 1845 年，法国几何学家、开辟新学科——计算几何的沙尔（M. Schasles，1793—1880），在巴黎一个旧书店发现该书手抄本（这是德扎格的一个学生的手抄本），经权威沙尔的宣传，才引起了人们的注意，人称德扎格为近代射影几何奠基人. 此书引入了"无穷远点"、"无穷远线"等概念，视平行线在无穷远点相交，将直线看成具有无穷大半径的圆.

10. 帕斯卡定理

定理　圆内接六边形三双对边的交点共线[注：帕斯卡应用德扎格定理方法证明. 此定理可以推广为"在圆锥曲线（椭圆、双曲线、抛物线）内的六边形中，对边的交点共线". 被誉为"神秘六边形"].

图 6-14　帕斯卡

第六章　平面解析几何的诞生

帕斯卡(B. Pascal,1623—1662)(图 6-14)是法国几何学家和物理学家.3 岁丧母,年幼体弱.父亲不让他学理科,而学文(语言、外语).父亲带他参加每周一次学术活动,受到学术感染、熏陶.他在 12 岁时问教师"几何学究竟是什么?"教师搪塞不正确回答他,因为他父亲为了儿子健康,不让他过早学习数学等理科,并把数学等理科书锁在框里.但父亲对数学、物理的爱好,潜移默化.在他幼小心灵上点燃的火种总未扑灭,加上帕氏的好奇心驱使,促使他自立定义、自行证明,竟在地板上推证"三角形内角和等于两直角"的定理.父亲发现后惊喜不已,从此给他一本欧氏《原本》和阿波罗尼奥斯著作让他学习.

1639 年,16 岁的帕斯卡写了一本圆锥曲线著作,内容讲圆锥曲线的"投影几何"中一些新的、深奥的定理,可惜已经失传.

17 岁发表的论文,继承与发展了德扎格的工作,引出了 400多条推理,如被德扎格称之为"神秘六边形"的"帕斯卡定理".

1642 年,19 岁的帕斯卡制成了世界上第一台计算六位数加减法的手摇机械计算机.帕氏自幼患过肺病和软骨病,每天被病魔缠绕,病痛伴随他终生.1641 年,他 18 岁,一天失眠症和牙痛彻夜不能入睡,一气之下,起床继续思考,研究摆线问题,竟忘了牙痛.他连续钻研八昼夜终于完成杰作《旋轮线》论文.

有趣的是,他曾用笔名公开悬赏解答旋轮线问题,限期三个月解出,奖金 600 法郎.许多数学家、物理学家提供论文应征,如沃利斯惠更斯等,但因不圆满,帕氏公布了他的解而自己获奖.

帕氏文理兼优,是一位散文名家,他的《思想录》、《致外省人的信扎》成为法国思想文化的古典名著.

帕氏是一个宗教信徒,迷信色彩较浓,一次因马失控冲过栏杆,安然无恙.偶然事件使他认为是"神"保护,于是停止数学研究,从事宗教的冥想之中,令人遗憾.39 岁帕氏过早结束生命.

11. 九点共圆

定理 任意三角形的三边中点、三条高的垂足、垂心(三高交点)与顶点的三条连线的中点,这九点共圆.

背景:九点圆是一个有趣几何历史名题之一.这个圆常称为给定三角形的九点圆.近百多年来,数学家为它倾注心血,披沙拣金,钩沉致远,苦苦研究简捷漂亮证法.

最早发现九点圆问题的是英国培亚敏•俾几(Benjamin Bevan)发表在 1804 年的一本杂志上.1821 年第一个给出完整证明的是法国数学家庞赛列(J. V. Poncelet,1788—1867),也有说是 1820—1821 年法国数学家热而工(1771—1859).1822 年,一位德国高中教师费尔巴哈(K. W. Feuerbach,1800—1834)也发现了九点圆,并且还指出,九点圆与三角形的内切圆及三个旁边圆都相切,所以德国人把九点圆称为费尔巴哈圆,并把九点圆与内切圆及旁边圆的四个接触点称为三角形的费尔巴哈点.

但是,曾有人错误地称九点圆为"欧拉圆",其实,欧拉在 1765 年的一篇文章中证明了定理"垂足三角形和中点三角形一个外接圆".这个定理只有六点共圆.所以,混淆了"欧拉六点圆"与"九点圆".

第七章　微积分的产生发展简史

恩格斯说:"社会一旦有技术上的需要,则这种需要就会比十所大学更能把科学推向前进".到了17世纪,解析几何的创立成了数学的转折点,引入变量与函数,自然科学研究的中心转向自然界的运动和变化,古典算术或几何、代数方法,甚至解析几何,对自然界的运动和变化都无能为力了,这就激起不少数学家致力寻找解决这些问题的新方法.

第一节　微积分学的先驱工作

微积分是微分学和积分学的合称.微分学是研究导数性质、运算及其应用.积分学是研究函数的积分性质、运算及其应用.

微积分不是凭空而产生的,它经历了长时间的酝酿过程,如果追溯历史,自然发现积分思想方法比微积分思想方法早产生,这与微积分教材先讲微分,后讲积分的顺序相反.我们这里依其产生历史顺序,先积分后微分为序作介绍.

一、积分概念与思想方法的形成

积分的起源,最初是计算曲线所围成的面积、曲面所围成的体积、弧(曲线)长和物理的重心等问题.

积分思想方法的萌芽可以追溯到久远的年代.

1. 希腊人和中国人的积分思想方法

公元前5世纪,德谟克利特(Democritus,约公元前460—前

370)创立原子论,把物体看成由大量的不可分割的微小部分(称之为原子)叠合而成,从而求得物体体积.

为了计算曲边形的面积和体积,公元前 4 世纪,欧多克索斯(Eudoxus,约公元前 400—约前 347)提出一种计算新方法,此法在 17 世纪时称为"穷竭法"①(或称双归谬.他证明这样一个命题:如果从任何量中减去一个不小于它的一半的部分,从余部分中再减去不小于它的一半的另一部分等,则最后将留下一个小于任何给定的同类的量).这个命题是现代无限、极限理论的先声,从中可以看出无穷小分析的原理.

阿基米德成功地把穷竭法、原子论思想和杠杆原理结合起来,求出抛物线弓形面积和回转锥线体方法都孕育了近代积分学的思想,即具有"分割"、"求和"的思想.

活跃在约公元前 369—前 286 年的庄子著作《庄子·天下篇》记载"一尺一锤,日取其半,万世不竭"(一尺长的棒,每天取下前一天所剩下的一半,如此下去,永远取不完),他与欧多克索斯"穷竭法"是一致的.都是讲无限思想,认为物质可无限分割,最后剩余的极限为 0.后来刘徽的"割圆术"也一致,都包含着无限、极限与积分概念的萌芽.

2. 开普勒的无限小元素思想方法

德国天文学家和数学家开普勒(1571—1630)把面积、体积分成许多微小部分,建立了"无限小元素法"(有的书称为"同维无穷小方法").在他父亲开设的酒店里,他发现当时计算酒桶容积的方法不准确,经过研究于 1615 年,撰写成《测量酒桶体积的新科学》一书,大胆而巧妙地创造出无穷小求和的思想.例如,他把圆的面积看作是无穷多个顶点在圆心,底在圆周上的三角形面积之和;把

---

①"穷竭"一般指用尽.数学上也可理解为消失之意,即今称的无限逼近的极限方法.

球体积看作是无穷多个顶点在球心,底在球面上的小圆锥体积之和.这是 17 世纪求面积、体积工作的开始.

开普勒(J. Kepler,1571—1630)(图 7 - 1)一生坎坷,家庭的不幸、宫廷的纠纷、宗教的迫害,使他人生走了一条崎岖漫长的道路.

他出身贫寒,上小学开始就在父亲酒店帮工.幼儿患天花病致使双手和视力留下残疾,但他以顽强的毅力克服困难,勤奋学习,读完大学荣获硕士学位.读大学被控对宗教不恭敬而遭歧视;曾任宫廷数学教师不慎发生纠纷,他曾公开拥护哥白尼"日心说"而遭迫害.

图 7 - 1　开普勒

家庭虽然不幸(妻子和几个孩子先后死去),但他凭着自己超群的智力和恒心,在科研上作出了杰出贡献;如发现行星运动三大定理,在圆锥曲线、无穷小概念上成为发现积分学的先驱.

1630 年,迫于生计,为索取拖欠数月的薪金,带病启程,殁于途中,享年 59 岁.

3. 卡瓦列里的不可分量思想方法

1635 年意大利数学家卡瓦列里(B. Cavalieri,1598—1647)发表了《不可分量几何学》,把开普勒的"无限小元素法"发展为纯粹的几何方法,提出了较一般的积分法——"不可分量法."这种方法认为"面是由条数不定的等距离的平行线段所构成,体是由等距的平行平面所构成".

我国南北朝祖冲之父子计算球体积,提出的祖暅原理"幂势既同,则积不容异"的方法,与卡瓦列里的不可分原理一致,但比其早一千多年.

卡氏"无限小元素法"引起了很多数学家的兴趣,讨论十分热烈,也遭到了一些人的批评,指出不足.后来数学家又在卡氏的基础上进行完善,如 22 年后的 1657 年费马和帕斯卡提出了"分割求和"方法.

我们把他俩的"分割求和"方法,抽象归纳为以下四步:①用统一的矩形带来分割曲线;②用矩形系列的面积之和近似地代替曲线面积;③利用曲线的方程求出各窄长矩形的面积,进而通过有限项数列之和求得曲线形面积的近似值;④用相当于现代极限的方法正确地获得结果(注意"相当"二字).显然它相当接近现代求定积分法.

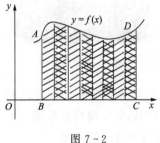

图 7 - 2

为了说明,让我们对比现行中学微积分中定积分的计算步骤便一目了然.

如图 7 - 2,求曲边梯形 ABCD 的面积,就不能用矩形面积 = 长 × 宽来计算.用定积分求

(1)分割.可以将它分割成许多小曲面梯形.

(2)替代.每个小曲边梯形用相应的小矩形代替.

(3)求积.把这些小矩形的面积累加起来,就得到曲边梯形面积的一个近似值.

(4)和的极限.当分割无限变细时,这个近似值无限趋近于所求的曲边梯形面积,即当分割趋向无穷,图中的小曲边三角形趋近于 0,求和的极限就是所求的曲边梯形的面积.

通过对比,我们看出费马和帕斯卡的方法,除第四步骤(和的极限)不同外,其他与现代一致.

法国的费马和帕斯卡的不足,几乎同时被英国数学家沃利斯(J. Wallis,1616—1703)完善了,从 1655 年他出版的著作(无算术)中可知,书中沃氏除上述三步骤外首先使用"和的极限"方面求

出许多图形的面积,不仅使无限的概念以解析的形式出现在数学中,而且把有限算术变成无限算术,为微积分的最后确立奠定理论基础.他的"和的极限"算术形式,成为了定积分概念的近代形式.

综上所述,从积分思想方法的发展史可知:

(1)这些求积分方法不再是对"穷竭法"的修修补补,而是从根本上改造了古代的"穷竭法".

(2)以上诸位微积分先驱的工作,不再是个别图形的面积,而是着眼于一般求积方法的研究.

(3)对一般的求积问题,不再拘泥于沿用过去的"算术方法"与"几何方法",趋向于创立另外一种计算方法,这种方法必定要有"变化"、"无限"的观点.

所以,在牛顿、莱布尼茨完成提出微积分的一般形式前夕,求积方法已发展到相当完善的地步,方法的研究也日趋成熟.于是,进一步认识求积方法的普遍意义,建立起一门新的计算方法的新学科的条件已基本具备了.

二、微分概念与思想方法的形成

微分学包括导数、微分的概念、运算法则以及以此为基础对函数进行的一系列的研究.

微分学起源于研究物体运动的瞬时速度、作曲线切线和求函数的极值等问题.

马克思曾指出:"全部微分学本来产生于求任意一条曲线上任何一点的切线问题".切线概念,古希腊时代已有.例如欧几里得《几何原本》对圆的切线定义为与圆仅接触一点的直线.这是指圆的切线意义,而由此拓展成曲线的一般定义:"一条与曲线如此相切的直线,使得在这条直线与曲线之间的空间中不能插进其他的直线."

希腊时代的这种切线定义,只是一种静态的直觉定义,即是一种定性的描述,没有给出求切线的一般方法.

后来阿基米德和 17 世纪的欧洲数学家进行研究,推广了希腊人的切线概念.

1. 罗伯瓦尔和托里切的切线方法

1634 年,法国的罗伯瓦尔(G. P. Roberval,约 1604—1675)和意大利的托里切利(E. Torricelli,1608—1647)的切线方法是借助速度作切线,虽比希腊人的方法普遍,但力学含义过强,对于计算同力学无关的曲线的切线就不便用.下面方法解决了这个问题.

2. 笛卡儿、费马的作切线方法

在 17 世纪求曲线的切线最先是法国笛卡儿的法线作法.后来另给一法,其实质是把切线看成割线的极限位置.

费马在《求最大值和最小值的方法》(1637 年)的手稿中,借助微小增量概念,建立了求函数极值的原理,相当于给出可微函数取极值的必要条件.他还利用同样方法确定平面的切线.费马的求切线方法与现代方法十分相似.

图 7-3 巴罗

3. 巴罗作切线方法

英国数学教授巴罗(L. Barrow,1630—1677)(图 7-3)于 1670 年出版《几何讲义》,借用"微分三角形"或特征三角形提出作切线的方法,以及确定曲线的面积方法."微分三角形"的概念和图形是 17 世纪 20 年代由帕斯卡首先提出和使用的.他把切线的斜率定义为两个无穷小的比值,他已经得到了现代微分方法的要领,巴罗关于作切线和求积互逆的命题"可视为微分法是积分法的逆运算"的闪光思想,完全以几何面貌出现,虽然不严格和难以理解,但他的方法改进和发展了以上微分作切线方法.

巴罗为了培养和发挥他的高才生牛顿的才能,为他提供机遇,39 岁的巴罗主动将自己的教授职位让给 26 岁的牛顿,"巴罗让贤",一时传为佳话.

巴罗后来出任三一学院院长,剑桥大学副校长.他终身未婚,身材瘦小,但很健康.后来不幸服用过量的药而早逝,年仅 47 岁.

本节我们介绍了微积分的先驱们的贡献,使我们看到,微积分经过几千年的萌芽、酝酿,无数先驱者的勤奋研究,积累了大量微积分知识,有的甚至已相当成熟.最终的完成要归功于牛顿和莱布尼茨.

第二节　牛顿的微积分

一、牛顿的生平轶趣

牛顿(I. Newton,1642—1727)(图 7 - 4)生于英国的一个农民家庭.因早产儿,生下来瘦小,只有三磅重(不足 1.5 公斤),接生婆惊呼道:"咳,这么一个小不点儿,我简直可以把他塞进一个杯里去".但是他矢志献身科学,甘愿受"荆棘冠冕"的刺痛,从未患过严重疾病,竟活到 85岁高寿,只掉了一颗牙,从未戴过眼镜.

牛顿是个遗腹子,父亲在他出生前 3 个月就去世了.两岁时母亲改嫁后,他就由外祖母和舅舅詹姆斯抚

图 7 - 4　牛顿

养. 在农村小学读书, 身体虚弱, 学习成绩不太好, 性格孤僻. 但他喜欢读书, 他读了《人工与自然的秘密》儿童读物后, 他仿照书中介绍的各种简单机械模型制作方法, 心灵手巧地作出了风车、风筝、日晷、漏壶等, 有的很精致, 还会画技术图样和动物与花卉等.

有一次, 他在学校做了一只精巧的水车, 因学习成绩不好, 被一个学习成绩好的大同学欺侮, 还挨了揍, 骂他是"笨蛋"、"蠢木匠". 这次把平素善良的牛顿激怒了, 他立誓发奋学习超过他. 后来, 进入中学后, 学习成为全班之冠, 特别喜欢数学和搞机械小制作.

牛顿15岁时, 继父去世, 母亲生活困难, 牛顿被迫辍学, 帮助放牧耕种. 放牛或做生意时, 都在不断地读书, 甚至冒雨做风力实验. 牛顿的好学精神感动了舅舅. 母亲在舅舅和中学校长劝说与资助下, 同意牛顿返校复学. 他在这所中学刻苦攻读了三年, 少年的牛顿逐渐形成稳健、沉默、内向的性格, 对奋斗目标满怀了坚定信念. 但因幼年的生活遭遇, 使他心灵出现局促、恐惧感, 再加上思想上受宗教影响很深, 从此, 有一种病态的怕人反对的心理统治了他的一生.

1661年, 牛顿19岁, 在中学校长推荐下, 以"减费生"考入著名的剑桥大学三一学院. 入学后勤工俭学, 学习成绩名列前茅, 被慧眼独具, 识才爱才的巴罗教授发现, 特别指导他, 大学毕业后, 留校任教. 工作不多年, 巴罗让贤, 空出教授席位, 让牛顿任教授.

牛顿在科学上取得很大成就, 但他并不是"超人". 他的助手享夫雷·牛顿在回忆文章中写道: "牛顿专心致志地工作, 他经常忘记吃午饭……他很少在夜里二、三点钟以前睡觉, 而是常常在凌晨五、六点钟才上床."有人曾问牛顿: "您是用什么方法作出那么多发明发现呢?"牛顿回答说: "我并没有什么方法, 只不过对于一件事情, 总是花很长时间热心地去考虑罢了", "只有靠不断思考, 才能到达发现的彼岸". 这说明一个真理"天才在于勤奋".

牛顿一生过着近乎清教徒式的简朴生活, 即使成为贵族后, 亦未变其本色,他对公益事业和亲友的困难无私地慷慨解囊.

牛顿的专心研究与生活在民间的传说轶事很多,如精力集中专一思考科研内容时,把表错当鸡蛋放入锅中;生活不修边幅,有时袜子拖在脚后跟上也不整理;牛顿与女友见面,尽谈些科学实验或科研话题把女友吓跑了,致使他终生未娶.晚年由外甥女凯瑟琳协助管家.

当然,有的课外读物中的轶事不一定真实,因在 1692 年火烧掉了他用心血积累的手稿后,害了一场病,心神恍惚,可能发生一些心不在焉的笑话是有的.

1693 年秋,牛顿长期紧张科研,又患了严重的忧郁症,病虽治愈,但他从此结束学者生活.晚年在造币局任局长.

1696 年,约翰·伯努力提出两个难题征解,牛顿从造币厂回来路上知道后,很快解决了这两个问题.他匿名将答案寄给英国皇家学会.当约翰看到后,拍案叫绝地喊道:"啊!我认出了狮子的巨爪".

1727 年 3 月 31 日,牛顿患肺炎(又说肾结石)与痛风症后溘然辞世.

人们崇敬牛顿,据说参加牛顿葬礼的"英国大人物都争抬牛顿的灵柩".人们感叹说:"英国人悼念牛顿就像悼念一位造福于民的国王".又据载,"法国作家禁不住虔诚地从牛顿所戴的桂冠上摘下一片叶子珍藏纪念".

三一学院教堂内,立有牛顿全身雕像,供世人瞻仰.诗人波普(Pope)三年后在为牛顿所作墓志铭中写下了这样的名句:

"自然和自然定律隐藏在茫茫黑夜中,
上帝说'让牛顿出世!'于是一切都豁然明朗".

1701 年,与牛顿完成微积分的莱布尼茨评价牛顿说:"在从世界开始到牛顿生活的年代的全部数学中,牛顿的工作超过一半".

法国的拉格朗日对牛顿的作用和影响的评语是:他是历史上最有才能的人,是最幸运的人,……因为宇宙体系只能被发现一次.

牛顿在数学上突出贡献有三项:流数术、二项式定理和"广义的算术"(代数学)等.牛顿一生为近代自然科学奠定了四个重要基础:

(1)他创立微积分,为近代数学奠定了重要基础.

(2)他首先进行光谱分析实验,为近代光学奠定了基础.

(3)他发现力学三大定律,奠定了经典力学基础.

(4)他发现了万有引力定律,为近代天文学奠定了基础.

这四项哪怕是只有一项,就足以成为著名的科学家,何况四项集中于一人.但他不是一个成功的教员,听他课的学生很少.

牛顿虽然是一位伟大科学家,尽管取得如此大的成就,但他十分谦虚,在临终前,在写信给友人的赠言中写了这样一段闪光的格言:"我不知道在别人看来我是什么样的人,但在我自己看来,我好像是一个在海滨玩耍的小孩,为不时发现比寻常更为光滑的一块卵石或比寻常更为美丽的一片贝壳而沾沾自喜,而对于展现在我面前的浩瀚的真理的海洋,却全然没有发现."这是至理实言.牛顿还说:"如果我看的要比笛卡儿远一点,那是因为我站在巨人的肩上的缘故".

二、牛顿对微积分的贡献

据牛顿自述,他于 1665 年 11 月在家乡躲避瘟疫时,已发现流数(微分)法.次年 5 月创立反流数(积分)法,但他当时只是以手稿形式在朋友中传播自己的发现.牛顿的微积分思想的发展,大体可以分为四个阶段:流数法的初建;向几何不可分量观点的摇摆;成熟的流数法;首末比提法与改进.他这四个阶段的思想方法表现在三篇著名论文代表作方面,但主导思想是从运动角度出发建立微积分的.

第一篇论文《运用无穷多项方程的分析学》,写于 1669 年,发表于 1711 年.提出的积分方法与费马、巴罗方法差不多,只有形式

第七章　微积分的产生发展简史

上的区别. 在论文中,他称变量的无穷小增量为"瞬",并用符号"O"表示,相当于今天的 $\mathrm{d}x$、$\mathrm{d}y$. 同时,给出了求一个变量(关于时间的)瞬时变化率的普遍方法,并且证明了面积可以由求变化率的逆过程得到.

这一事实就是我们现在所谓的微积分学基本定理.

第二篇论文写于 1671 年,发表于 1736 年的小册子《流数法与无穷级数》,这是流数法系统论述论文. 在文章中,牛顿从运动学的角度来考虑问题,认为变量就是量的连续运动,因此称变量为流量,称其变化率为流数. 他阐明了流数法的基本问题是从已知流量间的关系求它们的流数间关系以及其逆运算. 如已知流量关系,求流数之比(流量的变化速度叫流数即导数. 他记为 $\dot{x}$、$\dot{y}$、$\dot{z}$ 等)即已知 $y = f(x)$,求 $\dfrac{\dot{y}}{\dot{x}}$.

牛顿运用这种流数法求切线、曲率、面积、长度、重心. 此外,牛顿论文中还提出了"换元积分"等初步概念.

第三篇论文《曲线求积法》,写于 1676 年,发表于 1704 年论文中牛顿放弃了无穷小量(即"瞬")的提法,而试图把流数法建立在极限概念的基础上,为此,他引进了最初比和最末比的概念,并给出它们的几何解释.

例如,求函数 $y = x^2$ 的流数(即导数).

他设 $A(x, x^2)$ 和 $B[(x+h), (x+h)^2]$ 为曲线上二点,当 B 点沿曲线靠近 A 点时,y 的变化量与 x 的变化量之比为

$$\frac{(x+h)^2 - x^2}{(x+h) - x} = \frac{x^2 + 2hx + h^2 - x^2}{h} = 2x + h$$

牛顿写道,当令 h 为 0 时,最后得出 x 点处瞬时变化率. 结论: $y = 2x$.

从上可知,牛顿关于微积分的基本论文完成后,经过长时间才发表出来(侧面反映他胆小、怕人反对的心态).

牛顿第一本包括流数法①的书是在1687年出版的巨著《自然哲学的数学原理》,这是一本经典名著,对欧洲数学家的成长影响很大.

在牛顿此书出版三年前的1684年,德国的莱布尼茨发表了第一篇微分学论文,表明莱氏与牛顿分别独立完成了微积分学.

第三节　　莱布尼茨的微积分

德国的莱布尼茨(G. W. Leibniz,1646—1716)(图7-4)生于莱比锡,他自幼与牛顿不同,8岁自学拉丁文,14岁自学希腊文,15

岁入莱比锡大学法学系,是罕见的"神童".1666年,他年仅20岁,就以论文《论组合术》成为阿尔特道夫(Altdorf)大学的哲学博士并获得法学教授席位(未到任),但是据他说,直到1672年(26岁)他还基本上不懂数学.1672年,作为外交官3次出差巴黎,使他与一些科学家和数学家接触,特别是惠更斯,从而激发了他对数学的兴趣.1673年,他到了伦敦遇到了另外一些科学家和数学家,并开始了微积分的研究.除了外交官,莱

图7-5　莱布尼茨

布尼茨还是哲学家、法学家、历史学家和先驱的地质学家,他在逻辑学、力学、光学、数学、流体静力学、气体学、航海学和计算方面都有重大建树,虽然他的教授席位是法学,但他在数学和哲学方面的著作列为世界上最优秀的著作之中,成绩卓越,流芳千古.1700年,他力促普鲁士建立柏林科学院,并出任第一任院长.1716年,

①指前面三篇论文中的第二篇,于1671年写成未正式发表.

他无声无息地死去.

莱氏一生致力于科学事业和社会公务,终生未娶,广交朋友,一生曾与 1063 人通信,进行学术与思想交流,留下一万五千多封信,涉猎各科的大量著作手稿.遗稿有神学、数学、哲学、自然科学、历史和技术 41 个项目.他的全集至今尚未出版发行.

莱布尼茨的微积分则是从几何角度考虑问题的.

1666 年的博士论文《论组合术》,他考虑用 dx 表示相邻的序数之差,dy 表示两个相邻项之差.后来过渡到特征三角形的两条任意函数 dx, dy.据留下遗稿可判定他在 1673 年建立起特征三角形的思想,利用特征三角形他很早就意识到两个问题:

(1)求曲线的切线依赖于纵坐标与横坐标的差值(当这些差值变成无穷小时)的比.这就是说,曲线 y 上过一点的切线斜率是 $\dfrac{dy}{dx}$.

(2)求积(面积)依赖于横坐标的无限小区间的纵坐标之和或无限窄矩形之和.

莱布尼茨上述求差与求和的运算是互逆的,这就是说,他的微分学是把微分看作变量相邻二值的无限小的差,而他的积分则以变量分成的无穷多个微分之和的形式出现.

1675—1676 年莱布尼茨给出了微积分基本定理(后来又称为牛顿-莱布尼茨公式).

莱布尼茨于 1684 年 10 月发表在《教师学报》上的论文《一种求极大值与极小值和求切线的新方法,它也适用于无理量,以及这种新方法的奇妙类型的计算》,在数学史上被公认为是最早发表的微积分文献.

这篇仅有六页的文章叙述得乏味而含糊,但却具有划时代的意义.它包括一些未加证明的微分法则、求极值的条件 $dy = 0$(即稳定点)和求拐点的条件 $d^2 y = 0$.在用此方法解决的问题中,包括了费马等人研究过的光学中"折射定律"的数学表达式,对此莱布尼茨自豪地说:"别的有学问的人必须绕很大弯子才能做到的事,熟悉这种算法的人一下子就作出".

莱氏在治学上思想奔放,厚积薄发,1672年到1677年间,他写了大量数学笔记,却从未发表出来.而正是这段时间,他引进了常量、变量与参变量等概念,从研究几何问题入手,完成了微积分的基本计算理论.他研究了巴罗的著作,理解到微分和积分是互逆的运算.他创造了微分符号 dx、dy 及积分符号"∫",现在使用的"微分学"、"积分学"、"函数"、"坐标"等名称也是他创造的.由于他的影响,表示相等的记号"="和表示乘法的记号"·"才得以通用.他给出了复合函数、幂函数、指数函数、对数函数以及和、差、积、商、幂、方幂的导数法则,还给出了用微分求旋转体体积的公式.在莱布尼茨那里,内容和形式得到了完美的统一.

莱氏在积分方面的成就后来集中发表在 1686 年 5 月的"潜在的几何与不可分量和无限的分析",给出了一些积分法则.

以后,莱氏又写出了几十篇论文和笔记,连同他与当时著名的数学家的通讯一起,构成了一部分内容极其丰富多彩的文献.逐渐地,围绕他形成了一个数学学派,主要代表人物有伯努利兄弟和约翰的学生法国的洛比塔.这一学派对 17、18 世纪数学的发表起了重要的推动作用.

微积分名称的由来可追溯到牛顿.牛顿的微积分包括"流数法"和"求积法"两种方法,分别相当于今天的微分法和积分法,这个名称后来逐渐淘汰.莱布尼茨使用"差的计算"与"求和计算".伯努利曾把莱氏的"求和计算"改为"求整计算",以后改称"积分学";"差的计算"后来改为专门术语"微分学".两者合称"微积分".

我国第一本微积分学中译本是清代李善兰(1811—1882 年)和伟烈亚力合译的《代微积拾级》(1859 年).这里"代"指解析几何,"微"指微分学,"积"指积分学.译名"微分"和"积分"是李善兰首创,一直沿用至今.

令人有趣的是,这本中译本序中说:"我国康熙时,西国来本之(今译莱布尼茨)、奈端(今译牛顿)二家又创微分、积分二术,……一刹那中所增之积即微分也,其全积即积分也". 这就是汉语中微积分名称的由来.

第四节 优先权之争

从上可知,牛顿和莱布尼茨应分享创立微积分的荣誉. 可是,在数学史上由于第三者的插足,挑起了一场优先权争论.

1687 年,牛顿在《自然哲学的数学原理》(简称《原理》)中首次正式发表流数方法,初版上有一段评注说:"十年前,我在给学问渊博的数学家布尼茨的信中曾指出:我发现了一种方法,可用以求极大值与极小值、作切线及解决其他类似的问题,而且这种方法也适用于无理数 …… 这位名人回信说他也发现了类似的方法,并把他的方法写给我看了. 他的方法与我的大同小异,除了用语、符号、算式和量的产生方式外,没有实质性区别".

然而,在 39 年后的 1726 年《原理》第 3 版中,牛顿却删去了这段文字. 原因是发生了与莱布尼茨优先权问题的争执. 争端最先是瑞士数学家法蒂奥·德迪勒(N. Fatio de Duillier,1664—1753)在1699 年寄给英国皇家学会的一本小册子中说:"牛顿是微积分第一发明人",而莱布尼茨作为"第二发明人". 又说莱氏"曾从牛顿那里有所借鉴". 这种不符合历史的说法引起了莱氏的反驳. 莱氏在1705 年的《教师学报》上发表了一篇对牛顿《光学》的匿名评论中含蓄地批评牛顿在《曲线求积法》中用"流数论偷换莱布尼茨的微分". 于是一场优先权的争论公开了.

英国皇家学会在莱氏文章发表 7 年后指定成立一个专门的委员会,主要是由牛顿的朋友哈雷(E. Haller,1656—1742)、琼斯(W. Jones,1675—1749)、泰勒(B. Taylor,1685—1731)和棣莫弗(A. De Moiver,1667—1751)等人组成.

　　莱布尼茨立刻向皇家学会申诉了调查对他"不公"(当时他无法了解《通报》出于牛顿手笔),他在同年7月起草、散发了一份《快报》(牛顿讥笑地称为"飞页"),气愤地指责牛顿"想独占全部功劳".《快报》还引用一位著名数学家约翰·伯努利(支持莱氏的欧陆国家主要代表)判断说牛顿70年代所发现的是无穷级数而不是流数法.

　　优先权公开争论后,英国一些人卷入支持牛顿,但也有一些中立学者试图进行调解,也有一些和事佬,在许多年内,双方争论不休,也没有结果.

　　1716年莱氏去世后,牛顿也老态龙钟,对争论已感到厌倦,法国数学物理学家瓦里克农(P. Varignon)出面再三斡旋,说服双方支持者的领头人,约韩·伯努利首先表态愿意和解,年迈的牛顿也表示不再争论,最后,英皇家学会于1722年重印《通报》,发出停止争论,听从瓦里克农的劝告,删去约韩·伯努利的名字和一些过激言辞.于是结束了这场延续二十余年(有资料说百年是不确切的)优先权之争.

　　时间是伟大的作者,她能写出未来的结局.随着时间的流逝,历史真像显露出来.原来1676年10月莱布尼茨在访问伦敦期间,曾在皇家学会借阅了牛顿《分析学》手稿抄本并作了摘录,这成为他涉嫌剽窃的主要事实.但从后来公布的莱氏笔记本获知,他当时仅摘录到有关级数的部分,没有从牛顿在1687年出版的《原理》初版上一段评注中提到的信中了解流数法的奥秘,因为牛顿信中只以字谜形式隐述了流数法的基本问题,莱氏始终不解其云.现在已有充足史料证实:牛顿和莱布尼茨是各自独立完成了微积分学的.虽然两人有共同点与不同点,如牛顿主要从力学或运动学出发建立微积分学,而莱布则从几何角度出发,但本质是一致的.从发现时间来看,牛顿于1665年比莱氏1673年早8年,但从发表时间来看,牛顿于1687年发表比莱氏1684年发表迟3年.

　　数学史上这桩公案虽然只争论二十余年,但其负面影响是深

第七章 微积分的产生发展简史

远的,致使数学家分成两大派:即支持牛顿的英国派与支持莱氏的欧陆派. 由于欧陆派数学家继承和改善莱氏建立的非常方便的微积分符号体系和计算方法,使他们的数学得到了蓬勃的发展. 而英国数学家却没有改进牛顿的不方便的记法. 甚至两派数学家停止了学术交流. 后来的数学家一致认为,英国人为了伟大的"民族主义",坚决排斥莱氏的微积分记号 dx,人称"d主义"和积分符号 $\int$ 及其计算方法(甚至在莱氏去世时,英国朝廷不予理睬他,不派人吊唁,主要是因优先权争论之消极作用,可见狭隘的民族主义多重);英国人继续使用牛顿不方便的微分号"·"人称"点主义"."点主义"对抗"d主义",使得在18世纪下半叶欧大陆正在澎湃汹涌着近代数学思潮时,英国人还躲在阴湿的浓雾里拥抱着牛顿不放,致使英国数学落后100年,数学研究交了白卷,恐怕与这种狭隘的民族主义和"闭关自守"也有关吧!

最后,值得补充的是,尽管两位巨星发生优先权之争,但两位学者从未怀疑过对方的科学才能. 在前面已介绍过1701年,在柏林王宫的一次宴会上,当普鲁士王后问对牛顿的评价时,莱氏评价说:"纵观有史以来的全部数学,牛顿做了一多半的工作".

此外,值得一提的是莱布尼茨和牛顿的数学方法论.

莱布尼茨发展了笛卡儿数学——演绎法,他首次提出科学数学化的思想,他认为数学和形式逻辑之间可以建立联系,开创了数理逻辑的先河,并为数理逻辑的建立奠定了基础.

牛顿从另一个角度发展了笛卡儿数学——演绎法,把它应用于力学研究,从而建立了古典力学体系. 他的创举是在自然科学研究中用数学推导代替逻辑演绎,用数学构建科学理论,具有划时代的意义.

牛顿对分析与综合的方法[①]很有研究. 1704年的《光学》中说

---

①"分析法"就是从未知推到已知,即执果索因;"综合法"是从已知推到未知,即由因索果.

到分析方法时说道"在自然哲学中也像在数学中一样,对于困难事物的研究,总是首先使用分析方法,然后再用综合方法." 在另外论著中说:"分析有助于发现真理,而发现的确定性应通过综合证明来体现 …… 本着上述理由,我在《自然哲学的数学原理》(1687年)中采用了综合方法去证明各卷的命题,而这些命题原先是我通过分析途径发现的 ……" 他明确地说过:"数学科学的方法是双重的,即综合与分析或称合成与分解."

第五节　微积分学的发展

世界数学发展地理中心 18 世纪在英国,19 世纪在法国,到了 19 世纪初转移到了德国.20 世纪迁移到美国[①]

若把 17 世纪称为天才的世纪(解析几何、微积分建立),那么 18 世纪是发明的世纪、分析的世纪,亦是英雄的年代,如微积分的发展,衍生出许多数学分友,但还是粗糙的.后来到了 19 世纪,人称几何多样化(非欧化)、代数抽象化和分析严格化的世纪.本节简述微积分的发展简况.

一、牛顿和莱布尼茨以后的微积分

在牛顿、莱氏之后,微积分发展的重要奠基者是伯努利兄弟,即雅各和约翰兄弟,在微积分方面一是完善莱氏工作,使莱氏思想得到迅速的传播;二是关于求曲线的曲率、拐点、曲线长及其他微积分的基本课题,扩展了牛顿、莱氏结论,如雅各写了 5 篇关于级数的文章,把牛顿的级数应用扩展到积分复杂的代数函数和椭圆

---

①纵观数学发展史,世界上是不平衡的,它随着该国(地区)的政治经济变化而迁移.数学发展地理中心转移的顺序是:古希腊 → 东方(中国、印度、阿拉伯) → 意大利 → 法国 → 德国 → 美国.

函数等.

法国的罗尔(M. Rolle,1652—1719)在 1691 年发表了《任意次方程的一个解法的证明》一文,给出了现在所称的"罗尔定理".

约翰的学生法国的洛必达(L'Hospital,1661—1704)是用无穷小量研究微积分的重要数学家之一,他在 1696 年出版的《无穷小量》一书,是关于微积分的第一部比较完整的课本,书中包含有约翰关于微积分的研究成果,以及后来以他名字命名的求不定式的极限的"洛必达法则".

18 世纪数学发展异常迅速,一片繁荣景象,发明了微分方程、积分方程、函数论、级数、变分法、概率论等,欧拉、拉格朗日、勒让德、马克劳林、泰勒、傅里叶等等都作出了重要贡献.

二、第二次数学危机

牛顿、莱氏创立微积分以后,只重实际,拿来就用,至于它的逻辑基础问题,在当时既来不及解决,也无力解决.例如 1820 年以前,在微积分中占优势的无穷小方法:导数是无穷小之比,积分是无穷小之和.至于什么是无穷小量,没有从逻辑上给出满意的解决,也没有一个公认的精确定义,牛、莱两人都把增量 dx 看作无穷小.随着运算的进行,需要时(时而)便引进来,不需要时(时而)忽略不计,作为零,尽管结果正确.因没有逻辑基础,使人放心不下.微积分遇到如此严重的逻辑困难,遭到了猛烈抨击.

如英国大主教贝克莱(Berkely,1685—1753)是抨击微积分的典型代表.1734 年他发表了一本名为《分析学家 —— 与一个不信神的数学家的对话》,批评牛顿的微积分关于增量 O(或 dx)的假设前后矛盾,是"分明的诡辩?",又说微积分是"招摇撞骗,把人们引入歧途",他讥讽地问道:"这些消失的增量究竟是什么?它们既不是有限量,也不是无限小,又不是零,难道我们不能称它们为消失量的鬼魂吗?"

与此同时，莱布尼茨在大陆上也遭到荷兰纽汶提（B. Nieuwentiidt）的责难. 纽汶提认为莱布尼茨说不清"无穷小"与"0"的区别，并认为在推导过程中不该略去无穷小. 连上面谈到的罗尔起初也反对过微积分.

在贝克莱的抨击下，造成了数学史上的"第二次数学危机"，展开了一场关于微积分奠基问题的大论战，长达十多年之久. 当时的著名物理学家朱林（J. Jurin，1684—1750）、数学家马克劳林、泰勒等，对贝克莱进行了强烈的反驳. 贝克莱批判的出发点，是维护基督教义"推理更明白"的宗教动机，但他的批评是切中微积分逻辑缺陷要害的. 他的批评激励着大批数学家的关注，参加到微积分严格的基础研究上来，如法国的达朗贝尔、拉格朗日等对微积分基础概念的深入研究，促进了微积分理论基础的建设. 后来，微积分得到完善后，贝克莱不得不承认"流数术是一把万能的钥匙，借着它，近代数学打开了几何以至大自然的秘密".

马克思在《数学手稿》中深入地研究了微积分的发展史，对微积分的本质进行了精湛的剖析. 恩格斯也将其看作人类精神的最高胜利. 最后，微积分的严格化（见下）才克服了第二次数学危机.

三、微积分的严格化

微积分创立后便获得巨大的应用. 天文学、物理学、力学以及工程技术等有了微积分这一有力的数学工具，如虎添翼加速了自身的发展. 在数学内部，随着微积分的深入，也逐渐衍生形成了一个庞大的数学系统，出现了许多非常重要的分支，如微分方程、复（实）变函数、变分法、微分几何等.

然而这一庞大的数学系统在当时却缺乏严格的理论基础，微分和积分的概念没有严格的数学表述方式，函数的概念也模糊不清，甚至连何谓实数也只有一个直观的了解，所有这些导致人们对分析学的逻辑状况表现出强烈的不满. 挪威的阿贝尔在一封信中抱怨说:"人们在分析中确实发现了惊人的含糊不清之处. 这样一个完全没有计划和体系的分析,竟有那么多人研究过它,真是奇怪. 最坏的是,从来没有严格地对待过分析. 在高等分析中只有很少几个定理是用逻辑上站得住脚的方式证明的." 虽然如此,但在当时却不影响微积分的许多卓有成效的应用. 不过随着时间的推移,数学和有关科学的进一步发展,微积分的严格化问题也就显得越来越重要了.

直到 19 世纪,才开始由捷克斯洛伐克的波尔查诺(B. Bolzano,1781—1848)、柯西、外尔斯特拉斯等数学家奠定了严格的分析学基础,他们首先给出了严格的极限理论,然后在这一理论基础上建立起严格的微积分学. 例如

法国的柯西(1789—1857 年)在极限理论建立上具有划时代作用,在他的著作中提出了与现在很相似的极限定义;第一次严格地将连续、导数、积分概念建立在极限基础上,完成了微积分的严格表述;明确提出了级数的收敛和发散的理论;提出了函数的"对应"定义,在分析上创造了不朽的业绩. 但是,他的严密性还不够,诸如"无限趋近"、"无穷小增量的最后比"、"想多小就多小"、"一个变量趋于它的极限"等.

狄利克雷于 1829 年给出了当时称之为病态函数的 狄利克雷函数(参见第六章,第六节"二"),为微积分基本概念的严密性提供了很好的反例.

继柯西之后,外尔斯特拉斯对数学分析的发展在其算术化方面作了重要的工作,如他消除了柯西、波尔查诺极思想的不明确性,以现代 $\varepsilon-\sigma$ 的方式定义了函数的连续性. 他明确而全面的采用 $\varepsilon-\delta$ 方法,既排除了莱布尼茨的"固定无穷小",也消除了柯西的"无限趋近",使"无穷小"分析严格化,把"无穷小"招之即来,挥之即去的神秘外衣去掉,因此,使人认识到无穷小是极限为零的变量,它不是"一个数",而是一个变化过程,从而使微积分有了坚实的逻辑基础. 所以用 ε,δ 这样静态的有限量为路标,刻画了动态的

无限量,这一科学概念的数学严格化,是辩证法的又一次显现和胜利.

我们已经知道,17世纪以前的数学,主要是反映事物相对静止状态的常量数学.从笛卡儿的解析几何开始到柯西的极限论为止,则是以微积分为主要内容的变量数学.从19世纪50年代起,随着函数概念的发展和对运动的进一步了解,以外尔斯特拉斯的工作为标志,数学分析又从动态化过渡到静态化.静态是动态的否定,也是对常量的否定的否定.在这个意义上,数学分析的静态化同变量引入一样具有同样重要的意义.

19世纪70年代初,外尔斯特拉斯、戴德金、康托尔等独立建立了实数理论,而且在实数理论的基础上,建立起极限理论的基本定理,使数学分析建立在实数理论的严格基础上,从而结束了因微积分基础不牢而造成的长达三百多年的争论局面.

第六节　近代数学两巨星

一、多产数学家欧拉

图7-6　欧拉

欧拉(L. Euler,1707—1783)(图7-6)是18世纪数学界的中心人物,可与数学史上的三大数学家阿基米德、牛顿和高斯并列.1707年生于瑞士的巴塞尔,他幼年早慧,在喜爱数学的父亲保罗·欧拉的教育下聪颖过人.13岁入巴塞尔大学,受到伯努利家族的约翰的赏识.欧拉由约翰亲自单独面授数学,并与约翰儿子尼古拉、丹尼尔结为密友,16岁大学毕业,获硕士学位.在瑞士著名的科学世家伯努利家族的影响下,欧拉决心以数学为业,少年矢志,皓

第七章 微积分的产生发展简史

首穷研. 18 岁开始发表论文, 19 岁发表船桅的论文, 荣获巴黎科学院奖金. 此后, 他几乎连年获奖, 奖金成了他的固定收入. 1727 年他由尼古拉、丹尼尔推荐到俄国彼得堡科学院, 1733 年他年仅 26 岁时, 接替丹尼尔为数学教授. 1733 至 1741 年, 在沙皇统治下, 尽管欧拉的工作及生活条件较差, 但却做着数量惊人的工作, 发表了大量精湛的数学论文, 并为俄国政府解决了许多物理问题. 1738 年, 年仅 31 岁的欧拉, 积劳成疾, 右眼失明. 1741 年, 他应普鲁士国王腓特烈大帝邀请出任柏林科学院物理数学所所长, 同时负责给国王侄女讲数学、天文、物理、宗教等课程, 在这 25 年中, 欧拉为柏林和彼得堡科学院递交数百篇科学论文, 1766 年欧拉在沙皇女王的再三邀请下, 不顾俄国严寒对其视力的影响, 重返彼得堡, 不料左眼视力也日趋衰弱. 1771 年, 64 岁的欧拉双目失明, 这一年住所发生火灾, 财产付之一炬. 两年后前妻去世, 在此后的 17 年中, 欧拉是在全盲中度过的. 失明、火灾和丧偶深重打击下, 他凭着顽强的毅力、超人的才智、渊博的知识, 坚持科学研究工作, 让其子阿·欧拉等人记录他口授的论文, 又发表多部专著和近 400 篇论文. 欧拉的记忆力惊人, 全盲的情况下, 他能背诵大量数学公式, 前一百个素数的六次幂, 不仅一般的代数运算, 就是复杂的高等数学, 他都能准确无误地进行心算, 这些连有才能的数学家在纸上作也是困难的.

欧拉的数学论著是惊人的多产, 足迹遍及至今数学的所有部门, 他在微积分、微分方程、曲线曲面的解析几何、微分几何、数论、级数、变分法上都有卓越的贡献. 他巧妙地把握数学, 是优秀的发明家, 也是熟练的巨匠. 人们可以在数学的所有分支中找到他的名字, 如欧拉公式、欧拉多项式、欧拉常数、欧拉定理、欧拉积分、欧拉线等等.

欧拉给出了指数函数与对数函数的分析定义, 即 $e^z = \lim_{i \to \infty}(1 + \frac{z}{i})^i$, $\ln x = \lim_{n \to \infty} n(x^{\frac{1}{n}} - 1)$ 著名的欧拉公式:

$$\cos x = \frac{e^{ix} + e^{-ix}}{2}, \sin x = \frac{e^{ix} - e^{-ix}}{2i}$$ 欧拉利用棣莫弗定理 $e^{ix} =$ $\cos x + i \sin x$；令 $x = \pi$，得到一个绝妙的公式 $e^{i\pi} + 1 = 0$，将称为数学上"五朵金花"（常数）的量 1、0、i、π、e 联在一起.

欧拉对无穷级数进行过大量的研究，他用类比法计算级数的故事，是数学史上的佳话. 在他得知雅各布求级数 $\sum\limits_{n=1}^{\infty} \frac{1}{n^2}$ 的和遇到困难后，经过巧妙地构思，采用三角方程与代数方程作类比的方法，圆满地得到了答案 $\sum\limits_{n=1}^{\infty} \frac{1}{n^2} = \frac{\pi^2}{6} \approx 1.645$.

在初等几何中，欧拉提出并证明如下两定理：

(1) 欧拉线定理. 任意三角形的垂心 H、重心 G 和外心 O 三点共线.（注：这个定理是欧拉 1765 年提出并证明，此直线称为三角形的欧拉线）.

(2) 欧拉定理. 设 $\odot O_1$、$\odot O_2$ 的半径分别为 r 和 R，圆心距为 d，若存在一个三角形以 $\odot O_1$ 为内切圆（或旁切圆），同时又内接于 $\odot O_2$，则 $d^2 = R^2 \mp 2Rr$ 或 $\dfrac{1}{d-R} - \dfrac{1}{d+R} = \mp \dfrac{1}{r}$. 当 $\odot O_1$ 为内切圆时取"—"号，为旁切圆时取"+". 注：此定理称为关于三角形的欧拉定理，也有书称为察拍乐（Chappie）定理.

欧拉的数学专著和论文蔚然大观，文集出齐可达 74 卷，包括 856（又说 886）本书和论文，平均每年发表 11 篇（部）多.

欧拉是理论联系实际的典范，他运用数学工具观察星球运动，为光学和天体望远镜作出了重大贡献；他研究了"哥尼斯堡桥问题"等，吹响了拓扑学的号角；他研究了"等周问题"、"最速降落线问题"，成为变分法的奠基人.

欧拉堪称优秀的教师，撰写了力学、代数学、数学分析、解析几何、微分几何、变分法方面的课本，这些著作在后来 100 多年甚至更长时间内都是标准的教材.

欧拉首创了现在通用的一些数学符号,如 i 表示 $\sqrt{-1}$,e 表示自然对数的底,$f(x)$ 表示函数,Δx 表示增量,$\sum$ 表示和以及三角函数符号 sin、cos、tan 等.

欧拉品德高尚,爱护人才,当他得知拉格朗日在"等周问题"上获得成果,就压下自己的有关论文不发表,使拉格朗日的论文得以问世.二次返回彼得堡后,即推荐拉格朗日继任伯林物理数学所所长.

欧拉还是一个好父亲,他对他的 13 个孩子关怀备至,不仅关心孩子们的生活,而且常和孩子们作科学游戏,讲故事,读"圣经".1783 年 9 月 18 日下午,在家庭宴会上,欧拉正和朋友们海阔天空、谈笑风生,并提笔默写新发现的天王星运动轨道的计算要领,突然脑溢血,欧拉的烟斗落地,喃喃自语:"我死了……"就这样,他停止了计算,也停止了生命.

当然,欧拉是人,不是神,也并非万能的和永远正确的,他在无穷级数的敛散性曾出现过错误;他曾研究过"哥德巴赫猜想"而未获得结果.虽然他处理无穷级数欠严谨,但他从不生编硬造;他亲自把"哥德巴赫"公布于世,并声明自己无法证明,才使它成为世界著名难题,成为"皇冠上的明珠".这些例子,表明他的高贵品质.

二、数学王子高斯

德国著名数学家高斯(C. F. Gauss,1777—1855)(图 7-7),很多数学史类书介绍很多,这里简介.

高斯 3 岁时曾纠正父亲算账中的计算错误,10 岁时巧妙答出 $1+2+3+\cdots+97+98+99+100=5050$,被誉为"神童".他家贫穷,勤奋学习,为日以继夜读书,自做油灯,晚上偷偷读到深夜.15 岁得到公爵资助读完高中,18 岁考入哥廷根大学,并研究出了最小二乘法(测量工作和科学实验中的一种数据处理方法),19 岁时

图 7-7　高斯

证明与用尺规作出正 17 边形,他说从这时起才决定献身于数学.22 岁写出了一篇博士论文《代数基本定理》"每个实系数的代数方程至少有一个根,因而它有 n 个根",一生给出四种证明,最后一个是在 70 多岁给出的.1801 年(24 岁)出版了《算术研究》,开创近代数论.1827 年发表了《关于曲面的研究》,建立了微分几何中关于曲面系统的理论.他还创立用纵坐标轴代表虚轴的高斯平面,使每一个复数和平面上的一点相对应,使复数理论大大发展起来.

　　高斯在 1804 年前便试图证明欧氏第五公设,后来才逐渐相信第五公设是不可证明的,最后在 1816—1821 年最早发现了非欧几何,但他"怕引起某些人的喊声",明哲保身地未公开发表,而且还不正确地处理另一位年轻发现者波尔约(见前一章第七节).

　　高斯到老一直保持少年"神童"的雄风,在数论、代数、数学分析、概率论、天文和物理等许多领域都有他的足迹,被誉为"数学王子".

第七节　近代著名数学家选介

　　国外著名数学家如若繁星,布满数学天空,集中在英、法、德、俄等国,这里只选介几位.

一、拉格朗日

　　横跨 18—19 世纪奠定变分法基础的雄才拉格朗日(J. L.

Lagrange,1736—1813)(图 7-8),生于意大利.父亲原是骑兵里的一名会计官,后因经商破产,家境日衰.拉格朗日回忆说:这是一件幸运,因为若随他父亲要求经商,自己可能成为一个投机商,不会献身于数学.他一生经历了三个时期.

第一时期:初露数学头角.他是11 个兄弟姐妹中最大者,父亲望他学法律,将来当律师.但他对法律毫无兴趣,喜欢文学.14 岁入中学,对物理、数学发生兴趣,尤喜几何学.17 岁读了一篇介绍牛顿微积分文章,使他迷上数学,正如他后来回忆说:"分析学才是自己最热爱的科学"从此走上研究数学之路.18 岁那年,他独立推导出两个函数乘积的高阶导数公式,他把这一发现喜讯告诉在柏林科学院任职的欧拉,欧拉说,莱布尼茨在 50 年

图 7-8 拉格朗日

前早就发现了它.他虽懊丧,但不气馁,因为这一发现验证了他的才能,决心继续研究数学.

19 岁研究"极大和极小",与欧拉一起开辟了"变分法"数学分支,成为变分法奠基人.他递交给柏林科学院论文中,称此新方法为"变分法",此术语沿用至今.

19 岁当上教授,20 岁欧拉被举荐成为柏林科学院通讯院士.

后来研究"月球天平动"等问题,先后两次获法国科学大奖.研究中大量使用了微分方程理论.

第二个时期:在德国.31 岁时欧拉推荐他接任柏林科学院物理数学所所长.他在柏林致力于数论和方程论研究,取得很多成果.

同时,拉氏参加了法国两年一度的科学院关于天体力学的论文征稿,两次获奖.

此间他发展了微分方程理论,写了《分析力学》巨著.此书从19岁酝酿,52岁才出版.

第三个时期:从德国到法国.法国资产阶大革命,驱逐外国人,唯独宣布拉格朗日例外.在法国二十多年从事总结自己成果,出版巨著《解析函数论》、《函数计算讲义》等,这可视为实变函数论起点.

对拉格朗日一生影响最大的是欧拉伯乐,从未见面,欧拉从其成果中竭力举荐、爱护人才.

77岁时拉氏病逝,由著名数学家为他致悼词,他的故乡意大利也开了追悼会.法国皇帝拿破仑对拉氏评价很高,说他是"数学科学方面高耸的金字塔",并下令收集他的论文,保存在法国科学院.

拉氏总结了18世纪数学成果,同时又开辟了19世纪数学研究道路,功不可没.

二、柯西

法国著名数学家柯西(A. L. Cauchy,1789—1857)(图 7 - 9),

童年时法国大革命,一家人逃到巴黎一个小镇避难,他家的邻居是著名数学家拉普拉斯和拉格朗日.由于柯西从小喜爱数学,引起拉格朗日注意,据说在1801年的一天,拉格朗日对人说:"瞧这孩子,我们这些可怜的几何家都会被取代之",拉普拉斯也有同感.这两位数学家都预言柯西长大成人"必是一个了不起的人才".

他16岁考入巴黎理科大学,

图 7 - 9　柯西

1810 年 21 岁时任建筑工程师,后因身体欠佳,1815 年(26 岁),回到巴黎任理工科大学副教授,第二年升为正教授.

柯西性格好,对人忠厚老实,热情待人,不投机钻营,不追逐名利,是一个有主见的人.不认为穷人卑贱,主动接近穷人,并把自己的工资和稿费资助当地穷人,提携有才华青少年.他并不把钱看得很重要,重要的是人情、是道义,因此,不少青少年数学爱好者还不远万里投奔到他门下.

他兴趣广泛,不仅是著名数学家,而且熟悉诗歌、喜爱文学,写过一些诗和一本关于诗歌的写作方法的书.柯西是位次于欧拉的高产科学家,一生写了 800 篇以上数学论文.他的写作作风与数学大师高斯不同,高斯十分谨慎,不经过深思熟虑绝不发表,而柯西想写就写,他的大多数作品是"急就章".

柯西在数学上成绩很大,他是数学分析严格化的开拓者,复变函数论的奠基人,弹性力学理论的建设者.就中学数学来讲,贡献有:

(1)证明了正多面体最多只有五种(面数为正 4、6、8、12、20 面体).

(2)提出了著名的柯西不等式.

(3)微积分严格化.柯西比较严密地定义了变量、函数、极限、连续、导数、积分、收敛、发散等定义.

(4)行列式理论研究.柯西创用了"行列式"这个术语和现在应用行列式的方阵表示法.

他提出了复数模和共轭复数的概念等.

(5)著作宏丰,教法有异.柯西笔下论著多,但因他教学内容过于抽象,听过课的人说他讲话"非常混乱,突然从一个想法跳到另一个公式,也弄不清怎么转过去.他的讲授是一片乌云,但有时被天才的光辉照亮".尽管如此,一些学生认为他讲课时所表现出的天才仍使人受益,包括后来成为优秀数学家在内.

柯西是位效忠皇帝的保皇派,1830 年,法国七月革命推翻封建皇帝,建立了资产阶级的国王.41 岁的柯西拒绝宣誓效忠国王,辞去教授,夫妇俩跟着皇帝逃到意大利都灵,靠教拉丁文,为皇太子当教师度日,他和腐败皇帝一起流亡的愚忠行为,被当代人嘲笑.后经朋友三番五次规劝和催促,近 50 岁才回到巴黎,在教会学校当数学教授,但他仍坚持拒绝宣誓忠于国王,失去许多职务.

1848 年,二月革命推翻国王,建立共和国,取消宣誓效忠法规.到 1852 年,拿破仑三世宣布恢复宣誓效忠法令,但规定柯西和另一位天文学家实行特殊的豁免,这样柯西才在法国保持住他的教授职位.

三、维尔斯特拉斯

德国数学家维尔斯特拉斯(K. Weierstrass,1815—1897)(图

图 7-10　维尔斯特拉斯

7-10),自幼天资聪颖,勤奋好学,除书法和音乐外,门门功课都是名列前茅,每学期都得奖学金,课余当会计,把账管得井井有条.

高中毕业,父亲要他到波恩大学学习财务与管理专业,为将来谋得政府高级职位.

维氏不喜欢父亲所选专业,于是在读大学时学习没有兴趣,放纵生活,成天饮酒、击剑、夜游、交友,结果荒废学习,成绩极差.四年大学,耗费巨大,一事无成,未得学位回家,受到父亲、弟妹责备,父亲呵斥他是一个"从躯壳到灵魂者是患病的人".

后经友人介绍,参加补习,他遇到一位讲课深入浅出的数学教师,从此喜欢数学.26 岁试写了三篇有深度数学论文,被录用为中

学教师.

　　他白天从事中学教学工作,晚上自行研究高等数学.他除教数学、物理外,还教德文、历史、书法、植物和体育课.不久调入另一所设备条件较好的中学任教,他仍旧课余钻研高深数学.

　　有一天早晨,校长听到他任教班上的教室里一片喧哗,一问才知维氏老师未来上课.校长赶到维氏寝室一看,见他口衔烟斗,还在默默地沉思考虑雅可比函数.原来,经过一夜工作,他竟然不知道曙光早已降临.校长痛惜地催他快去上课.

　　不久,他研究阿贝尔函数的论文发表了,一鸣惊人,数学家一打听,这篇高水平论文,竟出自一位中学教师之手,顿时轰动了德国数学界,立刻被哥尼斯堡大学一位慧眼识才的教授看重,说服大学校长,推荐他到大学任教,并授予他荣誉博士学位.教育部门也同意晋升,并放他一年假.后来成为柏林大学教授,成为数学分析大师,1873 年(58 岁)出任柏林大学校长.

　　维氏教学、科研、行政工作显赫,桃李满天下.他工作繁忙,疲乏不堪,身体受损,但他智力未见衰退,70 岁大寿时,遍布全欧各地学生赶来向他致敬贺寿;80 大寿,他被视为德意志民族英雄.

　　维氏一生中还慧眼识才,培养了一位女弟子——俄国第一个女博士柯瓦列夫斯卡娅(С. В. Ковалая,1850—1891)[①](图 7 - 11).因为当时欧洲许多大学拒招女生,1870 年秋,年方 20、聪慧美丽的柯氏来到柏林大

图 7 - 11　柯瓦列夫斯卡娅

---

　　①详见徐品方编著,女数学家传奇,北京:科学出版社,2004 年,第三章.

学要求读大学,被拒之门外,走投无路,眼看她失去深造机会,她去见 55 岁的著名数学家维氏;维氏见她渴求上进,发现她成绩优秀,维氏企图说服柏林大学同意她入学听课,但遭拒绝.于是维氏毅然决定,利用休息日单独为她免费教授,学习高等数学,一直坚持四年,使柯氏在分析领域崭露头角,在维氏指导下,柯氏取得哥廷根大学第一个数学女博士学位.

维氏在数学上,成为分析大师,解析函数论的奠基人等.与中学数学有关贡献有:

(1) 给出严格至今仍在微积分中使用的连续函数 $\varepsilon-\delta$ 定义.简述为给定 $\varepsilon > 0$,存在正数 δ,使 $|x-x_0| < \delta$ 的所有 x 都有 $|f(x)-f(x_1)| < \varepsilon$,则 $f(x)$ 在 $x=x_0$ 处连续.

(2) 引进一致收敛概念.

(3) 卓越的大学数学教师.他是一个刻苦钻研,严谨治学,从事中学教学 15 年,自学成才的伟人.不幸患了眩晕症,脑痉挛症折磨了他 10 年,他还患有支气管炎和静脉炎,经常发作,仍带病坚持上课.他在教学过程中注意教学方法,讲课深入浅出,能抓要害,因此教学效果好,他还注意在教师中宣传自己的科研成果和思想,有一年听他课的学生,座位不够,席地而坐.他热爱人才,桃李天下,他的学生中后来约有 100 人成为正教授.是一位杰出的教育家.

维氏发表的论文数量不及柯西多,但却质量很高,领域广泛,除分析数学外,椭圆函数、行列式、线性结合代数和变分法等方面取得成就不少,被誉为"分析数学大师"或"现代分析之父".

维氏兴趣广泛,富有诗才,他曾说:"如果一个数学家不是某种程度上的诗人,他就永远不会成为一个完整的数学家."他性格开朗,一生全心研究数学、教学、科研和行政管理突出,终生未娶.

四、拉马努金

印度国宝拉马努金(S. A. Ramanujan, 1887—1920)(图

7-12),出身贫穷,是家中长子.5 岁入小学,两年后(7 岁)跳级考入中学,并得了奖学金.从小爱好数学,有敏捷的计算能力和良好的记忆力,被称为"神童".9 岁时老师讲算术"有五个果子分给五个人,每人得一个;有三个果子分给三个人,每人得一个.由此可得:任何数除以本身都得 1".爱动脑筋的拉马努金立刻对老师说:"不过,若没有果子也没有人去分,则得几个",他想到"零除零是不是也得零"的问题.

图 7-12　拉马努金

　读初中时能背诵$\sqrt{2}$、π、e 等数学常数.13 岁借到《三角学》一书,不仅做完书上全部习题,还独立推导出公式 $e^{ix} = \cos x + i\sin x$.当别人告诉他,瑞士欧拉已在 150 多年前推证出来了,他惭愧地把底稿藏到房梁上去.这表明他的数学超常能力.

　　他从小喜欢思考问题,曾问高年级同学"什么是数学的最高真理",当同学告诉他是"毕达哥拉斯定理"(即勾股定理),引起他对几何的兴趣.他 16 岁考入大学,第二年获得奖学金,但因英语成绩差,学年终失去奖学金,后又因文科不好,未升级而辍学.他经济困难,靠人资助度日.

　　19 岁时与一位 9 岁女孩结婚,为养家糊口,去当家庭教师,一边工作一边自学数学,这时他在梦中发现了许多数学公式.

　　一天,拉氏在海滨散步、沉思.有一位朋友说:"人们都称赞你有数学天才",拉氏嫣然一笑说:"天才!请你看看我的胳膊肘吧!"他露出胳膊肘上皮肤又黑又厚.原来因经济困难无钱买纸,日夜在石板上演算,用破布来擦石板的字太花时间,于是用胳膊肘擦字,日久天长磨出了老茧.

他靠人救济,心很惭愧,后经人介绍在港务局找到一份工作.他在此拾得一些包裹纸用来作计算稿,闲时在办公室进行数学研究、演算,因心不在焉,几次把算稿与其他文件夹在一起,送到上司那,上司对他勤学苦算表示理解,谅解他的过错,但认为他在这儿工作会"浪费"他的才能.1913年(26岁)获得一点微薄科研费,使他全心投入教学研究工作中去.

他在23岁时,曾在印度数学月刊上发表了几篇高等数学论文,后来的1913年(26岁),在友人怂恿下他给英国大数学家哈代(G. H. Hardy,1877—1947)(图7-13)写了一封信,说他发现了120条公式.哈代震惊,邀请他到英国剑桥大学学习深造.在哈代指导下,他的才华像彗星突然出现在长空,耀眼令人侧目.为他打好基础,学习数学、天文学.四年间他在英国发表了21篇论文和17篇注记,平均每年发表5篇论文.

图7-13 哈代

但因他幼年生活贫困、劳累,又食素食,营养跟不上,结果得了结核病.回国不久便去世了,时年33岁.

拉马努金在数论、级数、椭圆函数等成果丰硕.他的记忆力惊人,在英国住院时,哈代乘出租车去看他,随口说出汽车牌号1729,拉氏脱口说"那是一个有趣的数,它是两个立方数的和,即 $1^3 + 12^3 = 1729, 9^3 + 10^3 = 1729$".后来哈代回忆说:"所有数字,好像都是拉马努金的朋友,他对他们非常的熟悉,能讲出关于他们的许多美丽的性质".拉马努金还给出三次丢番图方程 $x^3 + y^3 = w^3 + v^3$ 的最小整数解.后来给出其一般解,并对不定方程有许多精彩的结果.

拉马努金逝后留下遗嘱:"我获得的奖金,除了一部分钱给我家人外,剩余的请用在教育方面,如减少穷人孩子或孤儿的学费,免费供给他们课本⋯⋯".

他死后只留下两张像片、一个热水带和文稿.50多年后的1976年,人们发现放在英国剑桥大学图书馆的一支箱子,打开一看是拉马努金的,里面有手稿,一本笔记本上有约600条数学公式,但无证明.至今人们只证明出少数公式是正确的,其他公式尚未证出.

拉氏被选为"英国皇家学会"会员,在印度马德拉斯大学建立了一个高等数学研究所,并用他的名字命名.1974年还在研究所门前为他建立一个大理石半身像.1962年印度发行了一套纪念拉马努金邮票.1987年他的论文集已由剑桥大学出版社发行.

第八章　康托尔的集合论

公元 1638 年,意大利著名的天文学家伽利略(G. Galileo,1564—1642)发现了这样一个问题:全体自然数与它们的平方数,谁多谁少? 他本人对此困惑不解,就连当时许多数学家也回答不了这个问题.故称为"伽利略悖论"."悖论"就是一个自相矛盾的命题.

谁能想到,伽利略提出的问题,却在二百多年以后,为集合论的诞生播下了种子.

第一节　从有理数和无理数哪个多说起

我们知道,"1,2,3,4,5,6,7,8"是一组有限(或称有穷)的数,可以一个一个地数出来(共 8 个数),而自然数 0,1,2,3,……却是一组无限(或称无穷)的数.

有理数有无穷多个,无理数也是有无穷多个,有理数和无理数究竟哪个多? 这与"伽利略悖论"类似.这可是个不好回答的问题,因为,人们对于两堆数量有限的物品可以通过数一数,便可知道谁多谁少,而数量无限多的两类东西数也数不完,怎能去比较谁多谁少呢?

在一般人看来,无限就是没完没了,没有尽头,没有止境.如我们常说"学海无涯",这"无涯"就是无穷没有边际的意思.如我国《庄子》天下篇说"一尺之棰,日取其半,万世不竭"孕育着无穷的观念.

古代数学家由于认识的缘故,把"无穷大"及"无穷"看成是神秘的、不可捉摸的东西,总是抱着"敬而远之"的态度,不敢再深入追究.无限成了数学家的迷宫.到了近现代,前人把无限看成是崇高的、神圣的东西.

德国哲学家康德(1724—1804 年),也为无限苦恼过,他说:无限像一个梦,一个人永远看不出前面还有多少路要走,看不到尽头,尽头是摔了一跤或者晕倒下去.但是,尽管是摔了一跤或者晕倒下去,也不可能到达无限的尽头.

正当大家扑朔迷离之际,一个年轻的数学家,用他的智慧大手拨开了迷雾,使人们见到了希望的光芒,他就是德国数学家康托尔(G. Cantor,1845—1918),他使无穷变成数学魔术的王国.经过康托尔的工作,无限被称为"数学家的乐园".

第二节　集合论的诞生

1845 年 3 月 3 日,康托尔(图 8-1)出生在俄国彼得堡的一个丹麦犹太血统的富商家庭.他母亲出身于一个音乐世家,他自幼受家庭影响,聪敏好学,极具音乐天赋.他早年曾学习小提琴,并已显露出他对音乐深邃的感悟力.同时,幼年的康托尔还表现出了对数学的强烈兴趣和卓越天才.在音乐与数学之间,他选择了数学,并立志将来成为一名数学家.

15 岁那年,他在外地读书时,他父亲写一封信告诉他说:"你的父亲,或者说,你的父母以及在俄国、德国、丹麦的其他家人都在注视着你,希望你将来成为科学地平线上升起的一颗明星."这封信成为他一生勤奋学习的一个动力.他学习勤奋,学校操行评语上写着:"他的勤勉和热情堪称典范,在初等代数和三角方面成绩

图 8-1　康托尔

优异,其行为举止值得赞扬."

1862 年,康托尔考入苏黎世大学,第二年转入柏林大学学习数学、哲学和物理,在那里他受到了著名数学家外尔斯特拉斯、库默尔(E. E. Kummer, 1810—1893)和克罗内克(L. Kronecker, 1823—1891)等老师的影响,转向了纯数学研究. 1867 年他获得博士学位.两年后担任哈雷大学的教学工作,以后顺利地从助教、讲师升为副教授、教授.他认识到组织各国数学家之间的合作的重要性,致力于国际数学家大会的筹建工作,表现出他的组织能力的才干.晚年担任德国数学家联合会第一任主席.

在大学工作时,他首先开始致力于数论的研究,以及继续深入无穷集合的问题.

集合,现在的中学生是知道的,如一个学校的学生组成一个集合,一个班的学生也是一个集合.一个班学生组成的集合是学校学生组成集合的真子集(这些都是有限集合);自然数、有理数、无理数也分别构成集合,这些无穷多个数组成的集合叫做无穷集合.

19 世纪下半叶,数学分析的严格化促使人们有必要去理解实数集合的结构.集合论的中心难点是无穷集合这个概念本身.自古希腊以来,数学家就对无穷和无穷集合的概念苦思冥想几千年,虽然有所进展,但都没有根本突破.

康托尔勇敢地向这个神秘莫测的无穷集合发起了挑战.他首先把"集合"称为一些确定的,不同的东西的总体,这些东西人们能意识到并且能判断一个给定的东西是否属于这个总体.他给出了无穷集合的定义是:如果一个集合能够和它的一部分(真子集)构成一一对应,它就是无穷集合.他用"一一对应"关系的基本原则来区分两种数量无穷多的物体是否数量相等?他认为这是一种好办法,是一剂灵丹妙药.

因此,他认为二百多年前伽利略提出的"伽利略悖论"并不是什么"悖论",是完全正确的一个科学问题,他证明了全体自然数和它们的平方数可以建立一一对应关系,他建立的方法如下:

自然数：　1　2　3　⋯　n　⋯

　　　　　　$\updownarrow$　$\updownarrow$　$\updownarrow$　　　$\updownarrow$

自然数平方：1^2　2^2　3^2　⋯　n^2　⋯

因此,康托尔认为"自然数和它的平方数"是一样多的.今天来看,0 与 0^2 也一一对应.

康托尔还对伽利略在《两门新科学》中引用的例子进行研究.如图 8 - 2,设 CD 是 $\triangle OAB$ 的中位线,即 $CD = \dfrac{1}{2}AB$,通过 O 点引任一条直线 OP,必有 P' 与 P 一一对应,因而 CD 所包含的点与 AB 所包含的点是"一样多".

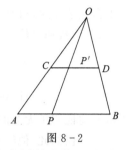

图 8 - 2

1873 年 11 月,康托尔把自己的发现写信告诉他的好朋友德国数学家戴德金(R. Dedekind,1831—1916)说:有理数的集合是可以"数"的,也就是说可以和自然数的集合一一对应.但对于实数集合,这样一一对应是否行得通?他认为,实数的集合与自然数的集合之间不可能一一对应(即不可数),但他"讲不出什么理由".

后来,康托尔继续研究,一个月以后,他又写信给戴德金,说他已经成功地证明实数的集合是不可数的.戴德金祝贺康托尔取得的成功.另外,康托尔还成功地证明了代数实数的集合是可数的.

1874 年,29 岁的康托尔把研究无穷集合理论写成一篇论文《关于一切代数实数的一个性质》,并在《克雷尔杂志》上发表了.这是康托尔关于无穷集合论的第一篇革命性论文,它标志着集合论的诞生,形成了康托尔集合论的伟大思想.

第三节　揭开无限的奥秘

康托尔把他的工作继续下去,他从数学上严格证明了"无穷"并不是铁板一块,并不是所有的无穷集合都具有同样的大小,无穷是可以相互比较的.他得出了许多有趣的、惊人的结果、最突出的是发现无穷集合和有穷集合有不同的结果,致使统治世界数学2000多年的欧几里得公理"部分少于全体"受到了冲击,康托尔在无限世界里,推翻了欧几里得在有限范围内这条天经地义、颠扑不破的真理.例如,正偶数是自然数的一部,按欧氏公理:正偶数应少于自然数才对,可是,康托尔寸步不让地否定它,认为在无穷集合里,正偶数和自然数之间可以建立一一对应,其方法是:

$$
\begin{array}{ccccccc}
正偶数: & 2 & 4 & 6 & 8 & \cdots & 2n & \cdots \\
& \updownarrow & \updownarrow & \updownarrow & \updownarrow & & \updownarrow \\
自然数: & 1 & 2 & 3 & 4 & \cdots & n & \cdots
\end{array}
$$

从而他证明了无穷的正偶数和无穷的自然数竟是一样多.

　　不仅如此,他经过三年多的研究,出乎意料地又证明了一条直线上的点(实数集合)和一个平面上的点构成一一对应,一条直线上的点和空间的点也构成一一对应,这就是说它们是"一样多".用这个观点来看,1厘米长的线段上所有的点和太平洋的所有点,和地球内部所有点竟是"一样多".后来,康托又给他的好友戴德金写信说:"我看到了它,但我简直不敢相信它".

　　关于康托尔这篇革命性的论文,也曾使《克雷尔杂志》的编辑产生怀疑,迟迟不得发表.但为了探讨真理,有胆识的编辑还是公布于世,他们没有把集合论扼杀在摇篮里.

　　康托尔的证明是史无前例的.可是在当时,在数学界甚至科学界占统治地位的观念是,你要证明什么,你就要具体地造出什么来.因此,人们只能从具体的数或形出发,一步一步经过有限步得出结论.康托尔连一个具体的超越数(如π、e是超越数)就"信口开河"说超越数存在,而且断言它比实代数的"总数"多得多.在当时,数学家对于有限数才可靠的观念是根深蒂固的,而无穷"∞"最多只是一个模模糊糊的记号.但康托尔却把无穷分为许多"层次",使得数学家感到太玄乎了.

　　1878年,康托尔发表了集合论的第二篇论文,正式把"一一对应"概念作为判断两个无穷集合相同（即"一样多"）或不同的标准，而且第一次明白地指出：无理数比自然数多，无理数比有理数多等.

康托尔的论文发表后，颠倒了许多前人的想法，尤其是他指出的"部分小于全体"的真理只在有限的情况下正确，但在无限的情况下就不成立了，"部分可以等于全体了". 对于这个新理论，连他本人也承认他的研究违背传统，他说："我十分清楚，在采取这样一步后，我把自己放到了关于无限大的流行观点以及关于数的性质的公认意见的对立面去了."但是，他相信自己的研究是数学向前发展的必然结果.因此，他表示："我希望在这样的情况下，把一些看起来奇怪的思想引进我的论证中是可以理解的，或者，如果必要的话，是可以谅解的."

第四节　　遭到传统势力的攻击

康托尔的话是很诚恳的，可惜他发展、创新的数学理论的一片至诚之心与善良的愿望，没有得到大多数数学家的理解和谅解，他和创立新理论的人一样，没有逃脱被攻击的厄运，他遭到了多数学者暴风骤雨般的反对，有善意的误解、无知的嘲讽、恶意的诽谤，甚至人身攻击；但也有热情的支持者.总之，各种反响纷至沓来.例如德国几何学家克莱因（F. Klein，1849—1925）对康托尔的思想绝不表任何同情.法国大数学家庞加莱（H. Poincare，1854—1912）批评说："我们遇到某些悖论，某些明显的矛盾的事情已经发生了，这将使爱利亚学派的芝诺等人高兴 …… 我个人，而且不只我一人，认为重要之点在于，切勿引进一些不能用有限个文字去完全定义好的东西."他还把康托尔的集合论当作一个有趣的"病态数学"来谈，并且预测说："后一代将把集合论当作一种疾病." 德国著名数学家韦尔（H. Weile，1885—1955）则称康托尔的无穷集合理论是

"雾中之雾",还有人干脆把他称为"疯子".

善意的误会容易纠正,无知的嘲讽也是可以谅解的.对于恶意的诽谤,又懂本专业知识的人就不能原谅了,道德或权力使攻击者昏迷了,派性叫人发狂.例如他的老师、柏林大学数学教授克罗内克恶意的攻击康托尔是十分凶猛与粗暴的,这是数学史上罕见的例子.老师是柏林学派领袖,是一位"有限"论者,对"无限"持严厉的批判态度,认为无限是"离经叛道",康托尔曾在老师指导下写过两篇重要的论文,但是,老师对集合论采取了仇视的态度.开始是阻挠、刁难康托尔的论文发表,叫他放弃对无限的研究.学生没有听老师的劝阻,竟然发表了几篇无穷集合论文.老师气急败坏地进行人身攻击,说"康托尔走进了超限数的地狱",康托尔是"科学骗子"、"叛徒"和"蛊惑青年人",甚至宣布不承认康托尔是他的学生.

1874年,29岁的康托尔与古德曼结婚后,他们共有5个孩子.当时,在哈雷大学当教授的收入很微薄,康托尔一家的生活一直受到经济问题的困扰.为此,他希望能在柏林大学获得一份收入较高、更受人尊敬的大学教授职位,但因克罗内克是柏林大学的权威,为此处处设立障碍阻止康托尔到柏林大学去工作,克罗内克颇有学霸作风,又专横跋扈,持续攻击康托尔达10年之久.后来,由于康托尔用脑过度和精神紧张以及家庭生活的经济压力,他在1884年患了抑郁症,最后终于导致精神分裂.他被送进医院治疗.第一次治疗后病情一好转,便投身研究他的集合论,并且充满信心地说:"我的理论坚如磐石,任何想要动摇的人都将是搬起石头砸自己的脚".

第五节　"疯子"的胜利

尽管当时有一批人攻击集合论,但数学家们并非清一色的持反对态度,一些卓有远见的数学家,用实践来检验真理,认为康托

第八章 康托尔的集合论

尔的集合论没有错,挺身而出支持康托尔,替他鸣不平.除戴德金外,还有著名的柏林大学数学教授,他的老师外尔斯特拉斯、瑞典数学家米塔—列夫勒在自己创办的国际性数学杂志《数学学报》上,把康托尔集合论的论文译成法文在国际上传播.此外,最坚持和捍卫康托尔集合论思想的是德国伟大数学家希尔柏特(D. Hilbert,1862—1943),他把康托尔开拓性的无穷集合理论比喻为数学的一个乐园,他呼吁"没有人能把我从康托尔为我们创造的乐园中开除出去".他赞誉康托尔超限算术理论为"数学思想的最惊人的产生,在纯粹理性的范畴中人类活得最美的表现之一".哲学家罗素(B. Russell,1872—1970)把康托尔的工作描述为"可能是这个时代所能夸耀的最巨大的工作".

一片乌云可以遮住太阳,但是任何嘲笑和攻击丝毫抹杀不了真理的光辉.真理是要接受实践检验的,真理不会听任何权威的摆弄,邪不压正,在正派的数学家支持和宣传下,无限的观念得到了不明真理和认识不清的数学家的认识,逐渐地无穷集合理论被人接受.最后登上了皇位,无限在它扶摇直上的发展中达到了令人眩晕的高度.

康托尔的集合论很快在数学进一步发展中得到了重要的应用,初步显示出它的巨大科学价值.1897 年在苏黎世举行的第一次国际数学家会议上,赫尔维茨(Hurwitz)和哈达玛(Hadamard)指出了超限数理论在分析中的重要应用,进一步的应用不久就在测度论与拓扑学方面体现出来了.

德国数学家希尔伯特为了说明和传播无穷集合的特殊结构,曾开玩笑似的举了一个有名的"无限多房间的旅馆"的例子,用通俗的语言,形象地阐明了无限(穷)集合与有限集合的区别.后人把这种叫做"希尔伯特旅馆".

从前有位旅馆经理,他的旅馆有许多房间.一天,所有房间都住满了客人.晚上又有一位客人想住店,旅店经理只好对客人说:"对不起,客人已住满,请您再到别处看看."可是,如果旅馆有无穷多个房间的话,情况就大不相同了.同样是所有房间都住满了客人,此时又来一位客人要求住店,旅馆经理笑着对客人说:"客房虽然说已经住满,还是有您的房间."他转身对服务员说:"你让住1号房间的客人住到2号去,让住2号房间的客人住3号去,依此类推,让住在 n 号房间的客人住到(n+1)号去,这样1号房间就可以请这位客人住下了."谁知,没过多会儿,又来了和自然数一样多的客人,这无穷多个客人都想住店.旅馆经理笑眯眯地说:"可以住,虽然说我们这儿的房间全部住满,但是这无穷多位客人全都可以住下."他吩咐服务员,让住在1号房间的客人搬到2号住,让住在2号房间的客人搬到4号住,让住在3号房间的客人搬到6号住 …… 总之,让住在 n 号房间的客人搬到2n号住,这样一来便把所有的奇数号房间全部腾出来了,可以让这些与自然数一样多的客人住下.因为根据康托尔理论,全体正奇数与自然数个数相等,所以来住店的无穷多客人都可以住下来.

1917年康托尔第二次住进哈雷大学的精神病院,次年(1918年)1月6日,康托尔带着许多遗憾离开人世.

康托尔建立集合论,成为数学发展史上一座高耸的里程碑,甚至还是人类思维发展上一座里程碑.康托尔以及后来人,终于弄清了无限的性质,找到了制服无限"妖怪"的法宝.因此,现代数学可以说是一门关于无限的科学.

当今,集合论已成为现代数学的基石,成为数学的一门分支.正如前苏联著名数学家柯尔莫戈洛夫的公正评价:"康托尔的不朽成绩,在于他敢向无穷大冒险迈进,他对似是而非之论、流行的成见、哲学的教条作了长期不懈的斗争,由此使他成为一门科学的创造者,这门学科今天已经成为整个数学基础."

康托尔的名字连同他的不可磨灭的伟大功绩,将永远镌刻在人类科学发展的史册之中,与日月同辉.

第六节　　作为无限的例子 —— 猜想①

自然界的无限(穷)性是极其丰富的,从古至今,成为一个无止境的研究课题.1600 年前,意大利的科学家布鲁诺(G. Bruno,1548—1600)认为宇宙是无限的,在他的著作《论无限性、宇宙和诸世界》中,有一首诗表明他的观点:

　　　　　　展翅高飞信心满,晶空对我非遮拦,

　　　　　　戳破晶空入无限,穿过一天又一天,

　　　　　　以太万里真无边,银河茫茫遗人间.

他的宇宙无限观,触犯了《圣经》,遭到当时教会的迫害,1600 前被耶稣会用火烧死.后来,哥白尼的"日心说" 战胜教会的"地心说",这桩惨案才真相大白.

集合论表明数学是无限的科学,无限是数学家的迷宫,因此,无限成为数学家智慧的一个有力挑战,也成为当代科学前言的一个重要研究课题了.

数学猜想很多,这里选几个涉及无限的猜想,说明无限性问题.数论中的猜想所陈述出来的问题,实在简单得连三尺孩童也能明白所讨论的是什么.但是解决它要用高深的数学知识,因为它所使用的方法都是独特的,必须有非凡的技巧和极大的敏才才能找到恰当的入门之处.

一、"$3x+1$"问题

大约在 20 世纪 30 年代,流传一个叫做"$3x+1$"的数字游戏问题.游戏规则十分简单:"任取一个自然数 x,如果它是偶数,则用 2

―――――――

①本节所有猜想的来龙去脉,详见徐品方,数学趣话,福州:福建人民出版社,2001年.

除它;如果它是一个奇数,则将它乘以 3 之后再加上 1,这样反复运算,最后结果必然是 1".

例如,任取自然数 $x=6,6$ 是偶数,要先用 2 除,$6\div2=3,3$ 为奇数,将它乘以 3 之后再加 1(即 $3x+1$),有 $3\times3+1=10.10$ 是偶数,按上述游戏规则继续做下去,$10\div2=5,3\times5+1=16,16\div2=8,8\div2=4,4\div2=2,2\div2=1$.

从数学角度来看,这个游戏实际是个函数迭代问题.具体地说,当 x 为奇数时,$f(x)$ 取 $3x+1$;当 x 为偶数时,$f(x)$ 取 $\dfrac{x}{2}$,写成式子为

$$f(x)=\begin{cases}3x+1,(当\ x\ 为奇数)\\[2mm]\dfrac{x}{2},(当\ x\ 为偶数)\end{cases}$$

这个问题,从任何一个自然数开始,经过有限次函数 $f(x)$ 的迭代,能否最终"百川归大海"都得到 1.至今尚未证明,这就是"$3x+1$ 猜想"或"$3x+1$ 问题",又叫"柯拉茨问题"或"叙拉古问题"或"乌拉姆问题"或"角谷猜想"等.这也是一个无限问题.

二、哥德巴赫猜想

1742 年,德国驻莫斯科的外交公使哥德巴赫(G. Goldbach,1690—1764)与大数学家欧拉几次通信中提出关于整数表为素数的两个猜想,用今式表为:

(1) 任何一个不小于 6 的偶数都是两个奇素数之和(如 $6=3+3,8=3+5,20=3+17,\cdots$).

(2) 任何一个不小于 9 的奇数都是三个奇数的和(如 $9=3+3+3,11=3+3+5,13=3+3+7,\cdots$).显然,以(1)偶数猜想可以推出(2)奇数猜想,反之不行.于是人们就把第一个偶数问题叫做哥德巴猜想.

　　由于不小于 6 的偶数有无限多个,无法用具体数字验证.这个猜想我国数学家陈景润(1933—1996)于 1966 年证明了每个充分大的偶数可以表示成一个素数加上两个素因数的乘积(简称"1＋2")这是目前最好的结果.近 40 多年了,人类至今还差一步尚未解决.

三、费马猜想

　　约 1637 年前后,法国律师、数学业余爱好者费马提出:当整数 $n>2$ 时,方程 $x^n+y^n=z^n$ 没有正整数解.后人称这一命题为费马猜想.但更多地被叫做"费马最后定理".我国一般书称为"费马大定理".这也是一个无限问题.

　　从费马时刻开始,直到 1994 年,才被英国数学家怀尔斯(A. Wiles,1953—)证明了.前后历经 350 多年.

四、完全数

　　公元前 6 世纪,古希腊的毕达哥拉斯首先发现,6 的因数(包括 1,但不包括自身)的和等于自身,即 $1+2+3=6$;28 的因数的和也等于自身,即 $1+2+4+7+14=28$,所以 6 和 28 都是完全数.欧几里得在《几何原本》中定义"完全数是等于其因数(包括 1)之和者",并且他给出了一个寻找完全数定理:"如果 2^n-1 是一个素数,那么自然数 $2^{n-1}(2^n-1)$ 一定是一个完全数",并给出了证明,其中 2^n-1 叫梅森素数.

　　公元 1 世纪,希腊尼科马霍斯(Nicomachus)正确地给出了 6、28、496、8124 四个完全数.

　　从此,人们用笔算纸录,耗时二千多年,只找到 12 个完全数 $n=2$、3、5、7、13、17、19、31、61、89、107、127 时,$2^{n-1}(2^n-1)$ 是完全数.

　　1946 年,人们开始利用计算机发现完全数. 截至 2001 年 11 月 11 日止,数学家前仆后继,至今总共只发现 39 个偶数完全数,第 39 个完全数是 $n=13466917$,$2^{13466916}(2^{13466917}-1)$ 是完全数,它有 8107891 位.

　　是否还有第 40、41…个完全数,目前尚未找到,同时是否存在奇数完全数? 也未被发现一个.

五、亲和数

　　公元前 6 世纪,毕达哥拉斯发现 220 的所有真因数(包括 1) 1、2、4、5、10、11、20、22、44、55、110 的和是 284;而 284 的所有真因数(包括 1)1、2、4、71、142 的和恰是 220. 像 220 和 284 这样的一对自然数称为亲和数.

　　毕达哥拉斯发现第一对亲和数后的 2000 年间,人们还没有发现第二对亲和数. 直到公元 1636 年法国费马发现了第二对亲和数 17296 和 18146,两年后"解析几何之父"的笛卡儿又发现第三对亲和数 9437056 和 9363584.

　　星移斗转,时间匆匆地又过了 100 余年,奇迹出现了,1747 年欧拉一口气找到 30 对亲和数,后来又扩展到 60 对.

　　有了计算机,人们用计算机继续寻找亲和数,目前人们已找到 1000 对以上的亲和数. 如 1974 年,H. J. 莱尔找到当时所知道的一对最大的两个 152 位的亲和数:

$m=3^4 \cdot 5 \cdot 11 \cdot 5281^{19} \cdot 29 \cdot 89(2 \cdot 1291 \cdot 5281^{19}-1)$

$n=3^4 \cdot 5 \cdot 11 \cdot 5281^{19} \cdot (2^3 \cdot 3^3 \cdot 5^2 \cdot 1291 \cdot 5281^{19}-1)$

亲和数究竟有多少对?至今尚未知晓.

第七节　第三次数学危机

　　前面介绍了第一次数学危机(公元前 400 年,由无公度线段引起,新比例定义解决)、第二次数学危机(17 至 18 世纪"无穷小量"引起,19 世纪被实数理论克服了),但是,两次危机并没有彻底克服.为什么? 因为微积分的理论是以实数理论为基础的,而实数理论是建立在有理数理论上,而有理数理论的基础是自然数理论,最后归结到集合论的理论.当时,集合论的基础如何? 数学家们常常感到有危机感.

第三次数学危机产生于 19 世纪末及 20 世纪初.背景是,当时正是数学空前兴旺发达时期,首先是逻辑的数学化促使数理逻辑这门学科诞生.19 世纪 70 年代康托尔创立的集合论是现代数学的基础,也是产生危机的直接来源.

众所周知,19 世纪中叶以后,人们普遍认为:"数学这棵繁茂的大树已形整貌美".数学已经达到了逻辑严谨的水平,它绝不需要也不可能更臻完善.如庞加莱在 1900 年的国际数学家大会上所宣称的:"数学已经被算术化了","我们可以说,数学已经达到了绝对的严格."然而事实并非如此.

1903 年,英国哲学家罗素(B. Russell,1872—1970)在《数学的原理》中正式提出一个悖论,1919 年又给出一个通俗的"理发师悖论"说:

某村所有刮胡子的人可以分为两类:一类是自己给自己刮胡子,另一类是自己不给自己刮胡子.村里有位理发师约定:"他给村子里所有不给自己刮胡子的人刮胡子,现要问这个理发师属于哪一类? 如果说他属于自己给自己刮胡子的一类,则按其约定,他不能给自己刮胡子,因此他是不给自己刮胡子的人;若他属于自己不给自己刮胡子,因之他又是一个自己给自己刮胡子的人.种种说法都不妥."

罗素集合悖论的出现,像一枚重磅炸弹,震撼了数学大地,打破了数学"绝对严格"的平静,世界一片哗然,出现集合论靠不住,自然数的算术也成了问题.这样一来号称天衣无缝的绝对正确的数学大厦出现裂缝,它对数学家影响很大,如德国的弗雷格

(G. F. L. Frege,1848—1925)刚要出版《算术基本原则》,由于他的理论涉及集合论,他在第二卷末感慨地说:"对一个科学家来说,不会碰到比这更难堪的事情了,即在工作完成之时,它的基础垮掉了.当这本书等待付印的时候,罗素先生的一封信①就把我置于这种境地".德国戴德金收回了他正欲出版的名著《什么是数和数应是什么》.希尔伯特在 1925 年的《论无限》一文中指出集合悖论"在数学中产生了灾难性作用".所以说,罗素悖论诱发了第三次数学危机.

从 1900 年至 1930 年左右,这场数学危机涉及数学基础的根本,必须对数学的哲学基础加以严格考察,换言之,数学推理在什么情况下有效,在什么条件下无效;数学命题在什么情况下更具有真理性,在什么情况下失灵.于是在探讨克服危机、排除悖论辩论中,在 20 世纪初,数学基础论这一分科就诞生了.但因对数学基础的观点不同,又应运而生地形成了数学基础的三大学派:英国罗素(B. Russell,1872—1970)为代表的逻辑主义、荷兰的布劳威尔(L. E. Brouwer,1881—1966)为代表的直觉主义、以德国希尔伯特(1862—1943)为代表的形式主义.三大学派观点略.有人主张抛弃集合论,更多人主张改造集合论,以克服第三次危机.

三大学派在争论中,语言尖刻,好像势不两立,当时没有对数学基础问题作出令人满意的解答,但他们对这些问题的认识引向了空前的深度.

1908 年德国策梅罗(E. F. F. Zermelo,1871—1953)提出公理化系统,1921—1923 年以色列的弗伦克尔(A. A. Fraenkel,1819—1965)等人又发展形成集合论中著名的 ZF 系统,即最早的公理集合论,亦即策梅罗-弗兰克尔系统简称.特别是 1930 年秋,奥地利的哥德尔(K. Godel,1906—1978)在哥尼斯堡会议上他宣

_____

①1902 年,罗素事前写信告诉他发现这个集合悖论.

布了第一个不完备性定理:一个包括初等数论的形式系统,如果是相容的,那就是不完全的.不久他又宣布:如果初等算术系统是相容的,则相容性在算术系统内不可证明.

哥德尔不完备性定理的论文,在 1931 年发表之后,立即引起逻辑学家的莫大兴趣.虽然它开始使人们感到惊异不解,不久即得到广泛承认,并且产生巨大的影响.

哥德尔不完备性定理的证明,结束了关于数学基础的争论不休.数学基础的危机不那么突出表现出来.数理逻辑形成了一个带有技巧性的独立学科,而绝大部分数学家仍然把自己的研究建立康托尔朴素的集合论或 ZF 公理集合论的基础上,从此避免集合悖论,从而在一定程度上克服了第三次数学危机,但余波未平.

令人高兴地看到,三大学派对数学基础问题的深刻认识,被纳入数理逻辑研究的范畴.数理逻辑也从此成为一个专门学科,并极大地推动了现代数理逻辑的发展.三大学派的观点也都吸取了对方长处,完善自己.当今数学家已不再划分为三派,形成统一的数学分支——数学基础,向人类思维深处求规律.

数学史上的三次"危机",带来数学史上的三次大的转折,三次大的进展,因此,悖论给数学带来的并不是危机,而是推进科学发展的动力!悖论仅仅是人类在一定的历史阶段中认识上的局限性,人类认识世界的深化没有终结,旧的悖论解决了,新的悖论还将产生,它将永远激励着人们去努力.这是我们研究悖论的历史意义.再说,随着数学公理和假设的建立,以后还会暴露出新的矛盾,第三次数学危机表面解决了,但实质上更深刻地以其他形式延续着,除将促使数学进一步发展外,也预示可能未来还有第四、五……次危机等待着.但我们相信,人们不会惶惶不可终日,一如既往,一定能解决.

第八节　集合论与群论是两个
重要方法论

19世纪,人们为了证明非欧几何的无矛盾性,采用了"解释"方法,后来这种方法成为数学基础研究以及现代数学中具有方法论意义的方法.对数学理论无矛盾性的探讨取得了两个具有数学方法论意义的重要成果.一是康托尔(G. Cantor, 1892—1920)的集合论,集合论能对几乎所有的数学理论作解释,因而成为数学的基础.康托尔引入了一一对应,从而在数学中接受了实无限集,使数学成为"关于无限的科学".二是希尔伯特(D. Hilbert, 1862—1943)创建的形式公理体系,具有重要的方法论意义——现代几乎所有的数学理论都是用形式公理体系表述的.

19世纪另一个数学方法论成果是伽罗瓦(E. Calois, 1811—1832)的群论,它使数学从局部性研究向系统结构的整体性分析研究阶段.群论方法详见本书前面第四章第五节.

从上面第七节知道,20世纪初,发现了集合论悖论,数学出现了"危机",人们从各个方面去寻找解决方法.一是对集合加以限制,由此发展了公理集合论(数理逻辑的主要分支之一).一是从整体上对数学的思想方法,对数学理论结构进行新的探讨,由此产生了各种学派(如三大学派)提出的方法论观点.各学派的方法虽然都没有排除悖论,但他们的方法论都对数学的发展起了重要的作用.

第九章 概率论与数理统计简史

在社会生活中,我们常常遇到两类性质截然不同的现象.一类是有些事情在一定的条件下必然会发生,或者必然不会发生.例如,早上太阳一定会从东方升起;在地球上,上抛的石头,一定会往下落;三角形两边之和一定大于第三边,这种现象称为必然现象(或叫必然事件).又如太阳不会从西边升起;三角形两边之和不大于第三边等这种现象称为不可能发生现象(或叫不可能事件).

此外,还有另一类现象,在一定条件下,它们可能会发生某一结果,也可能出现另一种结果.如抛掷一枚硬币,可能出现正面,也可能出现反面,这类现象我们叫随机事件(或称偶然现象).

生活实践提出来的两类现象,引起数学家的研究,相应地也产生两类数学,一类叫必然数学,即指描述和研究现实世界的必然现象及其规律的那部分数学.如数学中算术、代数、几何、微积分等都属于必然数学中确定的问题.

另一类叫或然数学,即研究和解决现实世界中大量存在的偶然现象中的量及其关系问题.它是必然数学无能为力解决而产生、开拓出来的另一个数学新领域——或然数学.

或然数学目前已成为具有众多分支的庞大数学科学,其中最基本的分支学科是概率论与数理统计.因此,通常把概率论的创立作为或然数学产生的重要标志.

概率论重在理论上的分析,数理统计重在应用上的研究.

第一节　概率论的产生与发展

一、概率论的产生

概率论是研究随机现象(即偶然现象)数量规律的数学分支(古典概率讨论的对象局限于随机试验所有可能结果,为有限个等可能的情形).

概率论的历史悠久,最早起源之一是赌博中的输赢估计问题,它是由意大利数学家帕乔利(L. Pacioli,1445—1517)在他发表的《算术、几何、比和比例摘要》一书中提出,并研究了赌博中关于分赌本的问题.之后,16 世纪的意大利数学家塔尔塔利亚和卡尔达诺也讨论了类似的赌博问题.卡尔达诺在《论赌博》书中,也计算了掷两颗或三颗骰子时在一切可能方法中有多少方法得到某总点数.这些是古典概率的肇始.

后来欧洲航海事业的发展,意大利开始出现海上保险业务,16 世纪末,欧洲把保险业务扩大到工商业上.于是,研究必然性或偶然性现象的数学工具开始萌芽.

二、概率论的形成和发展

到 17 世纪,有一位法国知识分子的赌者梅累(Mère)向法国数学家帕斯卡(1623—1662)提出一个使他苦恼很久的问题:"两个赌徒相约赌若干局,谁先赢 S 局就算胜了.现在有一个人赢 $A(A < S)$ 局,另一个人赢 $B(B < S)$ 局,赌博中止.问赌本应怎样分法才合理?"1654 年 7 月 29 日,帕斯卡将这个问题和他的解法寄给费马,两人从 7 月至 10 月期间通了 7 封信商讨了这个问题,引进了赌博"值"的概念.当时,惠更斯也在研究概率论问题,1657 年他著《论赌博中的计算》,这是概率论最早一本论著,得到学术界重视.

第九章 概率论与数理统计简史

帕斯卡、费马、惠更斯从不同理由出发,对这一问题都给出了正确解法,其中惠更斯把"值"改为"期望",于是,产生了概率论的一个基本概念"数学期望".并由此奠定了古典概率论的基础.

溯本追源,概率最初由于"赌博"引起,是所谓"赌徒之学",所以有人幽默地说它"来路不正",颇有点"不光彩".显然,这种说法是不完全的,其实,概率论产生于 16、17 世纪的社会经济、社会文化的环境,经过数学名家的理性思考,才诞生概率论.

在 17、18 世纪之交,不少数学家从事概率论的研究,这是概率论的正式形成和发展时期.盛产数学家的瑞士伯努利家族的几个成员都参加了概率论的研究,使概率论成为数学的一个分支,贡献最大的奠基人就是这个家族的雅谷·伯努利,他于 1713 年出版的巨著《猜度术》并证明了被称为"大数定律"的"伯努利定理",人称此书标志着"概率漫长的形成过程的终结与数学概率论的开端".

法国数学家棣莫弗在人寿保险金的概率研究中引人注目.他发现了正态概率曲线,给出"正态分布"和"正态分布律"的概念.

18 世纪,法国的布丰(G. L. L. Buffon,1707—1788)于 1760 年完成《偶然性的算术试验》一书,他把概率和几何结合起来,开始了几何概率的研究.

概率论在 18 世纪得到了很好的应用.如雅各和丹尼尔,根据大量统计资料,作出了种牛痘能延长人类平均寿命 3 年的结论;欧拉将概率应用于人口统计保险;柏松将概率应用于打靶研究等.

19 世纪概率论朝着建立完整的理论体系和更广泛地应用方向发展.1812 年拉普拉斯的《分析概率论》开始,由对古典概率论研究转向近代概率论.这一时期,泊松推广了大数定律,引入著名的"泊松分布".俄国的切比雪夫(П. Л. Чбеввщев,1821—1894)系统总结出计算"数学期望"和"离差"的方法,并证明了概率论中两个基本结果"大数定律"和"中心极限定理"的简单形式.

19 世纪概率开始应用于天文、物理、人口、生物学和经济学.

在 20 世纪,概率论理论与系统等日臻完善,如 1907 年俄国的马尔可夫(A. A. Марков,1856—1922)提出"马尔可夫链"的数学模型.1917 年俄国的伯恩斯坦(C. H. Ъернштеин,1880—1968)首先给出概率论的公理体系.1933 年苏联的柯尔莫戈罗夫(A. H. Колмогоров,1903—)在集合论基础上以更完善的形式提出了概率论的公理化结构.他们奠定了近代概率论的基础,概率论走向了新的高峰.

从 20 世纪 50 年代开始,概率论进一步发展,在以前基础上已形成的随机分析方法,研究的重点是过程的样本性质.概率论理论与应用都有显著发展;如它被广泛应用于解决农业生产、军事技术和科学技术中的问题.概率论与其他知识领域相结合产生了很多边缘学科,如生物统计、统计预报学等,并在应用中产生了一些新的数学分支,如排队论、信息论、控制论、随机运筹学等.电子计算机的产生和发展,又提供了有力计算工具.总之,现代概率论已成为一个非常庞大的数学分支.

综上所述,概率萌芽于 16 世纪的赌博,研究于 17 世纪,应用于 18 世纪,完善理论建立于 19 世纪,20 世纪建立其理论化,从此更加完善,应用更加广泛.

19 世纪末,概率论传入我国,1896 年第一个译本书名为《决疑数学》.到 1974 年《英汉数学词汇》才正式定为概率.现在我国在概率理论研究中若干方面已走在世界前列,如王梓坤(1928—)、侯振挺(1936—)的"侯氏定理"等.

第二节 数理统计学的产生与发展

数理统计学与概率论一样,是研究大量随机现象的统计规律性的数学学科.其核心问题是从总体中随机抽出的样本里所获得的信息来推断总体的性质.

概率论着重于对客观随机现象提出条件不同的数学模型,并研究它们的内在规律与相关关系.数理统计是以概率论为基础,在实际观测中搜集、整理资料,利用这些资料对随机变量的数字特征、分布函数进行估计、分析与推断.

数理统计学的发展可分为三个时期.

一、第一个时期——萌芽时期

英国的佩蒂(W. Petty,1623—1687)是统计学的奠基人之一,1676年他出版了《政治算术》名著,这里的"政治"是指政治经济学,"算术"即统计方法,人称他是"政治算术"学派代表人物.马克思评价他是"政治经济学之父,在某种程度上,也可以说是统计学的创始人".

当时,伦敦瘟疫流行,引起社会不安,英国统计学家丁·格兰特(1620—1674年)在1662年组织调查出生率、死亡率,发表了《自然和政治方面观察死亡统计表》,可视为是数理统计学的开创者.他还对生命统计、保险统计及经济统计进行了数学研究,他发现并提出人口出生率与死亡率相对应的"大数恒静定律"(含男女婴儿生死相对稳定),成为统计学的基本原理.后经许多人研究,验证了格兰特定律是正确的.于是统计学的数学性质逐渐加深,奠定了现代数理统计学的基础.1749年,德国数学家阿享瓦尔第一次引进专有名词"统计".

19世纪,高斯和勒让德(A. M. Legendre,1752—1833)首先把最小二乘法(数学计算方法)成为数理统计中的一个重要方法.

二、第二个时期——19世纪末到第二次大战结束(1945年)

英国数学家皮尔逊(K. Pearson,1857—1936)将数理统计应用于生物遗传和进化诸问题,得到生物统计学、社会统计学的一些基本法则,他又潜心研究数据的分布理论,他在《机遇的法则》一书中提出"概率"和"相关"的概念,接着又提出总体、众数、标准方差、正态曲线、平均变差、均方根误差等一系列数理统计术语.

英国学者费希尔(R. A. Fisher,1890—1962)是现代数理统计学的奠基者之一.他用数学将样本的分布给以严格的研究,并发表了数据信息的量测等论著.他从1919年开始致力数理统计在农业科学和遗传学的应用.

美国学者内曼(J. Neyman,1894—1981)还把他的研究成果应用于遗传学、医学诊断、天文学、气象学和农业实验等方面.

第二次世界大战期间,数理统计学在美国得到很快发展.在大战中美国有三个统计研究组,对投弹问题进行研究.他们在理论和实践上都有重大的建树,如著名的"序贯分析",被称为"最有威力的统计思想".序贯分析与决策函数理论,开创了数理统计学的新局面.

三、第三个时期——第二次世界大战以后

第二次大战后,数理统计在应用和理论两方面连续深入发展.如在工业上应用统计质量管理,由此产生了抽样检验、管理图等方法.

美国学者瓦尔德创立了统计决策理论.

电子计算机的广泛应用,对这时期的数理统计产生不小影响.有了计算机,过去停留在理论上的方法得以实施,反过来又促使人们提出和解决一些理论方面的问题.

近几十年来,数理统计不断发展,尤其在应用方面已成为最基本的

图9-1 许宝騄

工具了.

我国著名的数理统计学家许宝騄(1910—1970 年)(图 9 - 1),在 20 世纪数理统计史上享有盛名,他在这个领域作出了奠基性工作,并为我国培养了一支重要的数理统计方面的人才,为祖国争得了荣誉.

第三节　应用数学、数学发现发明方法

在前面两节我们简介了概率论与统计学产生与常识,并且知道概率统计(随机)等学科是在应用中发展起来的应用数学之一.本节简述应用数学发展史,以及数学发现、发明和创造的方法.

19 世纪末,德国的克莱因(C. F. Klein,1849—1925)在哥廷根大学工作时,第一次提出并开设了"应用数学"课程,从此开始了应用数学作为学科的发展.但由此直到第二次世界大战前,应用数学主要指物理学和工程中应用的数学,其代表作是希尔伯特和库朗(R. Courant,1888—1972)合著名作《数学物理方法》(1924 年、1937 年).第二次世界大战中,应用数学有了飞跃的发展,形成了运筹学.随着电子计算机的产生和广泛应用,数学应用于更广泛的领域中,产生了诸如控制论、信息论、算法论等一系列的数学方法论原则,产生了经济数学、生物数学、数理语言学等应用数学的新分支学科,并产生了模糊数学这样全新的数学思想方法.

应用与纯粹数学关系是怎样呢?我们知道:应用数学推动了纯粹数学的发展,纯数学也越来越多地得到实际应用.这就产生了一个著名的方法论问题:应用数学和纯数学有怎样的关系?鲁札文论证了二者本质上是构成统一的数学认识过程的互相联系、互相补充的两个方面.

关于数学发现、发明等的方法论问题,在数学的发展过程中,人们对数学中的发现、发明以及对数学中的创造性思维、对数学思想方法的研究也不断深入,尤以 20 世纪为突出.

关于数学的发现,法国拉普拉斯曾说:"即使在数学里,发现真理的主要工具也是归纳和类比."德国高斯也说过:他的许多定理都是靠归纳法发现的.因此,归纳(从特殊推到一般)和类比法(通过两个对象类似之处的比较而由已经获得知识支引出新猜测)是数学发现、发明和创造的重要方法.

当代,中国数学家徐利治(1920—)概括了数学中发现和发明的方法,提出了关系映射反演方法(1983年)具有重要的方法论意义.他还创建"抽象度分析法"(1985年),为用数学方法研究数学理论开辟了广阔的前景;还提出了宏观与微观的数学方法论的二分法,为中国的数学方法论研究奠定了基础(详见徐利治著《数学方法论选讲》).

第十章　算法与计算工具的演变

第一节　算法思想的特征

算法指求解类的、机械的、程式化的方法,它由有限多个步骤组成,对于问题类中的每一个给定的具体问题,机械地执行这些步骤就可以得到问题的解答.

在漫长的数学发展历史中,人们研究了各种各样的计算,创立了许多算法,如最早的四则运算、开方的算法,各种进位制算法以及对数、函数等算法.

中国古代数学最早引入了利用算筹进行计算的算法,称为"术".这里的"术"就是一种算法,中国古代数学的主要成就多是用算法(术)表述的,如《九章算术》中的"正负术"、"方程术";刘徽的"割圆术";《数书九章》中的"大衍求一术"、"正负开方术"等.后来的中国珠算的口诀也可以说是一种简易的算法,所解决的问题类是算术运算.今称的欧氏求两数最大公约数的辗转相除法的算法,在《几何原本》中只有算法思想,而无表达形式,即称为"演绎化"的特征.在《九章算术》中的"约分术"等就有明确算法形式的求法.此外,我国古代早就有"算术"、"算法"等概念,但其含义是指当时的全部数学知识和计算技能,与现代算法的含义不尽相同.但是,也有符合现代算法思想的一般特征.

在这里,我们专门就中国古算算法思想的特征问题,进行一些简要研究.

众所周知,中国古算思想的主要特点之一是算法化,它与西方古代数学"演绎化"是有不同的.中国古算算法思想至少可概括为几条:

①符合现代算法思想的一般特征;②源于现实,用于现实(本书前面介绍的《算数书》、《周髀算经》、《九章算术》、《数书九章》等);③揭示程序,强于构造(因为中古算的算法的"术"是有很强的程序性和构造性的,如《九章算术》.这样的术非常适宜于编程后用计算机实现计算.如吴文俊院士创造发明的现代数学机械化证明,就是在中古算算思想启发下实现的);④古代中算家的算法不用笔算,而用算筹摆在筹盘上作筹算(这种算法也在前有介绍);⑤中国古算的算法主要有"术",得出结果的方法,有时的"术"是公式或定理(如《九章算术》等),有时也用"注",说明算法的根据及理由.宋代开始,还增添"草",即介绍获得最后结果的详细运算过程(如《数书九章》、《测圆海镜》等).

这里,我们重点研讨上述第一个特征,即中古算法符合现代算法思想的一般特征问题.至于后面几条特征前面已作介绍,这里不再赘述,许多是不言自明的.

当代人研究(散见一些数学书刊)一般认为,现代算法含有两大要素:一是可操作性,包括算术运算、逻辑运算、关系运算、函数运算等;二是控制结构,其作用是控制算法各操作的执行顺序.算法通常所具备的三种控制结构是顺序结构、选择结构和循环结构.

算法的特征则可归纳为"五性":可行性、确定性、有穷性、有效性和普通性.

中国古算核心是各种各样的"术"(算法).有的类似于数学"公式",但又与公式不完全相同.例如,一元二次方程 $ax^2 + bx + c = 0(a \neq 0)$ 的求根公式 $x = \dfrac{-b \pm \sqrt{b^2 - 4ac}}{2a}$,给出的是当 $\Delta = b^2 - 4ac \geqslant 0$ 时,可将 a、b、c 的值代入求根公式,得其方程的两根.这样的公式被人称为是"静态"地给出了结果,但对于计算过程的每一步骤的具体操作,却并未加以说明.相反,中国古算算法的"术"则是明确揭示了每一步计算的具体操作方式,此种算法被称为是一种动态的算法描述.为了说明后者,我们以《九章算术》"约分术"

为例来分析说明其符合现代算法的特征.

约分术曰:可半者半之,不可半者,副置分母、子之数,以少减多,更相减损,求其等也.以等数约之.(译文,分数约分算法:若分数的分子、分母都是偶数,则可用 2 约简.若分子、分母不全是偶数,则把分子、分母放置在不同的地方,然后较大数减去较小数,不断辗转相减,就可求出最大公约数.然后以最大公约数来约简分子、分母)[1]. 我们以第一章第六题约简分数 $\frac{49}{91}$ 的算法说明它是符合现代算法:

本题第一步算法"不可半者",即分子、分母不是偶数,不能用 2 约简;则第二步算法用较大数减去较小数得 $91-49=42$;第三步算法"更相减损,求其等数",即依次辗转相减,得 $49-42=7,42-7=35,35-7=28,28-7=21,21-7=14,14-7=7$,则得到等数(最大公约数)7;则最后算法"以等数约之",即得 $\frac{49\div7}{91\div7}=\frac{7}{13}$.

从上算法过程可明显地看出"术"(算法)的具体操作特点,并且发现它体现了现代算法"五性"特征;同时"可半"与"不可半"的选择明显是算法中的"选择结构";"更相减损"则是算法中的"循环结构",至于"顺序结构"则是不言自明了.

所以,中国古算的"术"是一种真正意义的算法,符合现代算法思想的一般特征.

总之,中世纪的东方,特别是中国和印度的数学,是着重算法的概括,坚持算法精神.而且这里的"算法"不只是单纯的计算,而大多数是先举出某一个或几个实际问题,由此归纳出某一类问题的一般解法——算法(即术),再把各类算法综合概括起来,得到解决该领域中各类问题带一般性的计算方法.

此外,古代计算一般是数值计算.现代计算已远远突破了数值

---

[1]徐品方,白话九章算术,成都:成都时代出版社,2002 年,第 15—16 页.

计算的范围,包括了大量的非数值计算,如检索、表格处理、判断、决策、形式逻辑演绎等.

在 20 世纪以前,人们普遍认为,所有的问题类都有算法的,但在 20 世纪初,人们发现有些问题仍找不到它们的算法.因此,人们怀疑这些问题找不到解决它们的算法.为了证明这些问题的算法不存在,就要求将算法概念进行精确化.可惜在这之前对算法只有朴素的直观概念,并无精确定义.经过数学家的研究.20 世纪 30 年代才产生算法的精确的数学定义,这个问题至此才解决.例如先后出现的几个等价的数学定义,其中最重要的有:

1934 年哥德尔在不完备性定理证明中,提出"原始递归函数"概念,1936 年美国的克林(S. C. Kleene,1909—1994)把它具体化,成为算法理论或计算理论的起点.20 世纪 30 年代,英国图灵(A. M. Turing,1912—1954)和美国人波斯特(E. L. Post,1897—1954)分别独立引进了理想计算机概念,后称"图灵机",也有人称"波斯特机",为电子计算机的研究提供了计算机科学的理论基础.后来的 1947 年苏联的马尔可夫(A. A. Маякоя,1903—)彻底解决了原始(或部分)递归函数表现的一般递归函数的问题,提出了"正规算法"(又译为"正常计算")全新思想,与递归函数定义等价,顺利地解决了字母计算的精确化问题,促进了计算机理论的根本性的改进,扩大了应用范围.最后,人们开始要求在符号串上直接定义算法.

第二节　数值机械计算的产生与发展

计算工具就是计算所用的器具或者辅助计算的实物.从数学产生之日(最早产生的数学方法就是计算)起,人们就不断地寻找方便、快捷的计算工具.从这个角度看,数学发展的历史,也就是计算工具和计算方法的发展史.计算理论与计算工具相互促进,相互发展.

第十章　算法与计算工具的演变

众所周知,在漫长的历史发展过程中,人类数值计算工具的演变过程是:手指→实物(如小石子、贝壳)→算筹→算盘(沙盘、算板、珠算)→计算尺→笔算→机械计算机→计算机(电脑).

如果把历史的长焦镜头拉向 17 世纪,欧洲在文艺复兴曙光的照耀下,天文学发展进入了一个新时期,天文学中遇到的大量繁杂计算问题,迫切要求有更快的计算速度、更好的计算精确度,原来的工具远远不能适应了.随着钟表业的产生和发展,启示人们思考像钟表这样的装置,设计用齿轮转动的装置来创造机械计算工具,从而产生了数值机械计算的思想.

1623 年,德国数学与天文学家席卡德(W. Schickard,1592—1635),写信给天文学家开普勒,叙述他发明了一种机械计算机,建议开普勒用于天文计算.可惜,席卡德的样机模型还没有完成,就被一场火灾烧毁了.因此,他的设计思想鲜为人知.

世界上第一台六位数的加减法手摇机械计算机的诞生,是 1642 年,由 19 岁的法国年轻数学家帕斯卡制造出来的.因为他看见在皇家担任税务官的父亲,每次被繁重的税务计算工作弄得筋疲力尽,给他幼小的心灵很强的刺激,立志设计一种把他父亲从繁重计算工作中解放出来的机械.

经过他殚思竭虑,多次改进,终于把加法和减法运算化成简单的齿轮运动,制成了第一台加、减法机械计算机.可做 8 位以内的加减法.7 年后的 1649 年,由法国首相赋予专有特权.他这种机械计算机方便、快速、可靠和易于操纵,成为后来手摇计算机的基本原理.

帕斯卡在著作《沉思录》中意味深长地说:"这种计算器所进行的工作,让动物的行为更接近人类的思维".法国天文、数学家华纳在评论他设计思想时深刻指出:"帕斯卡的思想,特别是在当时,可以算作是非凡的勇敢,因为他提出了这样的目标,即利用纯粹机械的装置,来代替我们的思考和记忆."

帕斯卡的成功,唤起人们制造计算机器的灵感和狂热,启示人们进行一场计算技术自动化的革命.德国数学家莱布尼茨在帕斯卡加减计算器的鼓舞下,决心研究出比帕斯卡更好的数值计算机器.因为,帕斯卡计算机器计算乘除法要化为重复的加、减运算.为此,他特地从德国迁居巴黎,并请了优秀的机械师协助工作,经过艰苦努力,于 1671 年(25 岁)研制出了一台能算加、减、乘、除的通用机器.1685 年他写了一篇文章介绍这种机器说:"制成这种计算器使我感到幸福,它与帕斯卡的计算机相比有无限的差别.因为我的机器能在瞬间完成很大数字的乘除,且不必连续加减."但此文长久未被人知,直到 12 年后 1697 年,才由别人发表出来.

莱布尼茨的计算器与设计思想,引起了科学界的轰动,它减轻了天文学家复杂的计算工作,这种计算机器成了近代手摇计算机的雏形.

可是,在 18 世纪的 100 年间,计算机的研制工作没有新的突破,到 19 世纪初出现了转机.如 1818 年,法国的托马斯(C. Thormas)设计了一种实用计算机,首批生产了 15 台,开创了计算机制造业,从此,计算机走出了发明家的实验室,步入社会,成为人们的得力工具.这是数值机械计算发展史上的一件大事.

1834 年英国数学家巴贝吉(C. Babbage,1792—1871)提出了由程序控制的完全自动计算的思想,由于技术等原因,他没有研制出来,但是,他的设计思想,一百年后,人们引入电子技术才被实现.

人们前赴后继的研制,19 世纪生产出了多种手摇台式计算机,风行全世界,成为当时数值计算的先进工具,活跃在计算技术的舞台上.

第三节　计算机科学

计算机科学包括两个方面:一是计算数学,通称为计算机科学

第十章 算法与计算工具的演变

的软件,二是计算机的设计制造,通称为硬件.其内容包括计算机方法和程序设计.我们专门简介后者,即计算机硬件的发展历史.

1847 年美国的布尔(G. Boole)创立了逻辑代数,又出现"开关代数";1936 年,英国的图灵(A. M. Turing,1912—1954)和美国的丘奇(A. Church,1903—　)等人建立了算法理论.在以上基础上,1946 年美国数学家毛希利(Manchly,1907—　)和芬兰的电机教授埃克特(Eckert,1919—　)二人合作,并在冯·诺伊曼帮助下制成了第一台电子数字计算机,名叫埃尼阿克(ENIAC).此机笨重,重达 30 吨,是一个庞然大物,占地 170 平方米,用了 18 000 个电子管,操作时要许多人参加,还要用手帮助,但毕竟较以前之计算机先进.

电子计算机经历了 20 世纪 40 年代萌芽,50 年代实用化时期,到了 60 年代迅猛发展.计算机按硬件的发展可分为四个时代,其标志是逻辑元件和存储元件的改进.

第一代(1946—1958 年).逻辑元件是电子管,称为"电子管计算机".1949 年英国剑桥大学制成,比阿尼阿克先进,但仍笨重、耗电多.

第二代(1959—1963 年).晶体管电子计算机.是 1959 年美国人制成.体积小,用电少,每秒运行到百万次.

第三代(1964—1971 年).半导体集成电路计算机.1962 年制成,1965 年成批生产,重量、体积相当于第二代的 $\frac{1}{10}$,每秒运行千万次.

第三至四代间(称为 3.5 代,1972—1980 年).大规模集成电路.1971 年美国人制成,又称为第一台微型电子计算机"MCS-4".体积比第一代缩小 5000 万倍.

第四代(1981 至今),超大规模集成电路计算机.出现微型化计算机.此时计算机不只是一部计算机器,而且具有人脑部分功能,如译文、识图等.故人称为"电脑".

最近50多年来,计算机的发展出现小型化、巨型化的趋势,电脑功能多,不断换代更新广泛应用在工农业、科学文化、商业、军事等尤其是个人计算机出现,使计算机普及到普通百姓家庭中.虽然至今尚没有元器件方面的重大突破,20世纪80年代以来,计算的发展走向了网络化和多媒体化的方向.

这里简介"计算机之父——冯·诺伊曼"的轶趣.

美籍匈牙利数学家冯·诺伊曼(J. Von Neumann,1903—1957)(图10-1),父亲是犹太血统银行家.冯·诺伊曼从小就显露出数学才能,特别在心算、记忆能力方便出奇,传说很多.据说6岁能心算多位数除法,8岁掌握了微积分,12岁读懂波莱尔的《函数论》,中学时他参加匈牙利的数学竞赛中名列第一.17岁与人合作写了第一篇数学论文.27岁赴美,加入美国籍.曾担任美国原子能、导弹委员等头衔,曾任美国数学会主席.1956年获首次爱因斯坦奖等.

图10-1　冯·诺伊曼与第一台通用程序控制电子计算机

记忆力惊人,如目过一栏电话号码簿,便能全背出.不用笔和纸能进行复杂运算.他的心算有时超过计算机,但他妻子却反对说:"他对自己家里房子连一点几何头脑也没有.有一次,在普林斯顿,我叫他去取一杯水,过了一会,他回来了,问我玻璃杯放在哪里.要知道,我们在这间房子里已住了 17 年……".

冯·诺伊曼的记忆能力,是从小养成的习惯,平时就有意记忆,如在中学,他对圆周率 π 和自然对数底 e 的多位小数值,背得滚瓜烂熟.他成年后,有一次讲演中,临时要用他 20 年前写过的材料,因事前没有准备,他居然准确无误用原来语句和符号写了出来.

冯·诺伊曼精通 5 门外语,喜欢历史、物理、数学外,还爱下棋,富于幽默.

二次世界大战前,他从事算子理论等研究创造了算子代数学(亦称冯·诺伊曼代数).

他在应用数学上贡献最大的是计算机科学,被誉为"现代计算机之父".他兼备天才和成就于一身.著作宏丰,有六大卷,包括150 多篇数、理、应用数学等内容.单收藏在美国国会图书馆的就达八千份之多.

冯·诺伊曼一向健康很好,1954 年开始感到乏力、疲乏、胳膊失灵,1955 年查出骨癌,病魔百般折磨他,但他意志坚强,仍坐在轮椅上思考、写作、参加会议和演讲.不幸于 1957 年 2 月 8 日去世,享年才 54 岁.

第四节　数学定理的机械化证明

1946 年电子计算机诞生.4 年后的 1950 年波兰数学家塔斯基(A. Tarski,1901—1983)证明:一切初等几何和初等代数范围的命题,都可以用机械化方法判断其真伪,使人大吃一惊.

1956 年美国人尝试用计算机证明了一些数学定理.1959 年美国华裔数理逻辑学家王浩(1921—1995 年)设计了一个用计算机证明定理的程序,只用了 9 分钟证明了几百条很不简单的定理.1976 年,美国人借助计算机,花了 1200 个小时证明了几百年来未证明的"四色定理"难题,成了轰动性成就.

数学机械化的证明,国际上称为"自动推理",可是,蹒跚爬行的电脑证明,二十多年过去了,还没有根本性的突破.

一、吴文俊方法的诞生

1976 年,中国科学院吴文俊(图 10 - 2)院士在学习研究《九章算术》等中国古算时,把中国传统数学中几何代数化的思想概括为机械化思想,由此得出结论:"中国传统数学的机械化思想与现代计算机科学是相通的."从此,他开始步入开发数学机械化证明这块肥沃而又荒芜的原野.

图 10 - 2 吴文俊

吴院士从 1976 年冬开始研究,1977 年春首先在平面几何定理方面取得突破,成功地建立了电脑证明理论,国际上称为"吴方法",被认为是自动推理领域的先驱性工作,开创了国外 20 多年来没有发现的新方法.按照他的方法,证明了像西姆松线那样不简单的定理,并陆续证明了 100 多条几何定理.1978年又证明了初等微分几何一些重要定理.

1984 年他出版了专著《几何定理机器证明的基本原理》(初等几何部分).吴方法的基本原理主要是:把几何问题转化为代数方程,再按程序消去约束变元或降低约束变元的次数,使问题水落石出.他的方法基于两个基本定理:李特(J. S. Ritt)原理和零点分解定理.

后来,他乘胜追击,把研究重点转移到数学机械化核心问题——代数上的方程求解上来,他把李特原理及零点分解定理加以精密化,从而建立了求解代数方程组最完整的方法之一,被誉为"吴消元法".80年代末,将此法推广到偏微分代数方程组,还给出了多元多项式组的零点结构定理,这是构造性代数几何的重要标志.

二、中国人震惊全球

吴文俊创立的"吴两法"("吴方法"和"吴消元法")引起国内外学者的广泛重视和高度评价.国际自动推理杂志JAR与美国数学会的《现代数学》,破例全文转载吴的两篇论文,在编者按语里特别说明:"本刊一般不转载已经发表过的论文,但由于该论文非常重要,为了使更多的人可以读到这些论文,特予转载."美国人工智能协会前主席布勒得塞(W. Bledsoe)等人主动写信给我国科技领导人,称赞"吴关于平面几何定理自动证明的工作是一流的,他独自使中国在该领域进入国际领先地位."

吴文俊的发明具有重大的革命性的突破,如工业革命实现体力劳动机械化一样,吴两法带来了全世界脑力劳动机械化的光明.因此,被认为是自动推理领域的里程碑.著名数学家莫尔(Moore)评价说:在吴的工作之前,机械化的几何定理处于黑暗时期,而吴的工作给整个领域带来光明.美国定理自动证明权威沃斯(Wos)认为:吴的证明路线是处理几何问题的最有力的方法,吴的贡献将永载史册.

吴院士在自动推领域的先驱性、开拓性工作,获得了1997年"埃尔布朗(Herbrand)自动推理杰出成就奖",授奖词是这样介绍和评价的:"几何定理自动证明首先由赫伯特·格兰特(Herbert Gerlenter)于50年代开始研究,虽然得到一些有意义的结果,但在吴方法出现之前的20年里,这一领域进度甚微.在不多的自动推理领域中,这种被动局面是由一个人完全扭转的.吴文俊明显是这样一个人."吴的工作"不仅限于几何,他还给出了由开普勒定律推导牛顿定律,化学平衡问题与机器人问题的自动证明.他将几何定理证明从一个不太成功的领域变为最成功的领域之一."吴院士后来又在非欧几何、仿射几何、圆几何、球几何等证明了许多定理,并扩大到实用领域.

1998 年,年近 8 旬的吴院士,已经培养出一支高水平的数学机械化研究队伍,在国际上被称为"吴学派".

2001 年 2 月 19 日,吴院士终于登上首届只有两名的"国家最高科学技术奖"的领奖台,又获 2005 年度"邵逸夫数学科学奖".

三、攀上千条路,同仰一月高

科学研究往往是理论上的突破,带来实际的腾飞!数学命题种类繁多,不可能所有的命题都一下子得到自动证明.于是,不少科学家另辟蹊径,在"吴两法"的基础上改进、创新,这项工作又是中国人走在世界的前头.

中国科学院成都分院的张景中院士和杨路研究员、高小山、周咸青等博士后来居上.

1979 年,张景中看到吴文俊的几何定理机器证明的论文.在吴方法影响下,他思考改进和创新吴方法的工作.1986 年他和杨路提出了机器证明的数值平行法,改进了吴方法.

在吴两法取得公认的成功后,机械证明这一领域面临两个有待解决的难题,一个是几何不等式的机械证明问题,另一个是如何让机器生成易于理解和检验证明的问题.张景中选择后者,即可读证明的自动生成问题.

为什么他要选后一问题呢?他说:"直到 1993 年初,所有有效的几何定理机械证明的方法都只能判断命题是否成立,而不能给出通常意义下的证明,即人在合理的时间内能看明白,易于操作与检验其正确性的证明".有科学家认为不可能实现,他不同意地认为:如果不突破这一关,几何定理机械证明就难以在教育中发挥作用,难以得到大众的理解与普及.

第十章　算法与计算工具的演变

1992 年 5 月,张景中应在美国维奇塔大学工作的周咸青博士的邀请到了美国.张提出一个想法:把他二十多年前发现的面积证题法作为基础,探索几何定理可读证明自动生成的新途径.周咸青问:"面积方法不是算法,怎么用机器证明?"张院士经过一个不眠之夜,从面积法解题中提炼出对这一要害问题的回答:"消点".

那天晚上,他是这样思考:按传统的几何解题思路,题目做不出来时就往图上添加辅助线,但他不是添而是消,即消去图上之点,使图逐步简化,直到水落石出.这与解方程降次消元思路一致.

第二天早晨,张用面积关系消点法回答了周博士疑问.一个月后他用消点法新编的程序证明了近百条定理.

什么是消点法,举一个浅显例说明.

例　求证:平行四边形对角线互相平分.

证明　如图 10 - 3,设 $\square ABCD$ 对角线 AC、BD 交于点 P,则要证 $AP = CP$,即证

$$\frac{AP}{CP} = 1 \qquad\qquad (1)$$

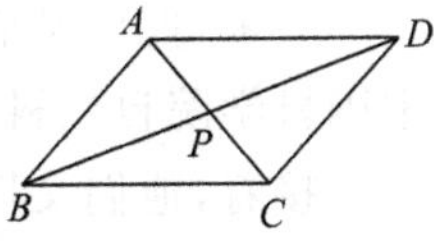

图 10 - 3

考察(1)式的特点,左边含有三个不同字母,而右边为 1,消点法就是要逐步消去(1)式左边的字母,直至所有字母都消去,最后得到常数 1.

先消去字母 P,注意到 $\triangle ABD$ 与 $\triangle CBD$ 有公共边 BD,根据张景中发现的"三角形共边比例定理"有 $\dfrac{AP}{CP} = \dfrac{S_{\triangle ABD}{}^{*}}{S_{\triangle BCD}}$(转化为面积后消去了点 P).

其次消去 D,$\because AD \parallel BC$,$\therefore S_{\triangle ABD} = S_{\triangle ABC}$,同理,$CD \parallel AB$,有 $S_{\triangle BCD} = S_{\triangle BCA}$.

---

* 证明,如图有 $S_{\triangle ABP} = \dfrac{AP}{CP} \cdot S_{\triangle BPC}$①,$S_{\triangle APD} = \dfrac{AP}{PC} \cdot S_{\triangle PDC}$②,①+② 即得.

$$\therefore \frac{AP}{CP} = \frac{S_{\triangle ABD}}{S_{\triangle BCD}} = \frac{S_{\triangle ABC}}{S_{\triangle BCA}} = 1(消去点\ D\ 了)$$

为什么要先消点 P、D?按消点法规则是先消去构图中后出现的点 P、D,因为,先任选三点 A、B、C,由此确定点 D,得 $\square ABCD$,连对角线得最后点 P,所以在构图中,P 最后出现,其次得 D.

消点法成功后,高小山又提出用体积关系把消点推广到立体几何,不久又推广到解析几何,他们类似课本形式证明了平(立)面(体)几何、解析几何五百多条定理.

1994 年,张景中、周咸青、高小山出版了以消点法为主的英文专著《几何中的机器证明》一书,得到国际好评.如美国《数学评论》说该书克服了吴两法未克服的困难.美国专家说:这是自动推理领域 30 年来最重要的工作,是计算机发展处理几何问题能力之路上的里程碑.

后来,他们又成功地把消点法用于非欧几何证明,获 1995 年中国科学院自然科学一等奖,1997 年国家自然科学二等奖.

接着,他们又把消点法制成中学数学教学计算机辅助教学软件,1998 年三种自动软件:几何专家、立体几何和解析几何被教育部教材审定通过,并在中学使用.

四、路漫漫其修远兮

中国人领先世界独自创立的"吴两法"和"消点法"屹立于世界自动推理最前沿,使几何定理电脑证明梦想成真了.

用电脑证明几何题,使几何学改变了从古希腊到现在二千多年一直沿用逻辑推理的传统方法,把逻辑思维才能获得定性化结论的问题,转化成通过计算机能解决的定量化问题.由于实现了程序化、机械化,从而降低了几何难度.

可是,应该看到"吴两法"和"消点法"虽是开拓性的贡献,但是还不是证明几何题或数学命题的通法."吴两法"主要限于一些几何定理和一些代数方程组;"消点法"主要限于用面(体)积关系解一些几何命题,而像几何作图、几何不等式等类问题,尚未得到令人满意的成果,所以它们还不是终点.再说,自动推理的最终目标是从数学机械化证明推广到其他学科的自动推理,故电脑证明还有待探索.数学家与计算机专家尚需努力,"路漫漫其修远兮,吾将上下而求索."

第十一章　国内外发展中的现代数学概要

谈到现代数学,涉及数学史的分期问题,这个问题存在许多分法,不尽一致.这里我们不打算从学术角度细致探讨,仅从下面几方面简要介绍国内外现代数学发展.

第一节　现代数学发展简介

首先,让我们概要回顾一下世界数学总的发展简况.

一、世界数学发展地理中心的迁移

众所周知,纵观数学发展史,世界是不平衡的,它随着该国(或地区)的政治经济变化而迁移.几何学产生于希腊城邦制国家繁荣的时期,希腊首先成为古代世界数学的中心.但在公元元年左右希腊数学衰退时,大约从公元5—15世纪(史称中世纪),世界数学发展地理中心转移到经济鼎盛的东方(中国、印度和阿拉伯).但随着东方政治经济变化,从16—17世纪,世界数学中心转移到欧洲文艺复兴发源地的意大利.17世纪,英国因资产阶级革命和宗教改革带来经济发达,造就了牛顿学派,产生了皇家学会,因此世界数学中心便转移到英国.18世纪法国政治大革命取代英国,成为"数学活动的蜂巢",数学中心便从英国转移到法国.19世纪70年代以后,德国统一,哲学观念的变革,哥廷根学派的崛起,数学中心又从英国转移到德国(当然,苏联也是当时的中心之一).但因希特勒上台,实行法西斯专政,进行政治镇压.哥廷根科(数)学一蹶不振,第二次世界大战后,美国无偿地得到许多人才,成为技术创新之地,于是,世界数学发展地理中心从德国转移到美国.综上简述,世界数学发展地区中心转移顺序是:希腊→东方(中国、印度和阿拉伯)→意大利→英国→法国→德国(含苏联)→美国.

二、20 世纪的数学分期

众所周知,17 世纪是数学的天才世纪,产生解析几何与微积分.

18 世纪是发明的世纪,衍生发明了许多数学新分支,如微分方程、无穷级数论、微分几何学、变分法、复变函数等.

19 世纪是几何非欧化、代数抽象化和分析严格化的世纪.几何非欧化(多样化)指非欧几何、射影几何、画法几何、微分几何、黎曼几何、希尔伯特几何基础;代数抽象化指代数突破了以方程为中心的代数学,建立了更加抽象的近世代数(即抽象代数);数学分析严格化指其建立了严格的逻辑基础.

20 世纪数学是由 19 世纪多样性趋于统一时,其统一的基础是集合论.一方面在集合论之上产生出结构数学的庞大领域.另一方面是由集合论基础问题产生了对数学基础的更深入探讨.

20 世纪数学可分为前后两个时期.

(1)前期从 1870 年到 1940 年,是现代数学萌芽时期.数学由以算为主过渡到以研究结构为主,把数学统一在集合论基础上,其标志是数理逻辑、抽象代数、测度与积分论、拓扑学、泛函分析等五大学科的诞生.到 20 世纪 30 年,布尔巴基学派用数学结构的概念统一数学,出版的《数学原理》成为数学的经典.

(2)后期从 1940 年以后,是现代数学的繁荣时期,纯粹数学以拓扑学为中心得到迅猛发展.同时,随着计算机的出现,应用数学和计算数学也取得空前进步,对于科学及社会都起着越来越重大的作用.

三、现代数学的分类

从数学结构(指构成数学知识体系各种知识单元之间的一种相对稳定的结合方式和联系形式)进行数学分类来看,从公元前 6 世纪古希腊的毕达哥拉斯开始到今天,数学史上出现了许多用数学结构观点的分类[1]. 对于现代数学分类亦有多种理论,多种模式. 如《中国大百科全书·数学》中分类模式是,它的一级学科有 14 个:数学史、数学基础、数学逻辑、集合论、代数学、数论、几何学、拓扑学、分析数学、微分方程、计算数学、概率论、数理统计学、运筹学. 它的二级学科分支有 50 多个,三级学科分支有 300 多个.

美国《数学评论》杂志将当代数学的二级学科分支有 60 个,三级学科分支有 400 多个. 因此,面对上述庞大的数学知识系统,数学家越来越限制于一、二个专门领域. 被美国数学史家 F·克莱因称数学史上"最后一位数学全才"的法国数学家庞加来(J. H. Poincaré,1854—1912),以及稍晚一点的德国数学大师希尔伯特(D. Hilbert,1862—1943)也在众多数学分支领域有过贡献,但是,这样的职业数学家越来越少了. 可是,当今大自然显出的智慧,形形色色,变化万端,科学世界开创了声如千骑疾、气卷万山来的新纪元,每个国家、每个民族都面临了多学科协同发展的挑战,也给每一个科学工作者提供了演最新最美的角色的舞台.

卓有远见的 38 岁的希尔伯特面对庞大的数学分支,1900 年在巴黎第二届国际数学家大会上所做的著名演讲中指:"数学科学是一个不可分割的整体,它的生命力正是在于各个部分之间的联系."并提醒人们警惕数学"被分割成许多孤立的分支"的危险[2].

---

[1] 详见杜瑞芝主编《数学史辞典》,沈阳:山东教育出版社,2000 年,第 635—649 页.

[2] 希尔伯特,数学问题,载数学史译文集,上海科技出版社,1981 年,第 81 页.

因此,现代科(数)学要求的人才,必须是综合型、多学科型的,亦即知识较全面的人才.

面对当代世界,数学全才也好,数学通才也好,就要求我们把数学基础打扎实,尽可能多地了解数学与数学相关的科学领域,使其知识面宽而不窄.当今一些大学,对大学一、二年级的学生暂不分专业,全面地学习基础学科,是一个好办法.事实上,卓有成就的科学家的研究领域,往往是大学三、四年时才确定,其标准只有一个——自己喜欢的专业.

第二节　中国现代数学的产生与发展

中国现代数学的产生,与西方数学的传入分不开.西方数学早期传入中国的高潮有两次:

第一次是从 17—18 世纪初,传入标志是徐光启与利玛窦翻译出版的《几何原来》(1607 年).

第二次传入是从 1840 年开始,除初等数学外,还有解析几何、微积分、概率论等近代数学.

在中外近代数学的基础上,从 1912 年至今约百年间,是中国现代数学发展的阶级,我们约分为四个时期[①]:

第一个时期是兴起时期(1912—1949 年).辛亥革命推翻了清朝统治,建立了民国(1912 年),形式上是共和,实际上是军阀割据.中国沦为半封建、半殖民地社会,国家经济崩溃,人民啼饥号寒,生产、科学技术十分落后.

这一时期的中国数学,仍停留在近代高等数学,而国外已是分析精确化、代数抽象化、几何多样化了.为了吸取国外现代数学知识,辛亥革命后出国风很盛,一批怀着"科学救国"宏愿的青年志士

---

①现代数学时期很难用一个确定的年代为开始时间.这里是以辛亥革命后进行划分的,以发表陈建功、苏步青等现代数学论文为标志.

到海外留学.他们熬过了多少寒暑,度过了无数不眠不夜,在攀登现代数学的征途中作出了难能可贵的成就.这一时期,中国第一位博士是胡明复(1891—1927 年,获美国哈佛大学 1917 年博士),第二位是姜立夫(1890—1978 年,哈佛大学 1918 年博士).从 1920年到 1929 年 10 年间,大概增加了 10 位博士,平均一年增加一位(引自《中国数学会通讯》2005 年第 3 期).

第二个时期是恢复发展时期(1949 年—1965 年).建国初期(1949—1955 年)为恢复阶段.这一阶段,中国共产党为科学事业的发展开辟了广阔的道路,成立了中国科学院数学研究所(1950年),召开了第一次全国数学会(1950 年),创办了数学刊物,海外著名数学家纷纷回国,与国内数学家共同恢复发展了数学事业.

1956—1966 年为现代数学发展阶段.这一阶段国家提出"百花齐放,百家争鸣"的方针(1956 年),活跃了学术空气,推动了数学的发展.到 1966 年,数学人才辈出,著述宏丰,数学领域取得显著成就,形成了我国在数论、微分几何、函数论、拓扑学的数学学派,中国数学正在接近当时的国际水平,某些分支已达世界水平.因此,这一时期是中国现代数学向独立和成熟发展中的形成阶段,亦即第一个高潮时期.

第三个时期是低潮时期(1966—1976 年)."文革"十年动乱,中国数学处于低潮.数学研究机构被取消,科研人员流散,数学处于与世界隔绝状态,除少数分支①外,拉大了与世界水平的差距.

第四个时期是蓬勃发展时期(1977 年至今).经过拨乱反正和党的十一届三中全会,终于与十年破坏告别,我国数学开始复苏.这一阶段,数学研究人员之多、范围之广、程度之深、成果之富、水平之高,都超过了中国历史上的任何时代,且中外学术交流频繁,出现了中国数学的第二个高潮.

归结起来,中国现代数学的发展,主要表现在:

---

①如陈景润(1933—1996 年)关于"哥德巴赫猜想",得到目前为止的最佳结果.

第十一章 国内外发展中的现代数学概要

第一,数学研究领域更加广泛.数论、微分几何、函数论、拓扑学和数学机械化证明等几大领域继续保持优势;在微分方程、代数学、概率论、积分方程、计算数学等方面恢复了元气,出了新成果;在数学前沿如模糊数学、代数几何、整体微分几何等方面也取得成就.

第二,一大批中青年数学家迅速成长.

第三,获数学奖增多.无论国外某些数学奖,还是国家或个人名誉设立的数学奖,我国许多人都获此殊荣.

第四,成果累累,举世瞩目.据报载[1]:从 1930 年到 1980 年的 50 年间,国外一共只翻译出版了中国数学家 5 本著作,而 1980 年到 1990 年间,已经摆上书架的有 50 本之多.如果算上签了出版合同的,估计百本以上.1990 年至今,我国数学家在国外出版专著已逾 200 多种(2005 年统计).至于在国际知名数学杂志上发表的论文,每年约 500 篇(2005 年统计).

第五,中外交流加强,整体国际信誉提高.中国数学走向世界,中外交流频繁,我国数学水平提高.如 2002 年国际数学家大会(ICM2002)在我国北京举行,这是一件了不起的大事.因为这个大会在那个国家召开,通常认为该国数学发展水平和国际地位的标志.过去召开 ICM 都在发达国家举行,在亚洲地区则仅在日本召开过一次.北京 ICM2002,以 21 世纪第一次国际数学家大会和历史上第一次在发展中国家举办而载入史册.至于被邀在大会上发言者众多(见后).

第六,形成了一些新的学派.例如吴文俊院士在"数学机械化及其应用"取得了国际领先地位,形成了一个新的"吴学派"等.

第七,获院士、博士等学位众多.我国从 1955 年公布首批中国学部委员后(1992 年改为中国科学院院士),至 2003 年,已评选出中国科学院院士数学家约 44 人,博士、硕士则更多.

---

[1]《人民日报》1990 年 7 月 18 日.

第八,中学生参加国际数学奥林匹克(IMO)竞赛,大都获总分第一或第二名,有从 1992—2004 年 6 人参赛 6 个全获金奖,标志着我国中学生数学水平的提高.

以上成就,展现了中国数学家在国际舞台上活动的实力,是中国代数学蓬勃发展的黄金时代.

当然,也要看到,由于我国与世界先进数学脱节时间太长,缺门较多,基础面窄,方向分散,总体差距大,许多弱点不可能很快克服,迄今的成果,多是发挥传统优势取胜.在相应的国际性数学角逐中经得起拼搏的拔尖人才不多,至今还没有一个菲尔兹奖和沃尔夫奖获得者,大陆上还没有 1 人在 ICM 上作 1 小时报告.尽管国家资金投入很大,但与先进国家相比还有差距.

图 11-1　陈建功

但我们深信,在全体数学工作者的努力下,与国际差距一定缩小. 21世纪的今天中国已经成为世界数学大国(这个说法,今天仍有争议),但还不是数学强国,仍需对世界数学发展继续作出新的更大贡献.

为中国现代数学呕心沥血,创新发现的数学家很多,读者可从程民德主编的江苏教育出版社出版的《中国现代数学家传》(1—5 卷约介绍 200多位)上读到.这里只选介陈建功、苏步青、陈省身、华罗庚和吴文俊几位.

陈建功(1893—1971 年)(图 11-1)浙江绍兴人. 1913—1929年间三次赴日留学,第一次学工科,白天念化工,晚上在夜大学读数学;第二次考入日本东北大学数学系,并在一年级时,发表重要论文《无穷乘积的若干定理》,首开中国现代数学:1926 年第三次赴日,在东北帝国大学读研究生,研究三角级数. 1929 年用日文撰写了《三角级数论》,次年正式出版,并获日本理学博士学位而震惊

第十一章 国内外发展中的现代数学概要

日本舆论界.获博后立即归国,任浙江大学数学系教授兼系主任.1931 年他推荐苏步青到浙江大学任数学系副教授,二人合作,相得益彰,在高年级学生和助教中首次创办数学讨论班,培养出不少英才.解放后历任浙江大学、复旦大学教授、杭州大学副校长等职,他是中国函数论学科开创人.特别是在三角级数、复变函数几何理论、函数构造论等方面贡献卓著,出版专著多部,发表论文 69 篇.

他是卓越的教育家,一生培养了一大批数学家和数学工作者,他带领和指导研究生如程民德、夏道行、赵民义、龚升等,在函数论各分支中取得重要成果,为中国现代数学的发展建立了不朽的功绩.1955 年被选为院士.

陈建功轶事多[①],介绍几则:

(1)1929 年获博士学位后,他的导师藤原听他说要回国,十分惊讶与惋惜,再三挽留他留校,被陈建功拒绝,毅然回到贫穷落后的祖国.藤原多次对人讲:"我一生以教书为业,没有多大成就,不过有一个学生陈建功,是我最大的光荣."陈建功在日本教育、数学界小有名气,抗战结束,派他去接管日军战领的台湾大学,日本人刁难人,看到是陈建功来接,十分敬佩,哑口无言,乖乖地交出台大各项财产.

(2)讲课独特,他上五门课.每次上课前,他花许多时间熟记要讲的内容,课堂上从不带讲义或教案之类的材料,定理、运算从头至尾一目了然,师生佩服.

(3)为人正直,不求名利.指导学生写论文,修改后,学生发表时在文末致谢或添他名,一律不准,否则不让发表.

(4)不徇私情,正直不阿.别人求他向县长(他的学生)求情,替被捕走私商人放人,并答应重金酬谢,他婉言拒绝.又如亲戚要报考他任校长的学校,要求漏考题,被他拒绝与批评.学校评职称,

---

①详见:师范群英,光耀中华丛书第四卷,陕西人民教育出版社,第 64—75 页,徐品方一文.

他负责这项工作,许多人讨好他,让他为自己夫人升职,他认为不够条件被拒绝等.

图 11-2 苏步青

苏步青(1902—2003 年)(图 11-2),浙江平阳人.1912 年留学日本,毕业后在日本打短工继续深造.1931 年获理学博士学位.学成即归,同陈建功一起,在浙江大学通力合作,使浙江大学率先建成中国现代数学教学和科研基地.抗日战争前,日本亲人、母校要他回日本工作,过富裕生活与躲避抗日战争灾乱,他几次拒绝.抗战时期,学校被迫搬迁,长途跋涉,吃尽苦头到达贵州湄潭.在破庙或山洞里坚持教学、科研.他说:"山洞虽小,但数学的天地是广阔的".解放后历任复旦大学教授、校长等职.1955 年被选为院士.他主要研究微分几何,是中国微分几何学派创立者与领袖,并且为国家培养了一大批闻名中外的数学人才,如谷超豪、胡和生、白正国、吴祖基、熊全治等.

苏步青已发表论文 168 篇以上,出版微分几何等专著多部,还有多种译著和讲义.

为了纪念他,设立了"苏步青数学教育奖".

陈省身(1911—2004 年)(图 11-3)美籍华裔.浙江嘉兴人.19 世纪 30 年代初为清华大学研究生(国内最早),随后留德获博士,又赴法国随嘉当研究现代微分几何.1937 年回国任教于清华大学、北京大学、南开大学联合组成的长沙临时大学和西南联大.1943—1945 年赴美国在普林顿高等研究所工作,1946 年回国,在上海建立了中央研究院数学研究所,1948 年举家赴美先后在芝加哥和伯克利加州大学任终身教授,直至退休.

陈教授的学术成就主要在微分几何领域,以微分流形、纤维丛、示性类(被命为"陈省身示性类",还有一些命名)等开创性工作著称于世,使他成为整体微分几何的奠基人之一.陈教授是当代世界权威数学家,又是著名的数学教育家、活动家,他培养了一大批数学家,如吴文俊、丘成桐、严志达等.丘成桐在他的指导下,在微分方程、复变函数论及拓扑学、多种几何学等方面取得杰出成就,并获国际数学大奖.

图 11-3　陈省身

陈省身由于对数学的重要贡献而享有很多种荣誉.在国际数学家大会上作过多次 1 小时学术报告(最高规格待遇);并参与各种重要决策会议;曾获美国国家科学奖及其他多种奖,并于 1984 年获世界最高数学奖——沃尔夫奖.

从 1972 年起,他多次回国讲学,1984 年以来,致力于发展中国现代数学事业,提出把中国建成世界数学大国,创立"双微"讨论会,指导各种学术活动,捐款在南开大学设立"姜立夫奖学金",又在南开大学创办南开大学数学研究所,并出任第一任所长.从此,不顾年迈,为中国在 21 世纪成为数学大国奔波于国内外.

中国数学会推崇他的贡献,设立"陈省身数学奖".

1999 年,他结束了在美国伯克利的职业生涯,并回到中国,在南开大学定居.于 2004 年 12 月 3 日,以 93 岁高寿在天津南开大学去世.

陈省身去世前的 2004 年荣获国际性的"邵逸夫数学科学奖"(奖金 100 万美元),他将奖金全部分别捐给国内外一些数学研究所.

华罗庚(1910—1985 年)(图 11-4),江苏金坛人.初中文凭,经过自学成为中国数学巨星.一生遇到两个伯乐:第一个是金坛中

图 11-4 华罗庚

学校长兼数学教师王维克(留法,居里夫人的学生),使他坚持了自学.1929 年,他的一篇论文《苏家驹之代数五次方程解法不能成立之理由》被第二个伯乐熊庆来发现,使他跨进了清华大学的校门.1936 年作为访问学者赴英在剑桥大学研究、深造,前后用中外文发表了 10 多篇论文.20 世纪 40 年代写出世界名著《堆垒素数论》,成为中国数论学派的创立人.后任西南联大教授,1946 年赴美国研究、教学,成绩卓著,成为世界名流,著名的数学家.

1949 年放弃美国优厚薪俸、洋房和终身教授等,举家返回祖国.回国途中还致信留学生,动员他们回归新中国参加社会主义建设.

建国以来组建中国数学会,成立数学研究所,历任所长,倡导数学竞赛,创办中国科学技术大学,推广优选法、统筹法等,在教学、研究双丰收.1955 年被评为院士.

华罗庚教授一生发表 200 多篇论文,10 部专著,其中 8 部被国外翻译出版,还撰写了十余部科普作品.他是我国解析数论、典型群、矩阵几何、自守函数与多复变函数等方面研究的创始人与奠基者,是世界著名数学全才,享有崇高国内外声誉.为了纪念他的成就,中国数学会设立"华罗庚数学奖".

吴文俊(1919—)中国科学院数学与系统科学研究所研究员,数学家,院士.他在拓扑学上为法国与中国作出了奠基性的贡献.20 世纪 70 年代后期又开创崭新的数学机械化领域和中国数学史的研究,此外在代数几何、对策论等领域也有独创性成果,他的成就曾多次获得国内外多种奖,特别在 2001 年 2 月 19 日他登上了首届只有二人获奖的"国家最高科学技术奖". 他的主要贡献有：

（1）拓扑学. 拓扑学主要研究几何体的连续性，是许多数学分支的重要基础. 法国数学家迪厄多内说：拓扑学是现代数学的女王. 吴文俊取得了一系列重要成果，其中有被誉为"吴示性类"、"吴示嵌类"和"吴公式"等.

吴的工作已成为拓扑学的经典结果，半个世纪以来，这些工作一直发挥重要作用，被广泛引用，成为许多教科书中的定理. 数学大师陈省身称吴"对纤维丛示性类的研究作出了划时代的贡献."

吴院士在拓扑学的贡献，获 1956 年首届国家自然科学一等奖，当年一等奖只颁发三个人，另两位是华罗庚和钱学森教授.

1958 年和 1986 年两次被邀请吴文俊在国际数学家大会上作 45 分钟的学术报告.

（2）数学机械化. 20 世纪 70 年代，吴院士开始花大力气研读中国数学史，他指出中国传统数学思想与现代计算机科学是相通的. 从而他发明创立用计算机证明几何定理的方法，国际上称为"吴方法". 后来在非线性方程组求解方向上，他又建立被誉为"吴消元法". 从而创立了数学机械化证明，轰动了世界. 这项成果名列世界前列.

国际自动推理杂志 JAR 与美国数学会的《现代数学》，破例全文转载吴方法与吴消元两篇论文.

（3）中国数学史. 吴文俊在中国数学史上也作出了贡献，如对《海岛算经》中的公式证明，作出了合理的古代复原，对《九章算术》中刘徽注的常用方法概括为"出入相补原理"（今称割补法），他指出，这是"我国古代几何中面积、体积理论的结晶". 吴文俊主编了《〈九章算术〉与刘徽》、《秦九韶与〈数书九章〉》两部数学史论文集，还主编出版了八大卷中国数学史大系等.

吴文俊学风严谨，谦虚谨慎，兢兢业业，为人正直，平易近人，提携后辈. 他开设的课程或讲座，生动、深刻、有趣，总是挤满了听众.至今年逾八旬的吴文俊,仍然勤奋地工作在科研第一线,继续为中国现代数学的发展做着艰苦的不懈的努力.

第三节　中国现代数学教育

中国现代数学教育,历经"抄袭日本","模仿英美","全面学习苏联",到1963年才确立了具有中国特色的现代数学教育体系.

下分建国前和建国后两个时期,进行简介.

一、建国前的数学教育时期(1912—1949年)

此时期是中国半封建、半殖民地数学教育时期.

1912年1月1日,推翻满清政府,建立民国,成立南京临时政府.1月9日成立了教育部、废除清朝教育制度,改"学堂"为学校.此时我国主要照搬日本教育制度.提倡兴科学,发展智力."五四"后的1922年,一改单纯"抄袭日本"的做法,又转向"模仿美国".从此,我国由近代数学教育过渡到了现代数学教育体系.

在高等数学教育方面,到1909年,全国有国立大学3所,省立大学23所,其他专科学校102所,在这些大学里都没有算学馆.1912年最早成立的京师大学堂(今北京大学前身)创建了数学门,由冯祖荀领导,到1919年改数学门为数学系,这是我国第一个大学数学系.以后,一部分在国外获博士学位的留学生回国后,先后在各地创建数学系.20世纪20年代办数学教育,十分艰难,一个系的教员不过三五人,学生十余人,有的一个年级只有二三名,经费少,困难多.但这些数学系却培养了一大批数学中坚.

1930年,清华大学首次招收了数学研究生,陈省身、吴大任是国内最早研究生.

这一时期,我国使用的教科书,先是大量采用日本的,国内商务印书馆也编有少量的"民国教科书"."五四"运动后,受美国学制影响,起源于美国的"混合算学"(即三、几、代混合编在一起)传入我国.同时商务印书馆又出版了中国人自编的教科书,如《代数学》(何鲁)、《解析几何》(段子燮)、《几何证题法》(严济慈)等.

这一时期,我国涌现了许多著名的老一辈数学教育家(详见《中现代数学家传》1—5卷),此简介一位.

姜立夫(1890—1978 年)(图 11-5),浙江平阳人,早年留美,1919年获哈佛大学数学博士,1920 年回国基本上以一个人的力量创办了南开大学数学系,他根据学生情况,逐年分别给学生开设高等微积分、空间解析几何、射影几何、复变函数、高等代数、微分几何和非欧几何等七门主课.他的学生陈省身说那时南开数学是"一人系".

图 11-5 姜立夫

30 年代姜立夫赴德国哥廷根研究.抗日战争任教于西南联大,抗战胜利后,任中央数学研究所所长,解放前夕从台湾回到大陆.

他专长几何,能把严格的逻辑推理与生动几何形象相结合,加以学识渊博授课认真,方法灵活,深受学生爱戴.著名数学家江泽涵、陈省身、吴大任等都曾是他的学生.他治学严谨、教书育人,谦虚谨慎,大公无私,精诚待人,是一位备受崇敬的数学教育家.他也是现代数学在中国最早而显著成效的播种人之一.

二、建国后数学教育时期(1949 年至今)

这一时期分四个阶段简介.

1. 创建阶段(1949—1957 年)

这一阶段的主要特点是全面学习苏联,改革旧教育制度,创建社会主义数学教育新体系.

1951 年 3 月教育部召开了全国第一次中等教育会议,对全国中等数学课本进行了统一的改革和调整(当时基本上采用建国前旧课本),1952 年 8 月,教育部组织了《中小学各科教学大纲起草委员》,不久,公布了建国后第一个数学教学大纲,它以苏联大纲为蓝本,使用苏联教材.从此,全国统一使用东北编译的苏联中学数学教材.1954 年,人民教育出版社根据苏联课本,编写了解放后我国第一套中学数学课本.

高等教育方面与中等教育相似.

总之,这一阶段的数学教育,全面学习苏联大纲、教材和教法等都取得了一定的成绩,奠定新中国数学教育改革的基础.但也存在不足,主要表现脱离我国实际,盲目照搬,把苏联十年制应学完的课程,拉长到我国 12 年制学完,相对地降低了教学要求.

2. 改革调整阶段(1958—1965 年)

(1)改革阶段(1958—1960 年).在 1958 年"大跃进"和国际数学现代化运动的影响下,全国掀起了群众性的教育改革热潮.全国对数学教育目的任务、大纲、教材现代化以及生产劳动相结合等展开了热烈讨论,提出了许多改革方案.

这一阶段,全盘否定学习苏联,但仍坚持苏联中学数学教材"以函数为纲",区别于欧美以方程为中心,在探索创建具有中国特色的教育体系方面,提出增加数学内容及其现代化的方向.但这次教育革命也犯了一些"左"的错误,如过分强调生产劳动,片面理解联系实际,削弱了知识的科学性、系统性和"双基",影响了教学质量的全面提高.

(2)调整阶段(1961—1965 年).1961 年提出"调整、巩固、充实、提高"的八字方针,并颁布了全日制中小学《暂行工作条例》,这是对我国现代化教育实践的科学总结.1961年修订了大纲,算术完全下放小学,平面几何下放初中,高中增加解析几何和概率论初步等.1963年又制定数学新大纲.这个大纲,有史以来第一次提出培养学生"三个能力",即"正确而迅速的计算能力,逻辑推理能力和空间想象能力".大纲明确指出不仅传播知识,还要培养能力,这是一次教育思想大转变.相应地编写出了一套体现这种思想的教材,这是建国以来较好的教材.

高等教育无论数量上或质量上也发生显著变化,如科研、建立研究生培养制度(1963年)、建设大学教材等.

回首往事,建国前主要是抄袭日本,后来模仿美国,到了20世纪50年代又学习苏联,最后才走向具有中国特色的道路,这是一条曲折的数学教育发展之路.

3. 破坏阶段(1966—1976年)

在十年动乱中,数学教育受到严重破坏,出现了倒退现象,全国各级教育部门的领导和教师都受到不同程度的批判,知识分子被称为"臭老九".这是灾难深重、倒退的十年.

4. 复兴改革阶段(1977年至今)

此阶段的特点是为适应四化建设的需要,拨乱反正,复兴改革,开始了具有中国特色的数学教育现代化的历史新阶段.

1977年恢复了高考制度,恢复了数学竞赛.1978年召开了全国教育工作会议,肯定文革前的17年是红线为主,从此开始了教育复兴,接着进行了轰轰烈烈的教育改革,结合国内外教材改革经验,提出了"精简、增加、渗透"[1]六字方针作为指导思想.完善了数学理论研究机构,创办了几十种数学杂志.1985年公布了《义务教

---

[1]精简传统中学数学内容,增加新的内容,渗透一些新的数学思想和方法.

育法》等.建立大中小学教师职称学位称号.至 1989 年,我国先后制定了中小学数学八个大纲与相应教材.20 世纪 90 年代至今,又多改革教材、教法,出了许多种教学方法,教师不仅教,而且必须进行科学研究.

高等教育设立了学位制,我国自己培养硕士、博士生,正常留学制,中外交流频繁.我国教育走向了世界化的道路.

总之,这一阶段巩固了具有中国特色的教育体制、教材和思想,中国教育出现了第二次高潮.21 世纪前后,教育部又颁布了小学、初中和高中各科(含数学)新课程标准(实验),相应的教材出现,在以法治教方面又迈出一大步,中国教学教育质量提高,数学国际大赛频频名列第一,预计将出现第三次高潮,使我国数学教育在深化改革、开放中大步前进.

第四节　数学团体、竞赛和数学奖

一、数学团体

国内外数学团体很多、中国省市县有,数学分支学科有,此介绍国内外一些重要团体.

1. 中国数学学术团体

中国数学学术团体现在知道最早的有清末,"浏阳算学社"(革命家谭嗣同于 1895 年创办);"瑞安天算学社"(研究天文学的,于光绪二十五年即 1899 年 3 月建立,三年后结束);"彭氏算学馆"(由原四川巴县,今属重庆市的彭氏父子彭政君、彭竹阳所创.建馆在重庆市.父子俩以此馆于 1903 年各出版了一部数学著作);"知新算社"(1900 年由周达创设于扬州);"算学日新社"(可能是王韬所创,建于 19 世纪末);此外还有"云间学会"等等.但是这些数学学术团体寿命短,影响小.而影响大、时间长的是中国数学会,它的主要职责是组织学术交流(论文是会员科研的成果,是学会活动最基本的内容),出版杂志,建立这个民间组织领导机构等.建国前后有两个中国数学会.

(1)建国前中国数学会(1935—1949年).1935年7月25日,由熊庆来、胡敦复等倡议筹建在上海成立了建国前的中国数学会.这是第一次,会上宣读了4篇论文.

第二次中国数学会于1936年在北京举行学术年会,会上宣读了14篇论文.

第三次中国数学会,因抗日战争,分别于1941年、1942年在上海、昆明召开.会上宣读了63、74篇论文.

第四次中国数学会于1947年在南京召开学术年会,这是最后一次在大陆上的数学会.

(2)建国后中国数学会(1949至今).建国后经过1949、1950年两年的筹备,重建了中国数学会.它的性质是全国性数学工作者的学术性群众团体.学会宗旨是认真贯彻"百花齐放,百家争鸣"的方针,提倡辩证唯物主义,坚持实事求是的科学态度和优良学风,倡导献身、创新、求实、协作的精神,团结广大数学工作者,为促进数学的发展,繁荣中国科学事业,为实现四个现代化作出贡献.它的主要工作是:组织学术交流活动,编辑出版数学刊物,进行国际学术交流,促进我国数学教学水平提高,开展咨询和普及工作等.会员资格规定在科研、教育、生产企业等从事数学工作的讲师以上职称的数学工作者.因此,数学会是推动数学发展的机构之一.

第一次成立大会,于1951年8月15日在北京召开.华罗庚当选为理事长.理事20多人,会上宣读了177篇论文,大于建国前的总和.

第二次于1960年2月在上海召开,华罗庚连任理事长.宣读论文比第一次多.

第三次于1978年11月在成都召开.华罗庚三连任理事长.收到论文500多篇.

第四次(1983—1986年)在武汉召开,吴文俊当选理事长.

第五次(1987—1990年)王元当选理事长.

第六次(1991—1995年)杨乐当选为理事长;第七次(1996—1999年)、第八次(2000—2003年);第九次(2004—2007年)北京大学数学科学学院文兰教授当选为理事长.

2. 国际数学团体

国际数学团体很多,如数学学科分支性的国际性学术团体.下面介绍著名的几个团体.

(1)国际数学家大会(ICM).为了促进数学家之间的交往和了解,瑞士苏黎世公立高等技术学校的数学家们,于1896年成立一个委员会,负责组织了数学家1897年在苏黎世聚会,会议采用"国际数学家大会"这一名称,缩写为ICM① 以后成为国际会议了.

ICM是最高水平的全球性数学科学学术会议,可以看作是数学界的"奥林匹克运动会".成为数学界乃至整个舆论界瞩目的盛会.

ICM四年召开一次大会.第一次在苏黎世举行,参加大会的数学家200人左右.以后逐年增多.1900年,在法国巴黎召开第二次会议,德国数学家希尔伯特在大会上发表了著名的关于23个数学问题,推动了20世纪数学发展.以后因两次世界大战于1912—1920年和1936—1950年间中断外,每四年都如期举行.

从1936年召开的第10次大会开始,设立菲尔兹奖.现在每次大会的开幕时,宣布菲尔兹奖获得者名单并颁发金质奖章和奖金,并在大会上分别介绍获奖者的工作.又从1983年召开的ICM大会开始,同时颁发奖励信息科学方面的奈望林纳奖.

我国数学家早在1932年,就参加了国际数学家大会.新中国

---

① 全名称 International Congress of Mathematicians,取每个词的头一个字母简称 ICM.

成立以后的 20 多年中,中国数学家没有参加大会.1983 年、1986 年和 1990 年及其举行的各届大会,都有中国数学家参加.如华罗庚、陈景润、冯康、吴文俊等曾应邀参加并分别作了 45 分钟的学术报告.

特别是 2002 年 8 月 20—28 日,第 24 届国际数学家大会在我国北京举行.这是在亚洲继日本之后召开的 ICM202.在这次大会上,有 1 名中国大陆赴海外的数学家和 2 名旅居海外的华裔数学家作 1 小时报告;有 11 名大陆数学家被邀作了 45 分钟的报告(次高学术待遇),大大超过往届人数.这标志中国数学的发展水平和国际地位又上一新台阶.但至今仍没有一位大陆数学家被邀作 1 小时报告(最高学术待遇).

(2)国际数学联合会(缩写 IMU).1950 年由 22 个国家学术团体联合发起成立了国际数学联合会,成为世界各国和地区的民间学术团体联合会,其宗旨是促进国际数学界合作,支持资助四年一次的国际数学家大会和有关学术会议,鼓励和支持有助于包括纯粹数学、应用数学和数学教育在内的数学各领域发展的国际活动.成立以后,国际数学家(ICM)的会议议程都由 IMU 指定的顾问委员会决定,如决定邀请一批世界最主要的数学家在大会作 1 小时的学术报告人,决定在学科组分组会上作 45 分钟学术报告人.凡是出席大会的数学家,都可以申请在分组的小组会上作 10 分钟的学术报告.

长期以来,由于某种原因,中国没有参加这个组织,直到 1986 年,经过多方努力与协商,决定"中国数学会"与位于台北的数学会,以中国名义合成一体,参加 IMU,至今未变.

(3)国际数学教育会议(缩写为 ICME).鉴于 ICM 对数学教育问题重视不够,首先由荷兰的汉斯·弗内登特(Hahs Freudenthal)倡导,单独成立一个专门讨论研究数学教育的会议组织,简称"ICME",ICME 由 1908 年成立的国际数学教育委员会(简称 ICMI)举办.1986 年起批准我国(中国数学会和台北数学会)为 ICMI 正式成员.

第一届 ICME 于 1969 年在法国里昂举行,有 42 个国家的 650 人参加.

第二届 ICME 于 1972 年在英国召开,有 72 个国家的 1400 人参加.这次会议确定每四年举行一次,与 ICM 交替举行.

1980 年 8 月,我国华罗庚等人参加了第四届 ICME-4,而 ICME-5 我国没有参加.1988 年我国有 8 人参加 ICME-6.以后各届我国都参加了这个国际数学教育会议.

(4)国际数学教育委员会(ICMI)下属组织

国际数学教育委员会(ICMI)下属有五个组织:

①数学史与数学教学关系国际研究组织,简写为 HPM,于 1976 年加入 ICMI.

②数学教育心理学国际组织,简写为 PME,1976 年加入 ICMI.

③妇女与数学教育国际组织,简写为 IOWME,于 1984 年加入 ICMI.

④各国数学竞赛世界联盟,简写为 WFNMC,于 1994 年加入 ICMI.

⑤数学建模与应用国际教师组织,简写为 ICTMA,于 2003 年加入 ICMI.

这里简介上面第一个"HPM"组织的滥觞和共识."HPM"早在 20 世纪 70 年代创办,从 1984 年起"HPM"卫星会议每四年举行一次,至 2004 年已举行 6 次研讨会了.国际上数学教育家关于数学史对数学教育的意义已经取得了共识:利用数学史可以激发学生的学习兴趣,培养学生的数学精神,启发学生的人格成长,培养学生的数学精神,启发学生的人格成长,预见学生的认知发展,指导并丰富教师的课堂教学,促进学生对数学的理解和对数学价值的认识,构建数学与人文之间的桥梁等.

二、数学竞赛

世界上最早的数学竞赛是 1894 年的匈牙利,以后各国仿效.国际上最著名的是国际数学奥林匹克竞赛.

1. 国际数学奥林匹克(IMO)

1959 年,由罗马尼亚"数学-物理学会"发起举办中学生国际数学竞赛,向东欧 7 国发出邀请,于 1959 年 7 月 22—23 日在罗马尼亚布拉索夫举办了第一届中学生数学竞赛,东欧 6 国参加了.这就是国际数学奥林匹克(简称 ICMO[①])的起源.

从此以后各国轮流主办.除 1980 年因故停办过一届外,每年举办一届.1990 年第 31 届 IMO,在我国北京举行.2004 年第 45 届在希腊雅典.

IMO 没有固定的组织和章程,1980 年国际数学教育委员会(ICMI)决定成立 IMO 分委员会,每年以主办国为中心成立组织委员会,以保证竞赛顺利进行.近年来每届竞赛还确定了会徽.竞赛初期参赛团体人数无一定规则,一般 4—8 人.自 1983 年起确定每个国家的参赛团体人数为 6 人.分别编为 1 至 6 号,比赛时各国的 1 号队员进入 1 号试场,2 号队员进入 2 号试场,以此类推,每年 7 月利用暑假时间会行,前后历时 10 天左右.

竞赛题由各参赛国提供,每国不超过 5 个题目的候选题,再送组织委员会评选确定.近年来题目都为 6 题,每题 7 分,满分 42 分.竞赛分两天举行,每天 4 个半小时答完 3 个题.

竞赛题目内容除包括初等数学外,也涉及整数论、组合论、一般拓扑学、不等式等高等数学内容.

竞赛成绩按其考分评定出一等奖(金奖)、二等奖(银奖)和三

---

① 全称为 International Mathematical Olympiad.

等奖(铜奖)若干名,获奖人数占人数的一半左右.

我国由于历史原因,最初没有参加 IMO.1978 年以后,曾接到过几次邀请,但最终未能成行.直到 1985 年才首次派 2 名学生组成代表队参加在芬兰举行的第 26 届 IMO(IMO -26).从 1986 年起每年派 6 人参赛.1986 年这年在波兰举行,我国 6 人参赛,5 人得奖,总分排在第四名.以后成绩逐年提高,如 1987 年在古巴举行 IMO-28,获 2 金、2 银、2 铜,总分第 8 名;1988 年参加 IMO-29,成绩更好:2 金、4 银,总分二名;1989 年参加 IMO -30 获 4 金、2 银,总分第一.短短 5 年的时间,中国走完了从零到冠军的全程.1990 年 IMO-31,在中国北京举行,我国获 5 金、1 银,总分第一名.以后除 1994 年(总分第二名)、1996 年(总分第 6 名)和 2003 年(总分第二名)外,其他每年都获总分第一名,其中 1992 年、1993 年、1997 年、2000 年、2001 年和 2004 年共六年,都是 6 人个个捧了清一色的金奖,向世界展示了中华民族青少年的聪明才智.

2. 中国数学竞赛

中国数学竞赛在世界各国与国际数学竞赛影响下,也在建国不久举行中学生、小学生数学竞赛.简介如下.

1956 年我国首次在北京、上海、武汉三市举行了市一级中学生数学竞赛.从此一些省市开始不定期地举办中学数学竞赛.1965—1976 年因文革停办.

1978 年 5 月 21 日第一次全国数学竞赛,在 8 省市同时举行.竞赛分两场,共用 5 小时.1979 年和 1980 年继续举行了各省市及全国的数学竞赛.1981 年起实行省、市、自治区联合高中数学竞赛.1990 年起设立"陈省身杯"团体奖,再从中通过考试选出 20 名左右的学生参加为期 3 个月的"数学奥林匹克集训班"(又称"冬令营"),最后产生出中国参加国际数学奥林匹克的 6 人代表队.

我国从 1983 年开始举办全国初中学生数学竞赛,每年 4 月举行.

第十一章 国内外发展中的现代数学概要

自 1983 年起,上海市相继参加了美国三种中学数学竞赛;全国中学生参加俄罗斯数学奥林匹克竞赛(1993 年)等,为中国与国外进行中学数学教学等方法的交流创造了条件.数学竞赛为中国数学界选拔了优秀人才,多数获奖者已陆续成为教学和科研领域的骨干力量.

受国际数学奥林匹克的影响,中国在 20 世纪 80 年代末 90 年代初举办了多种类型的竞赛.例如小学数学奥林匹克(1991 年);北京市大学生数学竞赛(非理科,1989 年;非数学专业,1991 年);中国大学生还于 1989 年开始参加了美国大学生数学建模竞赛(MCM),并取得较好成绩;之后,我国也举办大学生建模竞赛.这些竞赛促进了数学教育的发展.

近年来,为"西部开发",主办了西部数学奥林匹克竞赛,每年由西部一个省承办.2001—2003 年分别由陕西、甘肃、新疆承办.参赛踊跃,颇有成效.

为促进女生在数学奥林匹克活动中成绩的提高,第八届中国数学会(2000—2003 年)还组织了女子数学奥林匹克竞赛.

关于我国数学竞赛,近年来引起数学界争论,如 2004 年 12 月 18 日,在香港举行的世界 700 多位华人参加的数学家大会上,大多数人指出,世界奥林匹克数学竞赛成就不了数学强国,数学是做研究,奥数是做题.很多中小学办的奥数班变味了.数学教育的关键是培养学生的学习兴趣和独立思考能力.因此,应正确认识处理好奥数竞赛与数学教育的关系.

三、数学奖

1. 国际数学奖

(1)沃尔夫奖(Wolf Prize).国际上有影响的科学奖之一.1976 年 1 月 1 日,沃尔夫及其家族捐献 1000 万美元设立以沃尔夫名字命名的"沃尔夫基金会"(有书说 1975 年设立),其总部设在以色列.该奖是当代世界最高数学奖之一.

沃尔夫奖旨在"促进科学和艺术的发展以造福于人类".每年给在化学、农业、医学、物理学、数学和艺术领域作出卓越贡献的科学家颁奖.每年颁奖一次,每项奖金 10 万美元,可由几个人联合获得.

沃尔夫(Wolf)是德国出生的化学家、慈善家和外交家.第一次世界大战前移民到古巴,用将近 20 年时间成功地发明了一种熔炼废渣中回收铁的方法,因而发财致富.1961 年他被派往以色列当大使,1981 年在以色列逝世.

沃尔夫奖的评奖委员会由世界著名科学家组成.从 1978 年首次颁奖.由于诺贝尔奖没有设数学奖,因此获得沃尔夫奖的数(科)学家极负盛名,在世界上产生巨大声誉.因此,数学界对此奖更为重视.沃尔夫数学奖从 1978 年至今,除 1994—1995 年一人获奖外,每年都有两位著名数学家得此殊荣.

美籍华裔数学家陈省身(1911—2004)于 1983 年荣获沃尔夫奖.目前大陆、港台还没有一人获此项奖.

（2）菲尔兹奖（Fields Prize）.[①] 加拿大数学家菲尔兹（F. Fields,1863—1932）,在 1924 年,他成功地在加拿大多伦多举办了第七届国际数学家大会（ICM）,他萌生了设置一个国际数学奖的念头.由于组织这次大会劳累,他身体不好,1932 年 8 月 9 日在多伦多去世.逝前他立下遗嘱,表示把自己留下的一大笔钱和第七届 ICM 节余费用合并在一起,作为基金设一项数学奖.他希望这项奖不要用个人、国际机构命名,而用"数学国际奖"来称呼.1932 年 ICM 在瑞士苏黎世召开,为了纪念菲尔兹为国际数学事业的贡献,决定命名为"菲尔兹奖".主要颁发一枚金质章,150 美元奖金,奖励不超过 40 岁以下的青年数学家,每届 2—4 人.并决

---

①数学家院士王元说:"有不少书与文章都称菲尔兹奖是数学的诺贝尔奖."（引自《中国数学会通讯》,2005 年,第 4 期,第 9 页.）

定 1936 年,在四年一届的国际数学家大会上,同时颁发该奖.获奖工作一般能反映当时数学的重大成就.

美籍华裔数学家丘成桐于 1982 年获该奖.

该奖的荣誉随着 ICM 而日益提高.现在已成为青年数学家渴望得到的最高数学奖之一.

(3)第三世界科学院奖.1983 年 11 月 10—11 日,在意大利里斯特成立了第三世界科学院,其宗旨是促进第三世纪各国的科学研究的发展、科学家之间的合作与相互交流,同时设立了科学奖,于 1985 年颁发首届科学奖.我国廖山涛(1985 年)、吴文俊(1990年)、张恭庆等获奖(奖金 1 万美元).

(4)克雷福德奖.由于诺贝尔奖没有数学、天文学、生物等六个学科奖,许多科学家认为这是美中不足.1980 年,瑞典银行家克雷福德(Crafoord)慷慨捐资设立.故称为"克雷福德奖".该奖由瑞典皇家科学院组织评定,奖额、评选方法与诺贝尔奖相当,每年只评选一个学科,每次评选 2 人.数学学科的克雷福德奖每 6 年才有一次,1982 年为首届给数学授奖.美籍华裔数学家丘成桐与他人合作荣获 1994 年度该奖.

此外,各国还设立了许多国际性或国内数学奖.有兴趣读者参看林瑞芝主编《数学史辞典》第 735—737 页;张奠宙等编著《现代数学家传略辞典》;江苏教育出版社,2001 年附录第 445—454 页.

2. 中国奖

(1)中国国家级科技奖

①国家最高科技奖.2000 年设立,每年评选二人.首届奖于 2002 年 2 月 19 日颁发,获奖者是数学家院士吴文俊和"杂交稻之父"袁隆平.每人获 500 万元(50 万自己用,450 万元作为科研费).

②国家自然科学奖.1956 年由国务院设立,1956 年开始颁奖.分设一、二等奖.我国一些数学家获得过该奖.

③国家技术发明奖.

④国家科技进步奖.

⑤中华人民共和国国际科学技术合作奖.

⑥中国青年科技奖. 1987 年设立"中国科协青年科技奖",以鼓励青年科技工作者奋发进取,促进科技人才健康成长. 1994 年更改名为"中国青年科技奖",一般是二年颁发一次. 至 2001 年已评选表彰了七届,共有 691 人获奖. 获奖年龄没有超过 40 岁.

(2)以个人名誉设置的数学奖

①许宝騄统计奖. 为了纪念统计学家许宝騄(1910—1970年),奖励在数理统计学上有卓越贡献者而设立. 授给在数理统计和概率论方面有贡献的青年人(年龄不超过 35 岁),每年评一次. 1985 年开始颁发.

②陈省身数学奖.

为了纪念和推崇陈省身对世界数学发展所作出的卓越贡献,中国数学会于 1985 年设立"陈省身数学奖",每两年颁发一次,每届两人. 每人奖金人民币 2 万元.

③华罗庚数学奖. 为了纪念著名数学家华罗庚(1910—1985年),中国数学会于 1992 年 12 月决定设立该奖. 每两年颁发一次,每届 2 人,每人奖金人民币 2 万元. 1992 年开始颁发.

④钟家庆数学奖. 为了纪念英年早逝的杰出数学家钟家庆(1937—1987 年),于 1988 年开始颁发. 每年或隔年颁发一次. 每次评出"优秀博士论文奖"(一般 2 名)及"优秀硕士论文奖"(一般2—3 名).

⑤冯康科学计算奖. 为了纪念著名数学家冯康(1920—1993年)对计算数学事业作出的贡献,1994 年设立. 两年评选一次.

⑥苏步青数学教育奖. 为纪念著名数学家苏步青(1902—2003年)对数学教育的贡献. 这是中国第一个奖励从事中学数学教育工作者的奖. 1992 年开始颁奖,每两年评选一次.

此外,我国还有许多奖,其中含数学奖,如陈嘉庚物质科学奖(数学家华罗庚与王元,吴文俊等获过此奖);求是基金奖(吴文俊获过此一奖);何梁何利基金奖(陈景润、王元、柯召等获过);国家图书奖(杨乐、廖山涛获过此奖);又据《中国数学会通讯》2004年3期报道:2002年11月15日,97岁的港人邵逸夫宣布创立邵逸夫科学奖,奖给天文、生命科学与医学和数学三项国际性科学奖,每年奖发一次,每项奖金100万美元.2004年9月,华裔数学家(已居住中国天津)陈省身(1911—2004)荣获了第一届"邵逸夫数学科学奖".第二届由吴文俊院士获得.

主要参考书目

〔美〕H·伊夫斯.1993.数学史概论.太原:山西经济出版社

陈德华、徐品方.2007.中国古算家的成就与治学思想.昆明:云南大学出版社

邓宗琦.1990.数学家辞典.武汉:湖北教育出版社

杜瑞芝.2000.数学史辞典.济南:山东教育出版社

黄根发.1989.中学数学史.武汉:华中师大出版社

李迪.1984.中国数学史简编.沈阳:辽宁人民出版社

梁宗巨.1980.世界数学史简编.沈阳:辽宁人民出版社

徐品方.1997.数学诗歌题解.北京:中国青年出版社

徐品方.1997.数学诗题解.台北:明文书局

徐品方.1997.数学简明史.北京:学苑出版社

徐品方.1998.定理多证.定义多解,北京:学苑出版社

徐品方.2000.秦九韶的《数学九章》.四川安岳:秦九韶纪念馆

徐品方.2002.白话九章算术.成都:成都时代出版社

徐品方.2003.数学趣话.福州:福建人民出版社

徐品方.2006.女数学家传奇.北京:科学出版社

徐品方.笛卡尔.1997.成都:四川少年儿童出版社

徐品方.张红.2006.数学符号史.北京:科学出版社

后　记

我们编著的这本《中学数学简史》,得到了我国数学史界一些著名专家的关心、支持和帮助,他们来信对中学数学史,讲了很好的见解和看法,这些意见对中学师生教学和学习数学史,对广大读者了解数学文化发展史,都有重要的参考价值,特别摘录一些,与读者共享.

内蒙古师范大学教授、国际科学史学院通讯院士李迪老前辈说:"在中国的中学开不开数学史课程已有多年的争论,但由于高考问题,始终定不下来.""数学史是研究数学发展规律的学科,也是研究人类如何认识数学发明发现的问题,中学生用一点很少的时间学习数学史,这不仅不会影响其他课程的学习,而且学过数学史头脑更灵活,有助于其他课程的学习.可以说有相当的好处,应当开设这门课程."

中国科学院数学与系统科学院研究员、博士生导师、国际数学联盟(IMU)数学史委员会委员、全国数学史学会理事长李文林教授说:"为了切实地将我国的教育提高到现代的先进水准,使人们树立起正确的数学价值观,具有十分重要的意义.""在中学数学课程中开设数学史选修课,是我国高中数学课程标准的要求,同时也是国际数学教育发展形势所趋,对于全面加强数学教育、提高数学教育质量具有重要的意义.……本书采用专题形式,选题恰当,符合中学生的认知兴趣和水平.作者们具有长期从事数学和数学史教学的实践经验及研究积累;有的还出版过多部数学史专著和参考书,在国内学术界已产生很好的影响;有的则直接参与过高中数学教学,这些都保证了本书的质量与水平."

中国科学院自然科学史研究员、博士生导师、全国数学史学会前理事长郭书春教授说:"在中学数学课程中有意识地开展数学史教育,通过生动的事例向学生展现数学发展的概貌、重大事件、杰出数学家与数学成就,对培养学生学习数学兴趣,造就学生的创新精神,拓展学生的视野,是极为重要的……本书尊重史实,语言生动,通俗易懂,重点突出."

中国科学院科学出版社编审、数学史博士、全国数学史学会前理事孔国平教授说:"近读该书的前言、目录及样张,认为很有特色.第一,简明而比较系统的介绍,会使学生对数学产生和发展的历史有一个清晰的轮廓;第二,作者注意选择有意义且有趣味的事例,将激发学生学习数学的兴趣;第三,在介绍成果的同时阐发数学思想,将有助于学生对当今数学的理解……此书必将受到中学师生和青少年的欢迎,其中的一些人也许会受到此书的启迪而钟情于数学史,逐渐登堂入室."

以上这些宝贵而精辟的意见,可以帮助我们认识数学史的作用和价值,指导我们开好、学好数学史.我们坚信,郁郁葱葱的数学史之林,会长出更多新思想之粗枝绿叶,点缀我们的数学花坛,装饰我们的数学乐园.

青年朋友们!学习数学史的钟声已经敲响,数学发展的交响曲仍在延续,我们坚信:明天的太阳是崭新的一

后　记

轮,数学史在提高我们的数学水平,创新意识离我们越来越近,让我们顺应历史潮流,在数学史校本课程建设中,大踏步前进!

作　者
2006 年 11 月